FORESTLAND CONSERVATION AND UTILIZATION PLANNING
THEORY AND PRACTICE

林地保护利用规划
理论与实践

邱尧荣 等 ◎ 编著

中国林业出版社
China Forestry Publishing House

图书在版编目（CIP）数据

林地保护利用规划理论与实践 / 邱尧荣等编著. -- 北京：中国林业出版社, 2022.9
ISBN 978-7-5219-1789-5

Ⅰ.①林… Ⅱ.①邱… Ⅲ.①林地—土地利用—规划—中国 Ⅳ.①F321.1

中国版本图书馆CIP数据核字(2022)第137433号

责任编辑：于晓文　　　　　　　　　　　　　　　　电　　话：(010) 83143549

出版发行：中国林业出版社有限公司（100009　北京西城区德内大街刘海胡同7号）
网　　址：www.forestry.gov.cn/lycb.html
印　　刷：河北华商印刷有限公司
版　　次：2022年9月第1版
印　　次：2022年9月第1次印刷
开　　本：787mm×1092mm　1/16
印　　张：16.75　彩插8面
字　　数：400千字
定　　价：88.00元

前　言

随着国民经济和社会的快速发展，环境问题日益突出，生态文明建设已成为全社会的共识，林地在国土安全、生态环境和人类生存中的重要性已被世人所公认。在《全国林地保护利用规划纲要（2010—2020年）》中明确指出：林地是国家重要的自然资源和战略资源，是森林赖以生存与发展的根基，在保障木材及林产品供给、维护国土生态安全中具有核心地位，在应对全球气候变化中具有特殊地位。国务院明确要求"要把林地与耕地放在同等重要的位置，高度重视林地保护"。

虽然土地利用规划有着悠久的历史，可以追溯到夏代和古希腊时代，但我国林地保护利用规划刚经历从无到有、逐步推行及不断完善的历程。自2006年起国家林业局启动了林地保护利用规划工作，成立了林地保护利用规划编制工作办公室，负责林地保护利用规划编制工作的统筹安排和组织领导。同年开展林地保护利用规划编制县级试点工作，在全国选取了具有代表性的10个县（市、区）作为全国林地保护利用规划试点县。2007年启动了《全国林地保护利用规划纲要（2010—2020年）》编制工作。至2010年8月24日，国家林业局召开新闻发布会，宣布《全国林地保护利用规划纲要（2010—2020年）》经国务院常务会议审议并原则通过并正式印发。从此，我国明确了林地保护利用规划体系的建设路径：以县级林地保护利用规划先行先试为起点，以全国林地保护利用规划为统领，以省级林地保护利用规划落实上位规划的目标战略，并提出下位规划的控制引导，进而全面铺开县级林地保护利用规划。

随着我国对国土空间规划的日益重视，确立了以国土空间规划为基础，以统一用途管制为手段的国土空间开发保护制度，把国土空间规划作为国家空间发展的指南、可持续发展的空间蓝图和各类开发保护建设活动的基本依据。提出到2035年，全面提升国土空间治理体系和治理能力现代化水平，基本形成生产空间集约高效、生活空间宜居适度、生态空间山清水秀，安全和谐、富有竞争力和可持续发展的国土空间格局。林地保护利用规划是林业长远规划的内容之一，是实现林地科学管理、优化用地结构、保障生态用地、提高林地利用效率的基础。其首要问题是解决林地保护利用规划的定位问题！应该说，在国土空间规划的大格局下，林地保护利用规划是建立全国统一、责权清晰、科学高效的国土空间规划体系的有机组成，是国土空间规划的专项规划之一，需以国土空间规划为统领，其地类等基础数据及指标体系需要与国土空间规划相衔接。

随着遥感技术、地理信息系统的广泛应用，空间信息技术与空间数据分析等多学科合作，促进了林地保护利用规划在理论、方法和应用方面的迅速发展。然而，我国现行林地保护利用规划尚属起步，虽然技术方法、技术流程、路径及策略等已基本形成，但在诸多领域仍然存在技术难点。无论是规划体系建立、基础数据统一、底图制作、地树关系协调、用地矛盾处理、林地空间管控、平台开发建设等环节阶段均存在不同程度的技术难点。为使林地保护利用规划更为科学、更为优化、更为先进，需在下列方面进一步深化技术创新研究，通过试点加强探索与技术总结。在基础理论上，更加注重多专业融合，要求规划人员有各类丰富扎实的基础和专业知识；在规划内容上，更加注重林地空间功能，用生产、生活、生态多重功能以及服务经济社会发展的视角重新审视林地保护利用规划的目标和任务；在基准数据上，科学界定林地与土地的关系，做好林地与土地利用现状数据源的无缝对接；在规划手段上，更加注重发挥森林资源管理"一张图"及其属性数据库的作用，尤其是在确定林分因子时的作用；在规划程序上，更加注重规划公众参与和部门协调。在规划服务上，提倡区域统筹发展、可持续发展等目标制定并实施规划，注重提升规划的服务能力及林地管理的治理能力。

本书以科学性、系统性、实用性为宗旨，从林地保护利用规划原理、体系构架与内容概要入手，全面深入地阐述了林地保护利用的战略研究、科学布局、全面保护、合理利用、治理能力建设等规划内容；并结合实例系统介绍了林地质量评价、林地保护分级、林地用途管制、林地定额管理、规划实施管理、规划专题图制作、公众参与式规划等专题内容。

本书由邱尧荣主持编著，负责内容体系顶层设计、制定大纲、统稿、审稿和定稿等工作，以及第一章、第二章、第三章的编写，其他编著者分工如下：叶楠第四章、第七章，赵国华和张俊菲第五章、第六章，张国威第八章、第十八章，吴昊第九章、第十九章，吕延杰第十章、第十三章，郑云峰第十一章、第十二章，张林第十六章、第十七章，卢佶第十四章、第十五章，李梦婷制图。

在此，要感谢国家林业和草原局森林资源管理司、国家林业和草原局华东调查规划院领导的关心和大力支持，感谢参与林地保护利用规划专班的所有同仁，感谢配合和参与林地保护利用规划试点和专题调研工作的各位同志。

因本书在编著过程中参考和引用了国内外不少学者在这一领域的文献与成果，在此，深表谢忱。由于林地保护利用规划是个新兴的领域，涉及的学科较多，实践中遇到的问题也较复杂，书中难免有不当之处，恳请批评指正！

2022年3月

目　录

前　言

第一篇·规划篇

第一章　绪　论 ·· 2
　　第一节　从土地的含义看林地 ·· 2
　　第二节　林地的功能、特性与林地保护利用 ···································· 11
　　第三节　规划与林地保护利用规划 ·· 20

第二章　林地保护利用原理 ··· 27
　　第一节　系统理论 ·· 27
　　第二节　地域分异原理 ·· 28
　　第三节　生态区位理论 ·· 29
　　第四节　可持续发展理论 ·· 30
　　第五节　景观生态学原理 ·· 31
　　第六节　生态经济学原理 ·· 32

第三章　林地保护利用体系与概要 ·· 34
　　第一节　概　述 ··· 34
　　第二节　规划体系 ·· 36
　　第三节　指导思想与原则 ·· 38
　　第四节　规划目标 ·· 42
　　第五节　编制程序 ·· 46
　　第六节　主要内容 ·· 48
　　第七节　实施、监测与管理 ·· 51

第四章 林地保护利用战略研究 ... 53
第一节 概 述 ... 53
第二节 林地保护利用战略研究内容 ... 56
第三节 林地保护利用战略与生态安全 ... 60
第四节 林地保护利用战略与经济发展 ... 63
第五节 林地保护利用战略与生态文化 ... 64

第五章 林地保护利用现状与分析 ... 67
第一节 数据来源 ... 67
第二节 数据差异与处置 ... 70
第三节 林地保护利用现状分析 ... 80

第六章 林地功能分区 ... 93
第一节 概 述 ... 93
第二节 方 法 ... 98
第三节 步 骤 ... 101
第四节 方案与实例 ... 102

第七章 林地保护规划 ... 110
第一节 概 述 ... 110
第二节 林地数量保护 ... 111
第三节 林地质量保护 ... 114
第四节 林地生态（空间）保护 ... 117
第五节 林地恢复规划 ... 121

第八章 林地利用规划 ... 123
第一节 概 述 ... 123
第二节 内 容 ... 124
第三节 应用实例 ... 128

第九章 林地保护利用能力建设 ... 131
第一节 林地管理与林地治理 ... 131

第二节　林地治理体系和治理能力建设内涵 136
　　第三节　林地治理能力主要内容 138

第十章　林地保护利用规划实施监测 141
　　第一节　概　述 141
　　第二节　林地保护利用规划实施监测现状 143
　　第三节　规划实施监测技术 145
　　第四节　规划实施监测实例 149

第二篇·专题篇

第十一章　林地保护利用规划管理 158
　　第一节　概　述 158
　　第二节　管理流程 164

第十二章　林地保护利用规划基准数据 168
　　第一节　基准数据来源 168
　　第二节　基准数据产出 170

第十三章　林地保护利用规划数据库与平台建设 177
　　第一节　概　述 177
　　第二节　信息系统数据库 180
　　第三节　规划平台设计与实现 185

第十四章　林地质量评价 191
　　第一节　概　述 191
　　第二节　林地质量评价方法 195
　　第三节　林地质量评价与等级划分 197
　　第四节　林地质量保护 202

第十五章 林地保护评级 · 204
第一节 概 述 · 204
第二节 背景与关系 · 208
第三节 展 望 · 212

第十六章 林地落界 · 215
第一节 概 述 · 215
第二节 背景和演变 · 215
第三节 主要任务 · 216
第四节 技术流程 · 216
第五节 要点与质量检查 · 217

第十七章 林地定额管理 · 225
第一节 概 述 · 225
第二节 林地定额测算 · 225
第三节 林地定额管理 · 236

第十八章 林地保护利用规划专题图 · 238
第一节 专题图概述 · 238
第二节 制图要素与规定 · 240
第三节 编制要求与应用实例 · 242

第十九章 林地保护利用规划中的公众参与 · 246
第一节 概 述 · 246
第二节 公众参与方式与制度 · 248
第三节 公众参与途径 · 251

参考文献 · 255

第一篇　规划篇

　　本篇以土地到林地的含义开始，从林地保护利用规划原理、体系构架与内容概要入手，全面深入地阐述了林地保护利用的战略研究、现状分析、功能分区、林地保护、林地利用及治理能力建设等规划内容，进而展望了林地保护利用规划的实施监测。同时，追溯了我国林地保护利用规划工作的发展历程，对比了林地相关的地类划分标准，各规划内容均列举了应用实例。

第一章 绪 论

第一节 从土地的含义看林地

一、对土地的认识

土地是万物之根本。对土地的热情一直根植于中国人的灵魂深处，土地问题也一直是我国政府关注的焦点。实际上对土地的认识我国古已有之。如把土地视作土壤，《汉书·晁错传》："审其提地之宜"；或把土地理解为指领土，《管子·权修》："土地博大，野不可以无吏"；或指测量地界，《周礼·夏官司马·土方氏》："以土地相宅，而建邦国都鄙"。郑玄注："土地，犹度也。知东西南北之深，而相其可居者。宅，居也"。还设有专门的"社神"，《公羊传·庄公二十五年》："鼓用牲于社"；何休注："社者，土地之主也"，民间也有敬奉"土地爷"或"土地公"的习俗。

土地概念涉及并影响世界各国。英国经济学家马歇尔指出："土地是指大自然为了帮助人类，在陆地、海上、空气、光和热各方面所赠与的物质和力量"。美国经济学者伊利认为："……土地这个词……它的意义不仅指土地的表面，因为它还包括地面上下的东西"。关于土地概念的论述很多，且从地学、经济学、系统科学、土地管理和用地规划等不同的角度看，土地都有不同的含义。

从地学的角度看，土地是指"地表上的一个立体垂直剖面，从空中环境到地下的物质层，并包括过去和现在的人类活动成果"；"是地球陆地表层一定范围的地域，由这一表层上下直接的生物圈的所有属性组成，包括那些近地表的气候、土壤和地形、地表水文（包括浅湖泊、河流、沼泽和湿地）、近地表沉积层及相关的地下储藏、植物和动物种群、人类居住模式，以及人类过去和现在的活动导致的自然结果（梯田、水短缺、排水结构、道路、建筑物）等"。

从经济学的角度看，土地是指"大自然无偿资助人们的地上、水中、空中、光热等物质和力量"；"是自然的各种力量，或自然资源……侧重于大自然所赋予的东西"；也有人认为"是受控的附着于地球表面的自然和人工资源的总和"。

从系统学的角度看，土地是"由耕地、林地、牧地、水地、市地、工矿地、旅游地和特种用地等子系统组成的大系统,这些土地子系统都是由植物、动物、微生物等生物成分和光照、土壤、空气、温度等非生物成分共同组成的,借助于能量和物质流动转换而形成的不可分割的有机整体"。

从土地管理的角度看,可以将土地看成是自然的产物,是人类过去和现在活动的结果。1992年国家土地管理局出版的《土地管理基础知识》中,土地的定义为:"土地是地球表面上由土壤、岩石、气候、水文、地貌、植被等组成的自然综合体,它包括人类过去和现在的活动结果"。

从用地规划的角度看,土地首先应理解为地球的陆域部分,含陆域内部的水域,但不含海洋;其次,土地由地球表层垂直和水平两个方面的自然和人工的物质要素所组成,垂直方面包括上自大气层的气候,下到地下水资源和矿藏;水平方面包括气候、土壤、地形、水文、植物、动物以及人类过去和现在的活动成果;最后,作为土地组成要素的人类活动成果,含居民点、水利、交通等各种建筑物、构筑物、生产生活设施和遗迹等物质成果,但不含人工的非物质资源和遗产。简言之,土地是指地球表层的陆域部分,是由气候、地形、土壤、水文、植被等自然要素和人类过去与现在活动成果构成的物质综合体,是附着于地球表层的自然和人工物质资源的总和。

联合国也先后对土地作过定义。1972年,联合国粮食及农业组织(FAO)在荷兰瓦格宁根召开的农村进行土地评价专家会议对土地下了这样的定义:"土地包含地球特定地域表面及以上和以下的大气、土壤及基础地质、水文和植被。它还包含这一地域范围内过去和目前人类活动的种种结果,以及动物就它们对目前和未来人类利用土地所施加的重要影响";1975年,联合国发表的《土地评价纲要》对土地的定义是:"一片土地的地理学定义是指地球表面的一个特定地区,其特性包含着此地面以上和以下垂直的生物圈中一切比较稳定或周期循环的要素,如大气、土壤、水文、动植物密度,人类过去和现在活动及相互作用的结果,对人类和将来的土地利用都会产生深远影响"。

综上所述,不管怎么定义,都是将土地视作是一种综合的基本的自然资源。而林地是土地资源的重要组成部分,具有与其他土地不同的特点。林地是森林的载体,是森林物质生产和生态服务的源泉,是森林赖以生存和发展的根基,林地是野生动植物栖息繁衍和生物多样性保护的物质基础。林地是国家重要的自然资源和战略资源。

《全国林地保护利用规划纲要(2010—2020年)》中明确指出:林地是国家重要的自然资源和战略资源,是森林赖以生存与发展的根基,在保障木材及林产品供给、维护国土生态安全中具有核心地位,在应对全球气候变化中具有特殊地位。国务院明确要求"要把林地与耕地放在同等重要的位置,高度重视林地保护"。

二、如何界定林地

虽然林地资源是土地资源的重要组成部分,然而在土地中如何界定林地的概念和范畴?目前存在着"现状论""规划论""综合论"等3种不同的观点。

（一）林地界定的"现状论"

"现状论"界定林地的理论基础源主要是林地的特征——森林覆盖，认为林地的森林覆盖没有继承性，只有现实性。即现状有森林的土地就是林地。

从国际上对林地的界定看，目前，世界各国和国际组织往往是从定义森林（forest）的角度来理解林地（forest land）的内涵，早在1958年，联合国粮食及农业组织（FAO）采用了基于土地覆盖的界定标准。即凡是生长着任何大小林木为主体的植物群落，不论采伐与否，只要具有木材或其他林产品的生产能力，并能影响气候和水文状况，或能庇护家畜和野兽的土地，都称为森林。联合国生物多样性保护公约（UNCBD）、联合国环境规划署（UNEP）等国际公约或组织均采用这一定义（FAO，2010），即林地包括森林和其他林地。其中，森林指面积不小于0.5公顷，树高超过5米，郁闭度不小于10%或者今后能达到以上标准的土地，生长有林木的农地或城市用地除外。其他林地，指除森林以外的其他林地，面积不小于0.5公顷，树高接近或超过5米，郁闭度为5%~10%；或者灌木丛、矮树和树木综合覆盖度超过10%的土地；但生长有林木的农地或城市用地除外。FAO的林地标准，主要取决于两方面确定：一是有树木覆盖；二是没有其他主导用途。

我国的《国家森林资源连续清查技术规定》《森林资源规划设计调查技术规程》《林地分类》《林地保护利用规划林地落界技术规程》等林业调查技术标准，就是基于这种"现状论"，按照现状有森林的就是林地这一观点来界定林地并调查、落界（表1-1至表1-3）。

表1-1 《第三次全国国土调查技术规程》（TD/T 1055—2019）林地分类及定义

一级类		二级类		含义
编码	名称	编码	名称	
03	林地			指生长乔木、竹类、灌木的土地。包括迹地，不包括沿海生长红树林的土地、森林沼泽、灌丛沼泽，城镇、村庄范围内的绿化林木用地，铁路、公路征地范围内的林木，以及河流、沟渠的护堤林
		0301	乔木林地	指乔木郁闭度≥0.2的林地。不包括森林沼泽
		0301K	可调整乔木林地	指由耕地改为乔木林地，但耕作层未被破坏的土地
		0302	竹林地	指生长竹类植物，郁闭度≥0.2的林地
		0302K	可调整竹林地	指由耕地改为竹林地但耕作层未被破坏的土地
		0305	灌木林地	指灌木覆盖度≥40%的林地。不包括灌丛沼泽
		0307	其他林地	包括疏林地（树木郁闭度≥0.1，<0.2的林地）
		0307K	可调整其他林地	指由耕地改为其他未成林造林地和苗圃，但耕作层未被破坏的土地

表1-2 森林资源管理"一张图"林业地类分类及编码

一级	二级	三级	代码
林地	有林地	乔木林	0111
		红树林	0112
		竹林	0113
	疏林地		0120
	灌木林地	国家特别规定灌木林地	0131
		其他灌木林地	0132
	未成林地	未成林造林地	
		未成林封育地	
	苗圃地		0150
	无立木林地	采伐迹地	0161
		火烧迹地	0162
		其他无立木林地	1631
		建设项目临时使用	1632
		毁林开垦	1633
		地震、塌方、泥石流	1634
		未经审核审批建设项目使用林地	1635
	宜林地	宜林荒山荒地	0171
		宜林沙荒地	0172
		其他宜林地	0173
	林业辅助生产用地		0180
非林地	耕地		0210
	牧草地		0220
	水域		0230
	未利用地		0240
	建设用地		0250
	其他用地		0254

表1-3 国土"三调"与森林资源管理"一张图"融合不一致对比矩阵

用地类型			编码	森林资源管理"一张图"											
				合计	林地									林业辅助生产用地	非林地
					小计	乔木林地	竹林地	灌木林地		疏林地	未成林地		无立木林地	苗圃地	宜林地		
								国特灌	一般灌		未成造	未成封					
			编码	合计		A	B	C	D	E	F	G	H	I	J	K	L
国土"三调"	林地	小计	1														
		乔木林地	2			(A1)	B1	C1	D1	E1	F1	G1	H1	I1	J1	K1	L1
		竹林地	3			A2	(B2)	C2	D2	E2	F2	G2	H2	I2	J2	K2	L2
		灌木林地	4			A3	B3	(C3)	(D3)	E3	F3	G3	H3	I3	J3	K3	L3
		其他林地	5			A4	B4	C4	D4	(E4)	(F4)	(G4)	(H4)	(I4)	(J4)	(K4)	L4
	非林地	小计	6														
		耕地	7			A5	B5	C5	D5	E5	F5	G5	H5	I5	J5	K5	L5
		种植园地	果园			A6	B6	C6	D6	E6	F6	G6	H6	I6	J6	K6	L6
			茶园			A7	B7	C7	D7	E7	F7	G7	H7	I7	J7	K7	L7
			其他园地			A8	B8	C8	D8	E8	F8	G8	H8	I8	J8	K8	L8

(续)

国土"三调"	用地类型		编码	森林资源管理"一张图"											
				合计	林地										非林地
				小计	乔木林地	竹林地	灌木林地		疏林地	未成林地		无立木林地	苗圃地	宜林地	林业辅助生产用地	
							国特灌	一般灌		未成造	未成封					
	草地		9		A9	B9	C9	D9	E9	F9	G9	H9	I9	J9	K9	L9
	湿地		10		A10	B10	C10	D10	E10	F10	G10	H10	I10	J10	K10	L10
	水域		11		A11	B11	C11	D11	E11	F11	G11	H11	I11	J11	K11	L11
非林地	未利用地		12		A12	B12	C12	D12	E12	F12	G12	H12	I12	J12	K12	L12
	建设用地	公园与绿地	13		A13	B13	C13	D13	E13	F13	G13	H13	I13	J13	K13	L13
		交通运输用地	14		A14	B14	C14	D14	E14	F14	G14	H14	I14	J14	K14	L14
		水工建筑用地	15		A15	B15	C15	D15	E15	F15	G15	H15	I15	J15	K15	L15
		其他建设用地	16		A16	B16	C16	D16	E16	F16	G16	H16	I16	J16	K16	L16
	其他用地		17		A17	B17	C17	D17	E17	F17	G17	H17	I17	J17	K17	L17

注：一致性图斑为表中加灰色底部分，共57个类型；不一致性图斑为表中无底色部分，共147个类型；均为林地，且细分一致为表中有底色加括号部分，共11个类型；均为林地，但细分不一致为表中有底色不加括号部分，共33个类型。

(二)林地界定的"规划论"

"规划论"界定林地的理论基础主要是林地的用途——规划用途。认为经过有效的规划所确定的用于发展林业的土地就是林地。对一个国家或一定地区范围而言,按照生态、经济与社会发展的现实、前景和需要,在空间上、时间上对"发展林业"这种土地的特定利用目的做出的总体安排和布局,从而确定土地的林业用地方向。从"规划论"看,"林地"与"林业用地"是等同的。

2020年7月1日起施行的《中华人民共和国森林法》中:"林地,是指县级以上人民政府规划确定的用于发展林业的土地。包括郁闭度0.2以上的乔木林地以及竹林地、灌木林地、疏林地、采伐迹地、火烧迹地、未成林造林地、苗圃地等"。这里的关键词是"规划确定的",实质上就是林地界定的"规划论"。

(三)林地界定的"综合论"

"综合论"界定林地的理论基础主要是林地的法定属性。即在一定的时间阶段内林地的法定属性是有继承性的。是不是林地?不能仅看即时状态是否有森林覆盖,而应看一定的时间阶段内土地的法定用途与属性,如是否有林地林权证、土地承包证等不动产证书;还应看一定时间阶段内土地的规划属性是否是林业用地。

也就是说,界定林地应在综合分析一定时间阶段内土地的法定属性、历史演变及有效规划的基础上进行。

一是以法管地,看"林地"的法定属性。我国的《不动产登记暂行条例》于2015年3月1日落地实施。集体土地所有权;森林、林木所有权;耕地、林地、草地等土地承包经营权等都包括在登记的权利范围内。2020年,自然资源部办公厅、国家林业和草原局办公室联合发布《关于进一步规范林权类不动产登记做好林权登记与林业管理衔接的通知》,要求坚持问题导向、物权法定、"不变不换"、便民利民原则。对原有权机关依法颁发的林权证书继续有效,不变不换。国务院林业主管部门颁发的重点林区原林权证继续有效,已明确的权属边界不得擅自调整。要根据《中华人民共和国土地管理法》《中华人民共和国森林法》《中华人民共和国农村土地承包法》等明确规定的权利类型,依法对国家所有的林地和林地上的森林、林木,集体所有或国家所有依法由农民集体使用的林地和林地上的林木进行登记,并确权发证。同时要基于同一张底图、同一个平台,加快数据资料整合,依法依规解决权属交叉(一地多证)、地类重叠(一地多类)等难点问题。

二是以史析地,看"林地"的演变过程。从一定时期内土地利用的演变过程,判断土地利用现状的变化原因和演变进程。应收集一定时期内"林地"变化的档案资料,如土地利用情况(包括建设项目使用林地、开垦林地等非森林经营活动)、森林经营活动(包括造林、采伐、更新等)、自然灾害损害等,通过对照一定时期内不同时段的林地数据库或前后期遥感影像,判读区划林地变化图斑并分析原因,再结合现地调查核实等技术手段,从而掌握"林地"变化的空间分布与管理属性变化信息,判断"林地"的真实属性。

三是以规展地,看"林地"的有效规划。通过规划来调控土地利用方向和属性是世界各国的普遍做法。国土空间规划是指一个国家或地区的政府部门对所辖国土空间资源和布局进行的长远谋划和统筹安排，旨在实现对国土空间有效管控及科学治理，促进发展与保护的平衡。特点：强化了发展规划的统领作用、强化了国土空间规划的基础作用且强调了专项规划需在国土空间总体规划统筹下进行。然而，需要明确的是土地利用现状是土地的现时状态，而国土空间规划是土地的未来状态。土地用途从现状用途到规划用途转变需要办理审批手续。一地块现状为农用地的土地在经批准并办理农转用审批手续前，土地的性质仍为农用地，不能擅自改变土地用途。林地管理也是如此，从森林资源档案和森林资源管理"一张图"资料看，记录的是现状地类，也就是当前状态下土地所属的地类；从用地规划看，地类是规划地类。看现时具体的地类，要依据土地利用现状用途或者地籍调查等法定的现实用途确定，而不能片面依据规划的用途。

总而言之，在林地管理活动中，林地是县级以上人民政府通过土地利用或林权登记等方式认可的块状土地。有林的地块不一定是林地，无林的地块不一定不是林地，林权登记簿（或林权证）等不动产证和法定规划才是确认林地的主要证据。

三、林地的土地管理类型

2013年起，我国林业主管部门布置开展林地落界工作，着手建设"全国林地'一张图'"（注："全国森林资源管理'一张图'"的前身），力图将林地及其利用状况落实到山头地块（小班），为各级林地保护利用规划提供基础数据。即：依据现有森林资源规划设计调查、公益林区划界定等成果，以DOM为基础，通过遥感判读核实，辅以适当的现地调查，按照林地落界基本条件和精度要求，落实现有林地和依法可用于林业发展的其他土地的边界和图斑。林地落界工作的全面完成及进而开展的"林地年度变更"工作（注："全国森林资源管理'一张图'年度更新"工作的前身），为摸清林地资源家底并及时掌握林地及森林资源管理情况发挥了重要作用。但面临的问题是"全国林地'一张图'"与"国土'一张图'"中的林地认定不一致，给林地管理带来诸多问题，亟待制订科学合理的解决方案。对此，提出了"土地管理类型"的概念并得到了认可。

不管是调查阶段、规划阶段，还是管理阶段，实际上林地作为一种客观存在，并没有发生变化，产生差异的原因是不同部门的认识与统计口径的不一致，如图1-1。

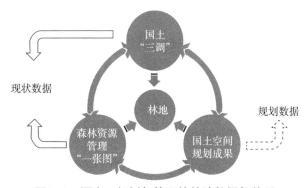

图1-1 调查、规划与管理的林地数据与关系

（一）林地认定不一导致的林地管理问题

以往，林业、国土两个部门对林地界定标准不同，导致有部分土地，林业部门界定为林地，而国土部门界定为非林地。同时，由于林业与国土两部门调查工作衔接不够，也存在个别地块国土部门界定为林地，而林业部门界定为非林地。

总体而言，林业部门依据《中华人民共和国森林法实施条例》《森林资源规划设计调查技术规程》确定的林地，相比国土部门依据《土地利用现状分类》确定的林地，在范围上存在差异。《土地利用现状分类》规定的林地均在《中华人民共和国森林法实施条例》规定的林地范围之内，但《中华人民共和国森林法实施条例》规定的林地比《土地利用现状分类》规定的林地范畴大。主要表现：首先是有林的不一定是"林地"，即现实中会出现林地范围内、外的都存在"森林"资源的情况。按照2020年7月1日起施行的《中华人民共和国森林法》第八十三条的含义，森林，包括乔木林、竹林和国家特别规定的灌木林。按照用途可以分为防护林、特种用途林、用材林、经济林和能源林。这里并未规定"森林"是生长在什么样的土地上。在林地范围外的"森林"资源有3种情况：①属于沿海生长红树林的土地，城镇、村庄范围内的绿化林木用地，铁路、公路征地范围内的林木，河流、沟渠的护岸林，这些现地有"森林"，但在第三次全国国土调查中明确规定不包括在"林地"范围内；②经济林这种"森林"所在的土地，在第三次全国国土调查中明确规定划分为与"林地"并列的"园地"，即不属于林地；③存在着国家级或省级公益林、天然林、退耕还林地上的森林等明确界定过的"林地"，在第三次全国国土调查结果中却是"非林地"的情况。以上述3种土地上虽有"森林"，但按第三次全国国土调查结果却并不是"林地"。

其次是灌木林地的覆盖度标准，在第三次全国国土调查灌木覆盖度≥40%，在林业的林地分类中是灌木覆盖度≥30%，由于灌木覆盖度标准的差异，将有诸多在林业的林地分类中是灌木林地，但在第三次全国国土调查结果中属于草地等非林地。

最后是宜林地。在第三次全国国土调查中并无宜林地的概念，原因在于第三次全国国土调查属于现状调查，而宜林地本属规划的地类。如需成为法定林地，需要按"县级以上人民政府规划确定"的要求，通过有效规划将宜林的土地（含宜林的荒山荒地等未利用地及其它土地）通过造林绿化转为林地。

对于近年来农村以自主经营为主导，调整种植结构成为常态，虽然有防止耕地"非农化"及耕地"非粮化"的相关规定，但耕地造林、林地农用等现象比较普遍，两部门对林地界定范围交叉重叠的问题更加突出，给林地保护管理带来压力，基层林业主管部门对此也有很多困惑。林地保护管理中存在两个突出问题：一是两部门对林地范围界定不一致，影响两部门土地管理范围和管理权限，存在管理重叠交叉、管理真空的现象。对界定不一致的林地是否要管理、如何管理，地方林业部门往往会无所适从。二是为落实土地用途管制，特别是为工程建设办理使用林地审核审批手续带来问题。对于两部门界定不一致的土地，是否需要办理使用林地审核审批手续，为用地单位、为执法检查工作带来问题，有的地方甚至出现不经林业主管部门审核审批就直接办理建设用地转用手续的现象。随着多规合一的实施和国土空间规划的出台，这种因林地界定标准不同导致的林地认定差异及相应的林地管理问题将逐步得到解决。

（二）"土地管理类型"因子的提出

为厘清森林资源规划设计调查结果中林地资源的实际管理情况，甄别"全国林地'一张图'"的林地与"国土'一张图'"中林地的差异情况，《林地变更调查技术规程》（LY/T 2893—2017）中，规定将"林地"细分为如下三种土地管理类型：

一是"按林地管理"：指用于林业生态建设和生产经营的，由林业主管部门及其他部门均依法确定为林地的。

二是"按非林地管理"：指有森林植被分布，由林业、国土、交通、水利、农业等部门均依法确定为非林地的。

三是"暂按林地管理"：指目前国土等部门确定的土地用途与林业部门确定的林地用途不一致的土地。

要求所有"林地"图斑均填写具体的"土地管理类型"这项因子，从而将林地的森林覆盖情况和林地利用情况进行区分。

在《中国百科大辞典》中对土地覆盖和土地利用有详细的阐述：土地覆盖是指被自然营造物和人工建造物所覆盖的地表诸要素的综合体，土地覆盖侧重于土地的自然属性，而土地利用侧重于土地的社会属性。虽然按照《森林资源规划设计调查技术规程》（GB/T 26424—2010）进行调查时，一些土地按照森林的覆盖情况调查时划成了林地，但实际的土地利用（用途）或管理属性并不是林地。按照《土地利用现状分类》（GB/T 21010—2017）的规定："林地指生长乔木、竹类、灌木的土地……包括迹地，不包括居民点内部的绿化林木用地，铁路、公路征地范围内的林木，以及河流、沟渠的护堤林"。这是以土地用途或土地利用目的为主要判定标准，即现状有森林或林木覆盖的土地，甚至在一定时期保持有森林植被的土地，按照法定的土地用途其地类不一定是"按林地管理"。

第二节　林地的功能、特性与林地保护利用

在林业行业中，习惯将林地与森林的关系，形容为"皮"与"毛"的关系。森林资源是核心，林地资源是根本。作为林业的重要物质基础，一方面离开了林地资源，林业就无立足之地。另一方面，有了林地资源，不能合理利用或保护得不好，林业也难以得到发展。《中华人民共和国森林法》第十五条规定：森林、林木、林地的所有者和使用者应当依法保护和合理利用森林、林木、林地，不得非法改变林地用途和毁坏森林、林木、林地。可见，林地的严格保护与合理利用是林地管理的两大核心内容。

一、林地功能

林地保护与利用的目的就是充分发挥林地的各方面功能，从林地的功能上也可以加深对林地概念的理解及林地保护与林地利用的理解。当然林地的功能与森林的功能是不可分割的。李文华（2014）指出：生态系统服务一直是生态学研究的重要内容，受到了国际社会的广泛重视。2000年启动的"联合国千年生态系统评估"项目，首次对全球生态系统开展了多尺度、综合性评估，确立了生态系统服务评估的基本框架。1997年，美国著名生态经济学家Costanza建立了可描述、可测定和可计量的指标体系，对全球生态系统服务价值进行了评估，得到了国际生态学界的普遍认可。另外，联合国粮食及农业组织（FAO）以及《联合国气候变化框架公约》《生物多样性公约》等国际组织公约也定期对全球森林资源及生态状况进行监测评价。2004年，国家林业局和国家统计局联合开展了"中国森林资源核算及纳入绿色GDP研究"，提出了森林资源核算的理论和方法，初步构建了基于森林的绿色国民经济核算框架。2008年，中国林业科学研究院又以第七次全国森林资源清查结果为基础，评估了全国森林生态服务系统功能价值。在核算指标上，参考联合国《千年生态系统评估》报告，按照国家标准《森林生态系统服务功能评估规范》（GB/T 38582—2020），从涵养水源、保育土壤、固碳释氧、净化大气环境、森林防护等7类13项指标对森林生态服务系统功能价值进行了核算，总体上能够反映森林生态系统所提供的直接的和间接的、有形的和无形的效益的基本状况。《中华人民共和国森林法》第六条规定：国家以培育稳定、健康、优质、高效的森林生态系统为目标，对公益林和商品林实行分类经营管理，突出主导功能，发挥多种功能，实现森林资源永续利用。林地作为森林生态系统的基本组成，林地功能主要包括经济效益、生态效益和社会效益三大方面的相关功能。

一是经济效益方面的功能。即主要提供下列物质和能源方面的功能：①生产木材。生长用材林，可制作原木、板方材、三板材（纤维板、胶合板、刨花板）和削片，用于建筑、车辆、船舶、枕木、矿柱、造纸和家具制造等。②生产能源。生长能源林，每立方米木材可产生热量约1670万千焦。世界每年作为薪炭燃烧而耗费木材约有12亿立方米，占世界木材总产量46.9%。在发展中国家，能源林能源占总能源的比重达84.7%。现在有的国家正试验从森林植物中提炼石油，以解决能源危机。③生产食物。生长经济林，其中有食用植物产品，其中林木种子可用作油料资源的有核桃、花椒、油茶、油橄榄、油棕等；可作为食品的有板栗、枣、柿、榧子、松子等。从植物枝、干、叶中还可提炼食用淀粉、维生素、糖等。林副产品中蘑菇、猴头、木耳、银耳等都是佳肴珍品。森林中的鸟兽、两栖、爬行类等狩猎资源占陆生动物资源的绝大多数，出产大量肉、皮、毛、羽、骨、蛋、角等。④生产化工原料，生长经济林，其中有许多可供林产化学加工的森林植物产品，如松脂、单宁、紫胶、芳香油、橡胶、生漆等。⑤生产医药资源。生长药用植物，如刺五加、毛冬青、人参、灵芝、猪苓、平贝母、冬虫夏草，以及来源于动物的熊胆、鹿茸、麝香、五灵脂等都是名贵中药。20世纪70年代已从喜树、三尖杉等提炼出抗癌药物。⑥物种基因资源基地。生存于森林中的生物种类甚多，其中有不少属于珍稀或濒危种类。此外，森林还可为多种科学研究，如遗传、进化、生态和水文研究等提供科研材料或基地。

二是生态效益方面的功能。由于森林环境（生物与非生物）的调节作用而产生的有利于人类和生物种群生息、繁衍的效益。主要包括：①贮碳效益。森林是地球最大的贮碳库，在维持地球碳循环中发挥着十分重要的作用。由于工业化带来的能源大量消耗，排放二氧化碳，导致大气中二氧化碳浓度不断上升，形成"温室效应"，全球气温升高，这是当今人类社会所面临的最严峻的挑战。解决这一问题，一方面要求世界各国尤其是发达国家，节能减排；另一方面则要保护和培育森林，充分发挥森林的固碳作用。②释放氧气。森林在吸收二氧化碳的同时释放氧气，森林每生产 1 吨干物质，可以释放氧气 1.2 吨。③涵养水源。森林可以有效地拦截和储存降水，并通过湿润土壤和补给地下水维持水分的有效循环。形象地说，森林生态系统就像"无形水库"，水多可以贮蓄，水少可以释放。据测算，有林地比无林地每公顷多蓄水 300 立方米，3000 多公顷林地就相当于 100 万立方米的水库。④防止水土流失。由于我国人口众多以及其他历史原因，毁林开荒、滥垦滥种的现象十分普遍，导致大面积的水土流失，是造成土地荒漠化和水旱灾害频繁发生的重要原因，也对各种水利设施的安全使用造成严重威胁。森林可以有效地减少降雨对地面的冲击，减少地表径流，从而有效控制水土流失。因此，治水先治山，治山必兴林，这也是历史的教训与经验。⑤防风固沙。风沙已成为危及人类生存最严重的自然灾害之一，我国是风沙危害比较严重的国家，目前北方地区的沙尘暴越来越频繁，已引起了全社会的关注。种草、保护植被是治理风沙的根本措施。⑥生物多样性保护。森林为各种陆地野生动植物的繁衍提供了有效的保护；如果缺少森林中生物基因的补充，现在世界上很多农作物（如水稻、棉花等）早已灭绝。今后人类社会的发展包括自身的生存、各种疾病的威胁，仍然需要来自森林的生物基因保护。

三是社会效益方面的功能。表现为森林对人类生存、生育、居住、活动以及在人的心理、情绪、感觉、教育等方面所产生的作用。社会效益难与生态效益截然分开。如降水经森林土壤渗透过滤，水中所含有害物质如砷、汞、铅和氰、氯、氟等化合物以及病菌被阻滞在土壤里。森林通过光合作用吸收二氧化碳，放出氧气。林冠枝叶表面吸附灰尘和微粒，吸收有害气体如二氧化硫、一氧化碳、氟化物、氯气等，都有助于消除污染，有益人体健康。森林植物的叶、芽、花、果能分泌具有芳香挥发性的杀菌素，有的森林植物释放氧离子，都可杀死细菌。因此森林常成为森林康养的理想场所。此外，枝、叶、树、干对声波阻挡吸收作用还有利于消除噪声。森林所具有的优美的林冠，千姿百态的叶、枝、花、果，以及随季节而变化的绚丽多彩的各种颜色，可为人们提供游憩的场所和陶冶性情的生态环境。林地还有辅助林业生产用地的功能。辅助生产林地是指直接为林业生产服务的工程设施与配套设施用地和其他有林地权属证明的土地。包括：①培育、生产种子、苗木的设施用地；②贮存种子、苗木、木材和其他生产资料的设施用地；③集材道、运材道；④林业科研、试验、示范基地；⑤野生动植物保护、护林、森林病虫害防治、森林防火、木材检疫设施用地；⑥供水、供热、供气、通信等基础设施用地；⑦其他有林地权属证明的土地。

二、林地特性

严格保护并科学利用林地、充分发挥林地功能的前提，就是要深刻理解林地的特性，包括：林地物质的自然性、林地数量的有限性、林地分布的差异性、林地位置的空间性、林地利用的可持续性、林地属性的两重性等六方面的特性。

（一）林地物质的自然性

在人类出现之前，林地就已经在地球存在。林地作为一种自然资源，区别于其他物品之处在于天然林地不是前人的劳动成果，而是自然产物。林地作为一种客观存在，人类劳动可以影响林地利用，但人类的不合理利用或掠夺式开发将破坏林地的自然性。人类劳动是绝对创造不出新的天然林地的。

（二）林地数量的有限性

林地数量的有限性是指林地资源的数量，与人类社会不断增长的需求相矛盾，故必须强调合理开发利用与保护，以确保林地资源的保有量。正如著名的古典经济学家大卫·李嘉图（David Ricardo）指出，土地面积是土地的最基本的和永恒的财富。林地也是如此，林地数量（面积）是有限的，这一宝贵财富不能无节制地占用与破坏。否则，林地上的森林覆盖可能被灭失，林地的土层也可能因此而被侵蚀，林地多种功能会被耗竭。林地数量的有限性是林地管理实施"以数管地"，确保林地保有量的原因所在。

（三）林地分布的差异性

林地分布的差异性是指林地分布存在数量或质量上的显著地域差异。一方面，由于地域分异，导致林地分布存在地域上的显著差异或分布的不平衡性。另一方面，由于组成林地的各种因素不同量的不同组合，形成相互区别各具特色的林地，其差异性表现为林地质量的不同等级，最直观的就是林地生产力的差异性。

（四）林地位置的空间性

每块林地都具有特定的三维（长、宽、高）空间，不能丝毫移动，属于不动产，它只能在其所处地域内加以利用，致使林地的质量、地理位置及生产力水平存在着很大的空间差异，最终导致各地区之间林业发展的不平衡性。林地位置直接影响林地的可及度，位置有利的林地可以提供与它所节省的管理费用相匹配的相关增益。林地位置的空间性是林地管理实施"以图管地"，确保林地区位空间的原因所在。

（五）林地利用的可持续性

林地在其合理利用的过程中，努力增加林地上的森林覆盖率，林地质量不仅不会减退而且会有一定程度的提高。人类祖先使用过的林地至今仍在周而复始地使用，这一事实充分证明了林地利用具有可持续性，可理解为林地利用的发展性或耐久性。当然，如果不实行科学的利用方式的话，林地的土壤肥力会耗竭。因此必须指出，只有处理好林地保护和利用之间的关系，保持林地中各种生态因子之间的动态平衡，才能使林地生产力得以不断提高，林地才能实现可持续利用。林地利用的可持续性是林地管理实施"以规划管地"以客观体现并管理好林地属性的原因所在。

（六）林地属性的两重性

林地属性具有社会和自然两重性质。既是人类生存和发展的基础，又是生态环境要素。既是人类赖以生存和发展的重要资源，又是巨大的社会资产；既是资源性资产，又是资产性资源。如何开展技术创新和制度创新，处理好严格保护与科学利用林地的关系是林地管理永恒的主题。林地属性的两重性是林地管理实施"林地保护等级"从而管理好不同生态区位林地的原因所在。

不管林地具有什么样的特性，但其根本离不开两个方面，即林地的空间范围和属性因子，如图1-2。

图1-2 林地的空间范围与属性

三、林地利用

马克思曾引证过的英国古典政治经济学家威廉·配第的观点认为："劳动是财富之父，土地是财富之母"，土地和劳动是一切财富的源泉。对林地利用而言，其含义是指人类按照一定的方式，通过与林地结合以获得相关物质产品和服务、满足自身需要的过程。所谓合理的林地利用，就是寻求和选择林地资源的最佳用途、结构、利用方式和途径，以挖掘林地资源的优势和潜力，发挥最大功能。这个概念中包含人、林地、林地利用方式三个基本要素。

第一个基本要素是人。人是林地利用的主体，是林地利用过程中的能动性、主导性因素。人的需要是林地利用的出发点和根本目标，一切利用林地的活动归根结底都是为了满足人类自身生存、享受和发展的需求，具体表现为对各种物质产品和服务的需要。由于林地资源具有多宜性，不同用途之间具有明显的比较效益差异，从而既有用材、经济、能源等商品性的林地利用的出发点和目标；也有防护、特用等生态公益性的林地利用的出发点和目标。这就使得人成了决定林地利用变化的重要因素，林地利用过程因为有了人的因素的存在及其能动作用而有别于单纯的自然生产过程，成为自然再生产与经济再生产相交织的过程。林地利用还具有生产力和生产关系两重性特征。林地利用水平的提高是林地生产力和生产关系因素共同作用的结果,而人既是提高林地生产力的关键,又是协调生产关系的核心。在实际中,人们对林地利用问题的关注,不是仅仅关注作为自然物质或人类活动物化成果的林地,而是更多地关注人与林地的结合及这种结合获得物质产品和服务的能力方面。

第二个基本要素是林地。林地是林地利用的客体,是人类林业生产和生活决策和人口条件相关的因素活动的物质源泉。林地利用过程是人类与林地进行物质、能量和价值的交流转换的过程,在这一过程中,人类作用于林地,林地也反作用于人类。人类对林地的利用不仅取决于人类的劳动投入和人类自身的智力与技术的发展,也受制于林地资源条件,包括林地的数量、类型和资源质量。人类可以在不同的林地用途之间进行选择,但这种选择的前提是林地自身所具有的自然和经济属性。对一个区域而言,林地资源的禀赋对区域林地利用的效益和经济社会发展有着重要的影响。林地利用实际上既包含了人对林地的积极开发和改造,又包含了人对林地自然限制的适应过程,在这一过程中,既要遵守社会经济规律,又要遵守自然规律。

第三个基本要素是林地利用方式。按照联合国粮食及农业组织(FAO)的定义,土地利用方式是指在一定的自然、社会、经济背景下,按一套经营管理的技术经济指标加以详细规定和描述的土地利用类型,这套技术经济指标包括产品、市场方向、经营规模、劳动力集约度、资金集约度、所采用的动力、技术和物质投入、对基础设施的要求等。林地利用方式也是如此,它是连接人与林地这两个基本要素的媒介。人类利用林地,增加林地生产力,除了要投入林地外,还要投入必要的劳动力、资本和技术。我们通常所称的"粗放型"林地利用方式就是如"集约型"林地利用方式相对而言的。"集约型"林地利用方式是通过增加劳动力、资本和技术投入,来提高林地产出(单位面积林地的蓄积量、产值或能量等)的林地利用方式。可见,林地利用方式不仅在相当程度上决定着林地利用的现实格局,也可能影响林地资源的可持续利用。当然,"粗放型"与"集约型"两种林地利用方式并非总是截然分开和相互排斥的,它们也可以相互结合和彼此促进。采取什么样的林地利用方式,应该根据经济发展的水平和生态及社会发展需求状况而定。

林地的每一种功能都被人类自觉或不自觉地加以利用。为确保森林、林木、林地的所有者和使用者的涉林不动产权合法权益受法律保护,《中华人民共和国森林法》第十五条规定:林地和林地上的森林、林木的所有权、使用权,由不动产登记机构统一登记造册,核发证书。从而通过法律的方式而保证林地利用目的和相关林地功能的实现。

林地利用的主要内容主要包括:科学布局林地利用分区、合理确定林地利用目的、努力提高林地森林覆盖率、精准提升林地上的森林质量。

(一)科学布局林地利用分区

林地利用分区以林地利用地域分异规律为理论基础,以国土空间规划为指导,以林地利用方向与途径的相似性和差异性对林地进行区域划分,对科学制定区域林地利用方向、合理确定林地利用结构、提高林地的森林覆盖率和集约化经营水平、促进区域林业生态建设具有重要意义。它是合理利用林地资源、因地制宜调整林地利用结构和确定林地利用方向的重要依据。

我国从 20 世纪 80 年代的林业区划研究、90 年代的森林立地区划及后来的林业发展三级规划，都对林地利用分区的实践进行了全面的探索。并在结合"3S"技术，采用叠置法、聚类分析法、判别法、人工神经网络法等方法进行了研究。根据不同区域林业发展战略、林地现状和潜力、资源环境承载力和林地利用的适宜性，将区域划分为若干地域，并针对不同地域提出合理利用林地的指标和措施。因此，林地利用分区具有指向性、层次性和实用性的特点。

（二）合理确定林地利用目的

一方面要按照林地利用的目的合理划分防护林地、特种用途林地、用材林地、经济林地、能源林地和其他林地等。另一方面要对林地实行分类经营与利用，将各类林地对应地分为公益林地、商品林地进行科学经营，采用集约经营利用方式精准提升林地的森林质量，应合理确定国家级公益林地和省级公益林地的比率，以及重点商品林地的比率。

（三）努力提高林地森林覆盖率

土地利用率是反映土地利用程度的指标，是一个国家或一个地区已开发利用的土地面积占土地总面积的比率。对于林地这种"县级以上人民政府规划确定的用于发展林业的土地"而言，林地利用率应是反映林地在发展林业方面利用程度的指标，其中最直接最有生态、经济和社会综合效益的利用方式无疑是提高森林覆盖率。森林覆盖率是反映一个国家（或地区）森林资源和林地占有的实际利用水平的重要指标。确保林地上的森林保有量，如保护林地上天然林、公益林及重点商品林的覆盖，是提高林地利用水平的主要措施。联合国环境规划署报告称，有史以来全球森林已减少了一半，主要原因是人类活动。根据联合国粮食及农业组织（FAO）2001 年的报告，全球森林从 1990 年的 39.6 亿公顷下降到 2000 年的 38.7 亿公顷。全球每年消失的森林近千万公顷。森林是陆地上最大的碳储库，减少森林损毁、增加森林资源是应对气候变化的有效途径。多年来，我国全面实施退耕还林、天然林资源保护等重点生态工程，持续开展全民义务植树，努力保护和增加林地及森林覆盖。根据第九次全国森林资源清查成果《中国森林资源报告（2014—2018 年）》，中国森林覆盖率达 22.96%。

（四）精准提升林地上的森林质量

提高林地上的森林保有量面积或提高森林覆盖率仅仅是林地利用方面的"量"的增长，而只有提升林地上的森林质量，使森林生态功能和效益最大化，才是林地利用方面的"质"的提高。提升林地上的森林质量，目的在于科学利用林地以提供更多更优质的生态产品，与生态文明建设息息相关。实施森林质量精准提升是科学利用林地并增强森林生态功能的根本举措，是培育木材战略资源的重要抓手，是推进林业供给侧结构性改革的重要内容，是贯彻绿色发展理念、推进美丽中国建设的必然要求，是参与全球气候治理的战略选择。多年来，我国以精准提升森林质量、增强生态功能和优质生态产品供给为主攻方向，以多功能森林经营理论为指导，坚持保护优先、自然修复为主；坚持数量和质量并重，质量优先；坚持优化结构，补齐短板；坚持突出重点，精准施策。坚持目标引领、示范推动，分区、分类、因林施策，全面保育天然林、科学经营人工林、复壮更新灌木林，完善政策支撑机制，创新经营技术模式，培育"结构合理、系统稳定、功能完备、效益递增"的森林生态系统，有效地提升林地利用效益。

四、林地保护

由于国民经济和社会的不断发展，各类项目建设用地需求快速增加，对林地资源产生巨大压力。一方面是各类项目建设占用林地，导致林地转为非林地。另一方面是一些地方的涉林土地规模不断增大，占用和破坏了一部分林地；再者，在林地利用中，由于一些不合理的开发，破坏了林地生态系统与环境要素之间的平衡关系，致使林地资源质量不断退化，林地生产力不断下降。所以，林地保护成为林地管理工作的一项重大而长期的基本任务。

1978年，《中华人民共和国宪法》规定，"国家保护环境和自然资源"。20世纪80年代以来，我国把环境保护作为一项基本国策。同时，颁布了《中华人民共和国环境保护法》《中华人民共和国土地管理法》《中华人民共和国森林法》等有关保护林地资源的法律法规。这些法律法规明确了林地保护的内容，包括对林地资源数量的保护、防治林地资源污染的环境保护、维护和提高林地生产力。林地保护的目的是要达到对林地资源的可持续利用。2020年7月1日施行的《中华人民共和国森林法》（2019年修订）第四章就明确了林地和森林保护的相关内容。

林地保护是人类为了自身的生存与发展，保护林地资源，恢复和改善林地资源的物质生产能力，防治林地资源的环境污染，使林地资源能够持续地利用所采取的必要措施和行动。一方面要求林地的所有者和使用者应当依法保护和合理利用林地，不得非法改变林地用途和毁坏林地；另一方面是要求林地所有者和使用者以外的其他利益关联者应当依法保护和合理利用林地，不得非法改变林地用途和毁坏林地；再者是要求与林地相关的管理部门和管理者从法律法规、体制机制、规范标准、决策监管诸方面，依据自然生态规律，采取各项措施保存和维护林地的生态、生产、环境、景观和文化等功能，实现林地的数量、质量和生态空间的全面保护。

（一）林地数量保护

林地资源的数量保护指对林地资源的面积保存，主要是防止林地因非建设项目占用或因垦造耕地等非林业用地的扩展而使林地逆向灭失的情况。《中华人民共和国森林法》（2019年修订）第三十六条规定：国家保护林地，严格控制林地转为非林地，实行占用林地总量控制，确保林地保有量不减少。

林地保有量是一定时期内必须保有的林地面积。不仅是确保林地的总保有量不减少，还要重点保护公益林地、天然林地及自然保护地等各项重要林地的保有量。

占用征收林地定额是指年度内国家允许勘察、开采矿藏和各项建设工程占用征收林地面积的最大限量。根据《占用征收林地定额管理办法》，定额使用应当以严格保护为前提，节约集约使用林地；执行国家产业政策和供地政策，优先保障国家重点基础建设项目；严格控制林地转为建设用地。县级以上地方人民政府林业主管部门应当促请本级人民政府将定额的执行情况作为政府目标责任制的重要内容。各类建设项目占用林地不得超过本行政区域的占用林地总量控制指标。《中华人民共和国森林法》第三十九条规定：禁止毁林开垦、采石、采砂、采土以及其他毁坏林木和林地的行为。在"各类建设项目占用林地不得超过本行政区域的占用林地总量控制指标"方面，我国从"十一五"开始实施了建设项目占用"林地定额管理"。出台了《占用征收林地定额管理办法》，要求切实加强占用征收林地管理，落实占用征收林地定额管理制度，严格保护、节约集约使用林地，严格控制林地转为建设用地。

（二）林地质量保护

林地资源的质量或林地资源的好坏包括林地生产力的高低、林地质量等级的高低等评价内容。林地资源质量的保护，通常指林地资源的地力保护，指维护林地的生产潜力和提高林地资源生产力水平。可根据与森林植被生长密切相关的地形特征、土壤等自然环境因素和相关经营条件，对林地质量进行综合评定。对此，邱尧荣等（2006）首次提出"林地分等评级的背景分析与技术构架"。《县级林地保护利用规划编制技术规程》（LY/T 1956—2011）中明确了"林地生产力"的概念。《林地保护利用规划林地落界技术规程》（LY/T 1955—2011）规定了林地质量等级评定方法，选取林地土壤厚度、土壤类型、坡度、坡向、坡位和交通区位等6项因子，采用层次分析法，计算林地质量综合评分值，进而进行林地分等，将林地质量划分为Ⅰ、Ⅱ、Ⅲ、Ⅳ、Ⅴ等5个质量等级。

（三）林地生态空间保护

全球生态环境的整体形势并不乐观，人类活动在不断加剧生态环境的恶化，使得林地的生态保护尤为重要。林地功能反映了林地自身具有维护地球生命、改善人类生存空间的生态价值。林地资源的生态保护主要是防止林地资源的污染、防止高保护价值林地（如公益林地、天然林地、自然保护地林地）的减少等，从而保护并提升林地的生态价值，包括：林地的污染状况、生态价值的多少及林地保护等级高级等评价内容。邱尧荣等（2006）在全国10个县级林地保护利用规划试点的基础上提出林地保护等级的概念，即：按照林地的生态区位重要性和脆弱性、林地利用方向等，实施差别化管控，进行系统评价所确定的保护等级，将林地保护等级作为林地分级管理的重要依据。《县级林地保护利用规划技术规程》（LY/T 1956—2011）规定了林地保护等级分级及保护管理措施，进行林地分级，将林地保护等级划分为Ⅰ、Ⅱ、Ⅲ、Ⅳ等4个保护等级，实施林地分级保护。

不管是林地的数量、质量还是生态空间保护，都需要有完善的林地保护措施相匹配，如林地用途管制、林地定额管理、补充林地、林地生态空间修复等。

第三节 规划与林地保护利用规划

一、规划

（一）规划的概念

规划可按并列式（规＋划）理解：规者，有法度也，如法则、章程、标准、谋划，即战略层面；划者，戈也，分开之意，如划算、核算、刻画，即战术层面。在规划中"规"是起而"划"是落。规划的概念可理解为融合多要素多人士看法的某一特定领域的发展愿景，意即进行比较全面的长远的发展计划，是对未来整体性、长期性、基本性问题的思考、考量和设计未来整套行动的方案。例如预先决定要做何事、如何去做、为何这样做、何时去做、由何人来做、在何处做等一系列的安排。这种安排是经由合理程序，根据目标、事实和经过思考的估计而对各种行动方案作出的有意识的决定，是制定决策的基础。规划的目的是从无序到有序，从无知到有知，实现适度、稳定、协调、可持续发展。

（二）规划的性质

规划具有综合性、依赖性、层次性、软硬性、动态性、市场性。

第一，综合性。规划涉及多要素的融合，各方面人士的看法，以及未来系列问题的整体思考。因此，规划要综合考虑与这些因素直接相关或间接相关的因素。

第二，依赖性。制定行动方案涉及各方面因素，而这些因素是互为条件的。规划的依赖性往往与因素构成、现实与潜在状态等有着密切的关系。

第三，层次性。按规划范围分国际、国家、区域（省际、省、地区、市县）级规划等层次，不同层次的规划侧重点不同。三维层次：发展规划侧重于时间序列中发展战略目标、政策法规的制定；空间规划侧重于空间序列中功能区划分、项目及资源保护与开发利用规划；市场营销规划侧重于产品序列中市场需求分析与营销策划。

第四，软硬性。规划具有"软""硬"两个方面。硬规划是指空间规划，包括总体规划（土地利用规划）、分区规划和详细规划（包括建筑景观设计）。规划成果是一系列规划图纸和相应的规划文件。软规划是指社会经济发展规划与市场营销规划。

第五，动态性。在一定的政治、经济、社会、文化背景下社会需求具有相对的稳定性。但是，随着政治、经济、社会环境和人的观念的变化也会产生变化，从时间轴上看，规划又具有动态性，这就决定了规划是一种动态规划，要适应发展趋势，尤其是项目的选择与布局必须具有弹性。

第六，市场性。规划以市场为导向，以产品为核心，尽管受到资源和环境的约束，但在很多情况下是以创造资源来满足、引导、刺激市场需求。

（三）规划的功能

规划是预测与调节系统内的变化，以促进有秩序的开发，从而扩大开发过程的社会、经济与环境效益。规划的主要技术成果是书面文件，适当地附有经济预测、数学描述、定量评价以及说明规划方案各部分关系的图解。可能还有准确描绘规划对象的具体形象的蓝图。

规划的基本功能概括起来有三方面，即引导功能、调控功能和分配功能。

一是引导功能。引导功能是由规划的未来导向性所决定的重要功能，它通过影响人们的观念与引导人们的行为发挥作用。这种引导作用既可以通过直接方式完成，又可以通过间接方式实现。如城市规划既直接引导城市的建设和发展，又通过辐射、关联等效应间接影响乡村的发展和保护。但是，规划的引导功能能否有效发挥，还有赖于规划的权威性、可接受性和社会参与程度。在许多国家，规划是以"立法"或"准立法"方式制定的，被赋予仅次于法律的、规范社会行为的"第二准则"的功能。由此而言，规划的权威性明显强于以指导性文件，甚至以预测性报告方式制定的规划，更有利于发挥引导功能。通过广泛的社会参与，有较高的社会影响力和社会认同感的规划，一般也有较好的引导作用。规划的引导功能越强，实施规划的社会成本就越小，效益就越大。

二是调控功能。规划的引导功能固然重要，但调节和控制功能往往也是必不可少的。尤其社会经济领域的规划，大多涉及复杂的利益关系，规划中的利益冲突、摩擦在所难免，仅靠人们的自觉遵守难以保证规划的实施，从而有必要使用调控手段。另外，规划过程中系统内部因素及其作用机理的变化以及规划外部环境的变迁，都可能导致系统运行的偏离，需要及时进行调控，才能有效实现规划的目标。调控功能也有直接的和间接的两种方式，从降低社会成本和提高社会效益的角度，应尽量采取间接调控方式。

三是分配功能。规划作为对复杂系统未来的发展所作的理性选择，必然涉及对有限资源的配置。在大多数情况下还涉及对利益的分配，因此分配也是规划的一项基本功能。分配功能一般面对三个方面的问题：将资源和利益分配给谁、如何分配、什么是最佳分配等问题。尤其是分配给谁的问题，涉及价值观这一规划的核心问题。例如，以追求效率为主的规划与以追求公平为主的规划就很可能出现根本不同的规划方案。规划的困难也在于此，可以说，规划的成效很大程度上取决于分配功能能否得到积极合理地运用。

（四）规划与计划

讲到规划就会联想到计划。在词义方面（引自全新版《辞海》），计划：是工作或行动以前预先拟定的具体内容和步骤，而规划是比较全面的长远的发展计划。从内涵看，规划与计划基本相似，"规划"也是一种"计划"，是一种比"计划"更为长远的"计划"。所谓"长远"也是相对而言的，例如我国现时的国民经济与社会发展五年规划，起初就是五年计划。"规划"与"计划"的不同之处在于三方面：一是从时间尺度来考量，"规划"侧重于长期，"计划"侧重于短期。二是，从策略层面看，"规划"是战略性的，而"计划"是战术性的。规划是实现战略目标和策略手段的一系列相互联系相互制约的活动。三是从集合方面看，"计划"是"规划"的子集，"规划"可以包含着一个或若干个"计划"。

实现"规划"需要一个个小的"计划"来实现。

二、林地保护利用规划

（一）我国林地保护利用规划的发展历程

林地保护利用规划是林业长远规划的内容之一，是实现林地科学管理、优化用地结构、保障生态用地、提高林地利用效率的基础。《国务院批转国家林业局关于各地区"十一五"期间年森林采伐限额审核意见的通知》中明确提出要依法编制林地保护利用规划。

我国林地保护利用规划经历了从无到有、逐步推行及不断完善的历程。2006年，林地保护利用规划纳入了国家林业局工作内容，成立了林地保护利用规划编制工作办公室，负责林地保护利用规划编制工作的统筹安排和组织领导。并确定国家林业局华东林业调查规划设计院作为全国林地保护利用规划工作技术支持单位，具体承担全国林地保护利用规划的相关技术工作。明确了林地保护利用规划体系的建设路径：以县级林地保护利用规划先行先试为起点，以全国林地保护利用规划为统领，以省级林地保护利用规划落实上位规划的目标战略并提出下位规划的控制引导，进而全面铺开县级林地保护利用规划。

1. 全国林地保护利用规划试点县工作

2006年起，国家林业局正式启动林地保护利用规划编制试点工作，并确定辽宁省北票市、甘肃省泾川县、吉林省敦化市、陕西省吴起县、福建省永安市和江苏省苏州市吴中区等6个县（市、区）作为林地保护利用规划编制试点县。2007年，确定河北省灵寿县、山东省胶南市、江西省靖安县、四川省平武县等4个县作为林地保护利用规划编制试点县。国家林业局同时将开展林地保护利用规划编制试点工作的有关情况正式通知各试点县人民政府。

试点工作得到了各有关省林业厅（局）的高度重视，通过加强协调、指导与把关，并给予试点县相应的支持。各试点县成立了由县政府领导和县林业（农林）局等相关部门主要负责人组成的编制工作领导小组，领导小组下设办公室，办公室设在县林业（农林）局，作为试点工作的领导与组织机构。同时，试点县林业（农林）局均成立林地保护利用规划项目组，具体负责编制工作。国家林业局华东林业调查规划设计院（现国家林业和草原局华东调查规划院）作为试点工作技术支持单位，成立了编制林地保护利用规划技术工作组，明确人员，落实责任，做好各试点县的技术培训和指导工作，及时解决试点工作中出现的问题。

林地保护利用规划编制试点县工作的目的是为全国开展林地保护利用规划编制工作探索经验，以制定工作办法，拟定技术标准，摸索工作经验，明确目标、任务和要求，指导各地林地保护利用规划编制工作。按照《全国林地保护利用规划试点工作计划》，国家林业局华东林业调查规划设计院编制了《试点县林地保护利用规划编制规范》。该规范由总则、技术要求、技术路线、准备工作、外业调查、统计与成图、质量管理、规划成果和报告正文编写等九部分构成，于2006年颁布并实施。2007年4月召开了全国林地保护利用规划工作中期会议，结合各试点县工作进展情况，对全国林地保护利用规划试点工作进行了阶段性总结，对试点工作中遇到的有关问题进行了探讨，并对下一步工作进行了部署。2008年，全面完成了林地保护利用规划编制试点县工作。通过试点，摸索出了在全国范围内开展林地保护利用规划工作的基本思路和总体框架，取得了阶段性成果，为在全国全面开展林地保护利用规划工作奠定了坚实的基础。

2. 全国林地保护利用规划编制工作

在试点工作的基础上，国家林业局启动了全国林地保护利用规划编制工作。2007年，国家林业局下发《国家林业局办公室关于下达林地保护利用规划工作任务的通知》，部署国家林业局华东林业调查规划设计院拟定全国林地保护利用规划纲要（草案）和省级林地保护利用规划编制指导意见（草案）。在此基础上，2008年国家林业局组织全国各地技术人员着手编制《全国林地保护利用规划纲要（2010—2020年）》，同时特别邀请中国国际工程咨询公司作为领导小组成员，领导小组下设办公室，办公室设在资源司，2008年2月底完成了领导小组组建工作。

2010年8月24日，国家林业局召开新闻发布会，宣布《全国林地保护利用规划纲要（2010—2020年）》（简称《纲要》）经国务院常务会议审议并原则通过，并已由国家林业局正式印发。《纲要》主要阐明规划期内国家林地保护利用战略，明确全国林地保护利用的指导思想、目标任务和政策措施，引导全社会严格保护林地、节约集约利用林地、优化林地资源配置，提高林地保护利用效率，实现2020年森林覆盖率奋斗目标，实现我国在联合国气候变化峰会上提出的争取到2020年森林面积和蓄积量分别比2005年增加4000万公顷和13亿立方米的目标。

《纲要》是指导全国林地保护利用的纲领性文件。各地方和有关部门高度重视、加强领导、密切配合，认真分解、落实《纲要》提出的各项任务和措施，加强监督检查，建立科学的监测、评估、统计机制，扎实推进各项工作，确保《纲要》的顺利实施。在批复的规划中提出了实行林地用途管制与定额管理的要求，明确了国家每5年编制或修订一次征占用林地总额，并按年度分解到省（自治区、直辖市），确立了"总量控制、定额管理、节约用地、占补平衡"的林地管理新机制。同时，要求将森林保有量、征占用林地定额作为政府目标考核的重要内容，建立并落实考核体系和考核办法。目前，《纲要》的目标任务已实施完毕，对于我国的林地保护利用起到了十分重要的作用。

3. 开展省级林地保护利用规划编制工作

作为落实《全国林地保护利用规划纲要（2010—2020年）》和指导编制县级林地保护利用规划的重要环节，省级林地保护利用规划在实施《纲要》中起着承上启下的作用，既是统筹省级行政辖区林地保护利用的纲领性文件，又是对明确林地发展空间，以及未来林地规模、结构、布局和时序做出战略性和政策性决策，制定规划实施保障措施。

2010年，国家林业局启动省级林地保护利用规划编制工作，国家林业局下发《编制省级县级林地保护利用规划的通知》。同时，颁发了《省级林地保护利用规划编制指导意见》和《县级林地保护利用规划编制要点》，全面启动省级与县级林地保护利用规划编制工作。省级规划重点是强化战略性和政策性，确定本行政区域林地的规模、结构、布局和保护与利用时序；县级规划重点是划定林地范围，进行功能区划，突出空间性、结构性和操作性，确定规划小班的保护等级和质量等级，建成全国统一标准的林地档案管理数据库。同时明确指出，林地保护利用规划一经批准，必须遵照执行。政府主管部门要严格依据林地保护利用规划审查各类建设项目使用林地。各地要建立规划实施情况监测、评估和统计制度，加强监督检查，严肃查处随意调整或修改林地保护利用规划行为和违法违规使用林地行为。

为规范省级林地保护利用规划大纲审查工作，提高省级林地保护利用规划的编制质量，2011年，国家林业局研究制定了《省级林地保护利用规划大纲审查要点》。规划大纲审查工作由全国林地保护利用规划编制工作领导小组负责组织，成立审查小组，对规划大纲进行审查。审查小组由全国林地保护利用规划编制领导小组成员单位、相关领域专家等人员组成。同时，组织各局直属院具体实施对省级林地保护利用规划的初步审查工作。要求审查单位应当将审查意见反馈给省级林业主管部门。规划大纲通过审查的，省级林业主管部门依据审查意见，编制林地保护利用规划。规划大纲未通过审查的，省级林业主管部门应当根据审查意见进一步修改完善，重新申报。

4. 全面开展县级林地保护利用规划编制工作

2010年，国家林业局下发的《编制省级县级林地保护利用规划的通知》《县级林地保护利用规划编制要点》，全面启动县级林地保护利用规划编制工作。

一是统一规范标准。为规范县级林地保护利用规划编制工作，提高县级林地保护利用规划的编制质量，2011年，国家林业局组织编制了4个技术标准。①《县级林地保护利用规划编制技术规程》（LY/T 1956—2011）；②《林地保护利用规划林地落界技术规程》（LY/T 1955—2011）；③《森林资源调查卫星遥感影像图制作技术规程》（LY/T 1954—2011）；④《县级林地保护利用规划制图规范》（LY/T 2009—2012）。

二是加强审查审批。2013年，国家林业局对全国县级林地保护利用规划（以下简称县级规划）编制、审查和批准实施情况进行了调查。调查结果显示，全国97%的县级规划编制单位完成了规划文本编制工作，但仅有19%的县级规划经县级以上人民政府批准实施，大部分县级规划文本仍处于审查和报批阶段。同时，通过对部分县级规划文本审核，发现一些地方对县级规划编制工作重视不够，没有严格执行县级规划编制的有关规定，存在规划编制主体不明确，随意调整规划基数，规划文本内容不全、文字质量不高、附图不规范等问题。

为确保县级规划成果质量，扎实做好县级规划编制、审查、审批工作，国家林业局下发了《关于加快推进县级林地保护利用规划审查审批工作的通知》，同时要求各省级林业主管部门要按照国家林业局《林地保护利用规划编制审查办法》的要求，切实加强县级规划审查工作，重点审查规划基数、空间布局、利用区划、规划图与实地的一致性等，确保规划成果质量。对于随意调整规划基数，将林地规划为非林地，分区不合理，现状图与实地不符的，要责令编制单位和技术支撑单位限期修改，并适时对修改情况进行复核，确认符合质量要求后方可出具同意的审查意见。坚决杜绝县级规划审查走过场的现象。

由于县级规划编制与林地落界、省级规划的关联性高，当时县级规划受到省级规划的影响，审查和批准进度滞后。对此，要求各省级林业主管部门加快省级规划报批和县级规划审查工作,在已经完成各省级规划文本编制和全国林地落界工作的基础上,尽快完善县级规划文本,推进县级规划的批准实施。县级规划批准后,要严格执行,在森林资源调查、公益林界定、林地利用等工作中,要以县级规划和林地落界成果为基础。建立规划实施情况监测、评估和统计制度,加强监督检查。对于未按要求时间完成县级林地保护利用规划编制的,将停止该县级单位有关建设项目占用征收林地审核审批。

至2013年年底,全国县级林地保护利用规划批准实施工作已全面完成。

5. 持续开展林地保护利用规划实施的监测工作

为贯彻落实《全国林地保护利用规划纲要(2010—2020年)》,推进全国林地"一张图"更新与应用,监测评估林地保护利用规划实施情况,根据中央财政安排,国家林业局决定全国各省[含自治区、直辖市,森工(林业)集团,新疆生产建设兵团,下同]自2014年起分批次开展全域范围内的林地变更调查工作,同时印发了《全国林地变更调查技术方案》《全国林地变更调查成果报告编写细纲》,开展林地变更调查,对自然年度内的各类森林经营活动(如造林、采伐、更新等)、非森林经营活动(如建设项目使用林地、毁林开垦等)、自然灾害损害(如火灾、泥石流等)等引起林地利用状况、地类、管理属性等变化情况进行调查的活动。积极构建全国林地"一张图"、调查监测"一盘棋"、森林资源"一套数"为基础的一体化监测体系,全面启动全国林地"一张图"年度更新工作。全国林地"一张图"建设,给林地监管方式带来重大变革,给林地乃至整个林业管理方式带来根本性转变。以全国林地"一张图"为框架,叠加森林、湿地、荒漠化土地以及生物多样性等专项调查监测信息,搭建满足国家宏观决策、林业管理和生产经营等多种信息需求的林业一体化监管体系,对于加强林业资源保护管理,推动现代林业"三个系统一个多样性"建设,提高林业应对气候变化能力,促进经济社会可持续发展,都已产生重大影响。

2017年,为进一步规范林地变更调查工作,国家林业局组织人员在《林地变更调查技术方案》的基础,制订了《林地变更调查技术规程》(LY/T 2893—2017),规定林地变更调查内容包括:①行政区划界线、国有森林经营单位等界线的变化情况;②林地转为非林地(如建设用地、耕地、设施农用地等)、非林地(如耕地、废弃矿山等)转为林地的变化情况;③林地地类、权属、森林类别、林种、工程类别、事权等级、林地保护等级、起源等变化情况;④自然保护区、森林公园、国有林场,公益林、退耕还林、天然林资源保护、国家储备林基地等林业工程批准的界线变化情况;⑤自然灾害引起的林地利用状况变化情况;⑥其他土地上的森林资源变化情况;⑦国家林业局规定的其他内容。

2018年,国家林业和草原局印发了《关于开展2019年森林督查暨森林资源管理"一张图"年度更新工作的通知》,全国林地"一张图"经完善后转变为全国森林资源管理"一张图",林地年度变更工作演化为森林资源管理"一张图"年度更新工作。2021年,为贯彻落实习近平生态文明思想,统筹推进山水林田湖草沙一体化保护和修复,按照《自然资源调查监测体系构建总体方案》的框架要求,国家林业和草原局印发了《关于开展国家林草生态综合监测评价工作的通知》,并于2021年6月7日召开启动会,全面启动林草生态综合监测评价工作,表明今后的全国森林资源管理"一张图"更新将纳入国家林草生态综合监测评价工作，全国森林资源管理"一张图"亦将纳入全国林草湿"一张图"。

6. 启动新一轮林地保护利用规划工作

2019年，国家林业和草原局启动新一轮林地保护利用规划编制工作，确定国家林业和草原局华东调查规划院为新一轮林地保护利用规划前期工作牵头单位。在进行专题调研和征求意见的基础上，国家林业和草原局印发了《新一轮林地保护利用规划编制工作方案》《新一轮林地保护利用规划编制技术方案》，明确新一轮林地保护利用规划主要内容与要求。

（二）新一轮林地保护利用规划的必要性

一是践行习近平生态文明思想的具体行动。为深入贯彻落实党的十九大精神，践行习近平生态文明思想，颁布了《党政领导干部生态环境损害责任追究办法（试行）》《领导干部自然资源资产离任审计暂行规定》《关于划定并严守生态保护红线的若干意见》等规定，中共中央办公厅、国务院办公厅印发了《关于在国土空间规划中统筹划定落实三条控制线的指导意见》《关于建立以国家公园为主体的自然保护地体系的指导意见》等一系列文件，高度重视生态文明建设，要求坚持和贯彻绿色发展理念，平衡和处理好保护与发展的关系。编制林地保护利用规划，就是为了平衡和处理好林地保护与利用的关系，是践行习近平生态文明思想的具体行动。

二是《中华人民共和国森林法》对县级以上人民政府的要求。《中华人民共和国森林法》（2020年7月1日施行）第二十四条：县级以上人民政府应当落实国土空间开发保护要求，合理规划森林资源保护利用结构和布局，制定森林资源保护发展目标，提高森林覆盖率、森林蓄积量，提升森林生态系统质量和稳定性。第二十六条　县级以上人民政府林业主管部门可以结合本地实际，编制林地保护利用、造林绿化、森林经营、天然林保护等相关专项规划。

三是依规履行林地资源管理职能的需要。按照国家林业和草原局三定职能的第三条，负责林地管理、拟订林地保护利用规划并组织实施是职能内容之一。

四是国土空间规划统筹下确保林业发展空间的需要。按照中共中央、国务院印发《关于建立国土空间规划体系并监督实施的若干意见》，国土空间规划是国家空间发展的指南、可持续发展的空间蓝图，是各类开发保护建设活动的基本依据。

第二章 林地保护利用原理

第一节 系统理论

通常把系统定义为：由若干要素以一定结构形式联结构成的具有某种功能的有机整体。在这个定义中包括了系统、要素、结构、功能4个概念，表明了要素与要素、要素与系统、系统与环境三方面的关系。系统（system）一词由来已久，早在古希腊时代就已被一些哲学家们所使用，但是将它用于科学领域，并赋予特殊含义则是近年来的事。20世纪40年代初，系统的观点与方法开始应用于工程设计领域，1947年生物学家贝塔朗菲（Bertalanffy）首创普通系统论（general system theory），使对系统问题的研究真正走上科学发展的轨道。

系统论的基本思想是把所研究和处理的对象，当作一个系统，分析系统的结构和功能，研究系统、要素、环境三者的相互关系和变动的规律性，并优化系统观点看问题，世界上任何事物都可以看成是一个系统，系统是普遍存在的。大至渺茫的宇宙，小至微观的原子都是系统，整个世界就是系统的集合。系统论的任务，不仅在于认识系统的特点和规律，更重要的还在于利用这些特点和规律去控制、管理、改造或创造一系统，使它的存在与发展合乎人的目的需要。也就是说，研究系统的目的在于调整系统结构及各要素关系，使系统达到优化目标。

系统工程（system engineering）是系统科学的一个应用分支学科，是一门综合性组织管理技术，是以大型的复杂的系统为研究对象，并有目的地对其进行规划、研究、设计和管理，以期达到总体最优的效果。一般认为，系统工程作为一门新兴学科是在20世纪60年代前后才开始形成体系的。1969年美国阿波罗飞船登月计划的实现，被认为是系统工程成功的范例。系统工程被理解为系统观点和方法＋传统工程＋数学方法＋计算机技术。系统工程当今已被广泛应用于土地利用、城镇建设、交通运输、生态环境、资源开发和人口控制等社会经济领域，在资源环境管理等方面发挥着有效的作用。系统工程处理问题的基本方法，就是根据系统的概念、构成和性质，把对象作为系统进行充分的了解和分析，将分析结果加以综合，使之最有效地实现系统的目标。

绿水青山的美好环境从来都是由多重元素组成的，有山、有水、有花、有树、有群莺。习近平从生态文明建设的整体视野提出"山水林田湖草是生命共同体"的论断，强调推进生态文明建设要"全方位、全地域、全过程开展",要符合生态的系统性,坚持系统思维、协同推进。使生态治理从各自为战转为全域治理,多头管理转为统筹协同。生态环境保护领域之所以发生历史性变革、取得历史性成就,一个重要原因就在于牢固树立、深入践行了"山水林田湖草是生命共同体"的系统思想。

以系统的主要观点和方法为基础,运用先进的科学技术和手段,从全局、整体、长远出发去考察问题,拟订林地保护利用的目标和功能,并在规划、开发、组织、协调各方面,进行分析、综合评价求得优化方案。要保护和利用好林地,必须有科学系统的林地规划。鉴于林地保护利用中涉及的问题,往往是多因素的复杂系统,系统的优劣是多因素的综合结果。而林地保护利用中各因素又常常是互不相容的,如生态与经济的矛盾、保护与利用的矛盾、不同利益相关者的矛盾。面对如此复杂的问题,就必须坚持"山水林田湖草是生命共同体"的系统理念,逐渐摆脱依赖经验易发生的许多盲目性,自觉地采取科学的系统解决方法。通过收集必要而足够的信息,对林地保护利用有关的大量资料、数据整理加工,进行系统分析,从而揭示各要素的内在联系和发展规律,预测并分析林地相关指标的发展趋势,对拟出的能满足系统要求的几种林地保护利用方案,用多种手段分析林地保护利用的总体要求、结构及功能等,弄清其特性,并考虑到环境、资源、状态等约束条件,根据评价准则对分析结果进行评价,从而为林地保护利用规划提供科学的依据。

第二节 地域分异原理

在地带性因素和非地带性因素共同作用下,地球表面不同地段之间的相互分化以及由此而产生的差异称作地域分异,反映这种差异的规律性称为区域分异规律或地域分异规律,亦叫空间地理规律。

影响地域分异的基本因素有两个:一是地球表面太阳辐射的纬度地带性,即纬度地带性因素,简称地带性因素;二是地球内能,这种分异因素称为非纬度地带性因素,简称非地带性因素。自然地理环境在两种基本地域分异因素的共同作用下所产生的新的地域分异因素,叫派生性分异因素。在两种基本的地域分异因素作用的背景下,还存在着使自然地域发生局部的中小尺度分异的因素,这类因素称为局部的地域分异因素。在两种基本的地域分异因素、派生性地域分异因素和局部的分异因素的作用下,自然地理环境分化为多级镶嵌的物质系统,形成了多姿多彩的大自然景观。

地域分异规律是在人们认识自然的过程中逐步获得并加深认识的。古希腊的埃拉托色尼根据当时对地球表面温度的纬度差异的认识,将地球划分为5个气候带,是最早对气候分异规律的认识。中国2000多年以前的《尚书·禹贡》据名山大川的自然分界,将当时的国土划分为九州。这是中国最早对地貌分异规律的认识。对地域分异规律研究的明显趋势可确定不同规模的地域分异规律及其作用范围。苏联学者把地带性规律分为两种规模：延续于所有大陆、数量有限的总的世界地理地带和在主要世界地理地带以内形成的局部性纬度地带。英国学者在自然地理研究中提出全球性规模的研究、大陆和区域性规模的研究和地方性规模的研究。一些中国学者认为地域分异规律按规模和作用范围不同，可分为4个等级：①全球性规模的地域分异规律，如全球性的热量带。②大陆和大洋规模的分异规律，如横贯整个大陆的纬度自然地带和海洋上的自然带。③区域性规模的地域分异规律，其表现在于湿度省性（又称经度省性）和带段性，如在温带大陆东岸、大陆内部和大陆西岸分布不同的区域性地带。垂直带性也是区域性的分异规律。④地方性的地域分异。

地域分异规律是自然地理学极其重要的基本理论，是认识地表自然地理环境特征的重要途径，是进行自然区划的基础，对于合理利用自然资源，因地制宜进行生产布局有指导作用。自然区划在地域分异规律的基础之上，按照区域内部差异，把自然特征不相似的部分划分为不同的自然区，并确定其界线，进而对各自然区的特征及其发生、发展和分布规律进行研究，按其区域的从属关系，建立一定的等级系统。同时，自然区划的划分，需要全面地掌握和认识地域分异规律，既要掌握自然地理的分异规律，还要了解区域分异规律的历史，发现地域分异规律自然条件差异小而相似性显著的地方，进行自然区划的划分。

《全国林地保护利用规划纲要（2010—2020年）》，按照地域分异规律，依据全国林业区划，结合各区自然地理条件，把全国划分为大兴安岭区、东北区、华北区、南方亚热带区、南方热带区、云贵高原区、青藏高原峡谷区、蒙宁青区、西北荒漠区、青藏高原高寒区10个林地保护利用区域。根据各区域特点确定全国林地利用方向和空间布局。省级、县级林地利用布局也应分别区域调整优化，把调整空间利用结构、提高空间利用效率作为林地资源配置的重要着眼点，从空间布局上统筹好生态产品生产与物质产品生产的关系。

第三节　生态区位理论

区位是指人类行为活动的空间。具体而言，区位除了解释为地球上某一事物的空间几何位置，还强调自然界的各种地理要素和人类经济社会活动之间的相互联系和相互作用在空间位置上的反映。区位是自然地理区位、经济地理区位和交通地理区位在空间地域上有机结合的具体表现。

区位具有综合性、确定性、层次性、历史性等特征。①区位的综合性：区位可分为自然区位和社会区位两大类。自然区位又可分为天文区位和自然地理区位；社会区位又可分为经济区位、文化区位、政治区位等。②区位的确定性：方位和距离决定区位的唯一性。方位和距离规定了某宗房地产或某一区域的确切位置。③区位的层次性：区位可以用不同的距离尺度表述。大位置、小位置、地址、微位置。④区位的历史性：地理环境的变化引起区位的历史变迁。沙漠扩张、海岸升降、河流改道、港口淤塞等，均可引起自然地理区位的变更。交通技术革新、交通网络扩展、行政区划变更等，会引起经济地理位置的变化。区位的历史性是城市迁移和兴衰的重要原因。

区位理论是关于人类活动特别是经济活动的空间分布及空间中各类要素的相互关系的学说。区位理论包括屠能的农业区位论（孤立国）、韦伯的工业区位论、克里斯塔勒的中心地理论、廖什的市场区位论等。农业区位理论的创始人是德国经济学家冯·杜能，1826 年德国农业经济和农业地理学家屠能（J. Thunen）的著作《农业和国民经济中的孤立国》的出版，是世界上第一部关于区位理论的古典名著，标志着区位论的问世。

林地保护利用规划实践可以全面系统地应用区位理论作为指导，合理地确定林地保护利用的方向、任务和结构。如根据区域生态保护的需要，将森林生态区位重要或者生态状况脆弱，以发挥生态效益为主要目的的林地和林地上的森林划定为公益林。未划定为公益林的林地和林地上的森林属于商品林。同时本着不用或少用林地的原则，将一定数量的林地资源（林地定额）科学地分配给建设项目使用。在具体组织林地保护利用时不仅要依据地段的地形、气候、土壤、水利、交通等条件状况，更要依据林地的生态区位，明确林地保护等级，确定林地生态格局，探讨林地保护利用的最佳空间结构。

第四节　可持续发展理论

可持续性的概念源远流长。在我国春秋战国时期（公元前 6 世纪至公元前 3 世纪）就产生"永续利用"的思想，并用以保护鸟兽和封山育林。现代可持续发展思想的提出，源于人们对环境问题的逐步认识和热切关注。

可持续发展理论（sustainable development theory）是指既满足当代人的需要，又不对后代人满足其需要的能力构成危害的发展，以公平性、持续性、共同性为三大基本原则。可持续发展理论的最终目的是达到共同、协调、公平、高效、多维的发展。可持续发展定义包含两个基本要素或两个关键组成部分：需要和对需要的限制。满足需要，首先是要满足贫困人民的基本需要。对需要的限制主要是指对未来环境需要的能力构成危害的限制，这种能力一旦被突破，必将危及支持地球生命的自然系统中的大气、水体、土壤和生物。

"可持续发展"从字面上理解是指促进发展并保证其成为可持续性，它包括可持续性和发展两个概念。所谓可持续性，可理解为在对人类有意义的时间和空间尺度上，支配这一生存空间的生物、物理、化学定律所规定的限度内，环境资源对人类福利需求的可承受能力或可承载能力。所谓发展，可理解为人类社会物质财富的增长和人群生活条件的提高。1983 年 11 月，联合国成立了以挪威首相布伦特兰夫人为主席的"世界环境与发展委员会"（WECI），并于 1987 年向联合国大会正式提出了可持续发展的模式。与"有机增长""全面发展""同步发展""协调发展"概念相比，可持续发展（sustainable development）具有更完整的结构和更准确的内涵，它不但包含了对当代的发展要求而且包含对未来的发展构思，同时兼容了国家主权、国际公平、自然资源、生态承载力、环境与发展等项内容。1992年，巴西里约热内卢联合国环境和发展大会（VNCED）通过了著名的《里约环境与发展宣言》《21世纪议程》，提出以"人类要生存，地球要拯救，环境与发展必须协调"为特征的新的人类发展观。

可持续发展包含共同发展、协调发展、公平发展、高效发展等内涵，涉及可持续经济、可持续生态和可持续社会三方面的协调统一，要求人类在发展中讲究经济效率、关注生态和谐和追求社会公平，最终达到人的全面发展。这表明，可持续发展虽然缘起于环境保护问题，但作为一个指导人类走向21世纪的发展理论，它已经超越了单纯的环境保护。它将环境问题与发展问题有机地结合起来，已经成为一个有关社会经济发展的全面性战略。

对于林地保护利用规划而言，其重要内容是林地资源持续利用。当今世界人类面临的诸多环境问题均或多或少地、直接或间接地与林地及森林资源及其保护利用有关。从一定意义上讲，研究林地及森林资源持续利用问题是资源与环境持续性和社会经济持续发展的重要课题，也是解决人类所面临的诸多环境问题的主要途径和内容之一。林地数量的有限性和建设项目对林地需求的增长性构成林地资源持续利用的特殊矛盾。林地资源持续利用的目的在于维持林地的可持续性。通过对林地及森林资源的持续利用，人类可能从中获取经济效益（林产品）、社会效益（劳务的满足）和生态效益。林地数量的有限性为林地资源持续利用提供了宏观必要性，林地及森林的可更新性和利用永续性使林地资源持续利用成为可能。协调林地保护利用是林地资源持续利用的永恒主题，也是林地保护利用规划的重要内容。要解决好林地保护利用的系统性和外部性问题，既要重视单项效益，更要重视社会、生态、经济三大效益综合形成的整体效益，才有利于优化配置林地资源。

第五节　景观生态学原理

景观生态学（landscape ecology）是研究在一个相当大的区域内，由许多不同生态系统所组成的整体（即景观）的空间结构、相互作用、协调功能及动态变化的一门生态学新分支；是生态学和地理学新兴的多学科之间的交叉学科。景观生态学以整个景观为对象，通过物质流、能量流、信息流与价值流在地球表层的传输和交换，通过生物与非生物以及与人类之间的相互作用与转化，运用生态系统原理和系统方法研究景观结构和功能、景观动态变化以及相互作用机理、研究景观的美化格局、优化结构、合理利用和保护的学科。

1938年，德国地理植物学家特罗尔首先提出了景观生态学这一概念。景观生态学起源于土地研究，研究对象是土地镶嵌体，也主要以土地利用为主。景观生态学的主要目的之一是理解空间结构如何影响生态学过程。70年代后，全球性资源、环境、人口、粮食问题日趋严重，加之生态系统思想的广泛传播，使景观生态学得到了很大的发展。景观生态学的目的是要协调人类与景观的关系，如进行区域开发、城市规划、土地利用规划、景观动态变化和演变趋势分析等。林地保护利用规划强调保护与利用林地的协调性，自然保护思想在这一领域日趋重要。因此，景观生态学可以为林地保护利用规划提供一个可借鉴的理论基础，并可以帮助评价和预测规划、设计可能带来的生态后果。

空间格局指标是景观生态学最富特色的一部分，能够高度浓缩景观格局信息，以简单定量指标方式反映其结构组成和空间配置的重要特征。如景观间隙度指数、景观破碎度指数、景观丰富度指数、景观优势度指数等，这些指数可以对林地保护利用规划进行定量描述，并对不同的林地保护利用模式进行比较，研究它们的结构、功能和过程的异同。这些也是对林地可持续利用影响较大的因子，而且空间配置指标的获取相对较容易。采用空间格局指标将为衡量林地持续利用找到重要突破口。

斑块—廊道—基质模型是景观生态学中的一个基本原理，也是在林地保护利用中可以应用的一个基本模型。具体地讲：①基质是指景观中分布最广、连续性最大的背景结构，它代表了该景观或区域的最主要的林地图斑（小班）。②斑块泛指周围环境在外貌或性质上不同，并具有一定内部均质性的空间单元，它意味着林地属性的多样化。③廊道是指景观中与相邻两边环境不同的线性或带状结构，它意味着林地之间的联系与防护功能。林地保护利用单元也可分为斑块、廊道和基质。例如某行政区域内林地的分布、数量、类型、大小、形状、比例、伸展方向对该行政区域林地可持续利用有一定的影响。在不同的林地利用区域内，大的林地斑块在林地持续利用中起着主导作用，它能保护生物多样性与改变区域内环境小气候，抵抗自然干扰，维持内部物种的生存，而且还有利于林业生产的专业化与区域化。生态学上最适宜的斑块形状应该是核心区较大和边界弯曲的情形，例如在林地利用分区内的防护林应与冬季主风方向垂直，这样就能起到防护保产的作用。

景观生态学以综合、整体的思想审视林地保护利用的现状和变化，可为人类成功地解决所面临的林地可持续经营中的困难提供了新的理论和方法。林地保护利用规划中应用景观尺度效应、景观格局特征等原理，根据林地保护利用方式、林地属性以及经济社会因素，合理配置景观要素，以达到景观结构与功能的最优化，是保护林地资源与发挥林地生产潜力的重要途径。目前，随着我国可持续发展战略的实施和合理利用、开发、保护林地资源力度的加大，应用景观生态学原理进行林地保护利用规划将有利于合理利用林地资源、促进生物多样性保护、保持生态平衡和实现林地资源的可持续利用。

第六节　生态经济学原理

生态经济学是从经济学角度研究生态系统和经济系统所构成的复合系统的结构、功能、行为及其规律性的学科，是20世纪50年代产生的由生态学和经济学相互交叉而形成的一门边缘学科。从生态资源、生态产品到生态空间，当今生态经济学研究的三大主旋律，体现了人们对生态经济规律认识的不断深化。一是关注经济系统中生态资源的优化配置问题。二是关注经济系统中生态产品的供需平衡问题。三是关注生态空间与低碳发展问题。

生态经济学主要研究内容：一是基于经济系统和生态系统的矛盾运动，经济平衡与生态平衡之间的关系及其内在规律，生态—经济系统的结构、功能和目标；二是突出人类经济社会活动与生态环境的协调和可持续发展，经济的再生产与自然的再生产之间的关系和规律，包括人口、资源、能源、生态环境、城乡建设等问题之间的内在联系，防止环境污染，恢复生态平衡的投资来源及效果评价等；三是力求揭示经济、生态、社会和自然组成的大系统的内在联系和发展规律，探索内部各子系统之间和谐发展的途径。

从上述研究内容看，生态经济学为研究生态环境和林地保护利用涉及的经济、生态、社会和自然组成的大系统方面的问题提供了有力的工具。①从内在联系互动性看。生态经济学试图用生态的眼光去分析生态危机对经济的反作用。②区域差异性。生态经济学要求依据区域间的具体情况研究经济发展和生态保护之间的关系，做到因地制宜。③长远战略性。生态经济学考虑的不仅仅是短期的经济效益，而且强调长远的生态效益以及资源配置和自然环境的代际公平性，其研究的生态保护、资源节约、污染治理等都是具有长远战略意义的问题，最终关注的是人类社会可持续发展的目标。应当走生态发展的道路，协调经济发展与生态建设两者之间的关系，使经济生态化、生态经济化，才能走出困境，在保持良好的生态环境条件下，促进经济的持续发展。

林地资源是无法替代的重要自然环境资源，它既是环境的组成部分，又是其他自然环境资源和社会经济资源的载体。林地本身就是自然、社会、经济技术等要素组成的一个多重结构的生态经济系统。建立生态产业化和产业生态化的生态经济体系，使"绿水青山"就是"金山银山"，也启示林地的保护与利用不仅是自然技术问题和社会经济问题，而且也是一个资源合理利用和环境保护的生态经济问题，同时承受着客观上存在的自然、经济和生态规律的制约。

林地本质上也是生态经济系统，是由林地生态系统与林地经济系统在特定的地域空间里耦合而成的生态经济复合系统。林地生态经济系统及其组成部分以及与周围生态环境共同组成一个有机整体，其中任何一种因素的变化都会引起其他因素的相应变化，影响系统的整体功能。因此，人类在保护和利用土地资源时，必须有整体观念、全局观念和系统观念，充分考虑土地生态经济系统的内外部的各种相互关系，不能只顾对林地的经济利用，而忽视林地利用对系统内其他要素和周围生态环境的不利影响；不能只考虑局部地区林地资源的充分利用，而忽视了整个地区和更大范围内对林地的保护合理利用等。

第三章 林地保护利用体系与概要

第一节 概 述

在国土空间规划统筹下开展新一轮林地保护利用规划是建立全国统一、责权清晰、科学高效的国土空间规划体系的有机组成。

我国国土空间规划的主要目标包括三个层面：到 2020 年，基本建立国土空间规划体系，逐步建立"多规合一"的规划编制审批体系、实施监督体系、法规政策体系和技术标准体系；基本完成市（县）以上各级国土空间总体规划编制，初步形成全国国土空间开发保护"一张图"。到 2025 年，健全国土空间规划法规政策和技术标准体系；全面实施国土空间监测预警和绩效考核机制；形成以国土空间规划为基础，以统一用途管制为手段的国土空间开发保护制度。到 2035 年，全面提升国土空间治理体系和治理能力现代化水平，基本形成生产空间集约高效、生活空间宜居适度、生态空间山清水秀，安全和谐、富有竞争力和可持续发展的国土空间格局。

空间规划在 1983 年欧洲区域规划部长级会议通过的《欧洲区域 / 空间规划章程》中首次使用。2013 年 12 月，习近平在中央城镇化工作会议上指出，"要建立空间规划体系，推进规划体制改革，加快规划立法工作"。2015 年 9 月，中共中央、国务院印发的《生态文明体制改革总体方案》进一步要求"构建以空间治理和空间结构优化为主要内容，全国统一、相互衔接、分级管理的空间规划体系，着力解决空间性规划重叠冲突、部门职责交叉重复、地方规划朝令夕改等问题"。按照中共中央、国务院印发的《关于建立国土空间规划体系并监督实施的若干意见》，国土空间规划是国家空间发展的指南、可持续发展的空间蓝图，是各类开发保护建设活动的基本依据。要有效整合各类空间规划、综合集成各类空间要素，统筹布局城镇发展、土地利用、基础建设、产业发展、生态环境保护等，编制形成融发展与布局、开发与保护为一体的规划蓝图。

国土空间规划构建"五级三类"规划体系。其中，五级：国家、省、市、县、乡级；三类：总体规划、专项规划和详细规划。总体规划重点对资源统筹与配置，具有全域性、综合性、纲领性的作用；专项规划包括资源利用、要素配置、其他发展保护性等，体现分类管控和时序管控的要求；详细规划是市、县、乡级总体规划落地的操作性规划，是项目审批的基本依据。

　　林地保护利用规划的首要问题是如何实现一张蓝图干到底——解决规划定位问题！如图3-1所示，在国土空间规划体系中，林地保护利用规划是其中的专项规划之一。《中华人民共和国森林法》第二十六条明确了林地保护利用规划这个专项规划的法定地位，即"县级以上人民政府林业主管部门可以结合本地实际，编制林地保护利用、造林绿化、森林经营、天然林保护等相关专项规划"。

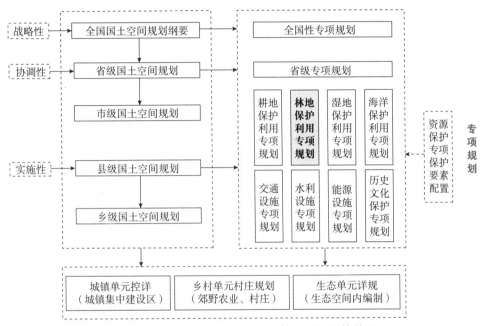

图3-1　国土空间规划与林地保护利用规划的关系

　　因此，新一轮林地保护利用规划定位：作为国土空间规划的专项规划，以国土空间规划为统领，以第三次全国国土调查成果、森林资源管理"一张图"年度更新成果为基础，其指标体系需要与国土空间规划衔接，采用的地类等基础数据也应依据第三次全国国土调查成果。

　　建立坐标一致、边界吻合、上下贯通的国土空间规划"一张图"，是贯彻落实习近平总书记"统一底图、统一标准、统一规划、统一平台"重要指示和《中共中央、国务院关于建立国土空间规划体系并监督实施的若干意见》（以下简称《若干意见》）的基础性制度，林地保护利用规划也是如此。在林地分析评价"一套数"、资源管理"一张图"、上下监测"一盘棋"的总体构架下，与之相匹配的必须是"以数管地""以图管地"及"以规划管地"。通过"以数管地"强调林地的数量管理；通过"以图管地"强调林地的空间管理；通过"以规划管地"强调林地的属性管理，特别是重要的林地生态空间、地类、权属、森林类别、保护等级等属性管理，如图3-2。

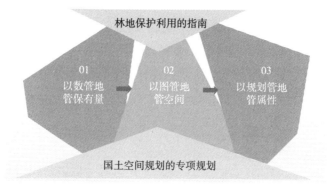

图3-2 林地保护利用规划定位

第二节 规划体系

不同于国土空间规划的五级体系（国家、省、市、县、乡），林地保护利用规划体系采用三级体系（国家、省、县），如图3-3所示。上一轮林地保护利用规划近10年的实施与探索，验证了现行林地保护利用规划三级体系具有战略性、协调性和操作性。

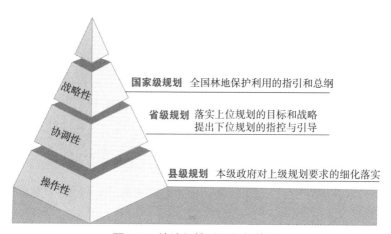

图3-3 林地保护利用规划体系

一、全国林地保护利用规划

全国林地保护利用规划是对全国林地空间作出的全局安排，是全国林地保护利用的纲要性文件，侧重战略性。主要解决全国林地保护利用的全局性和长远性重大问题，合理安排全国保护利用区域布局，提出各区域资源保护利用的原则和方向及相应政策措施。

由国家林业和草原局组织编制。

二、省级林地保护利用规划

省级林地保护利用规划是对全国林地保护利用规划的落实，指导县级林地保护利用规划编制，侧重协调性，着重解决省域内林地保护利用的全局性和长远性的重大问题，明确全省林地保护利用方向，调整资源结构布局，提出资源利用政策和提高利用效率的要求、步骤和措施，由省级人民政府林业主管部门组织编制。

三、县级林地保护利用规划

县级林地保护利用规划是对县域范围内林地保护利用作出的总体安排和综合部署，是对省级林地保护利用规划的细化落实和具体安排，侧重实施性。根据确定的规划目标和任务，着重解决县域林地资源布局和结构，提出林地资源保护利用管理和实施的具体措施，由县级人民政府林业主管部门组织编制。

四、各级林地保护利用规划间的关系

（一）上级规划是下级规划的依据和指导

上级所确定的任务、目标、战略等都将作为下级规划编制时制定规划目标的依据和指导思想。上级规划所确定的一些原则也应该为下级规划所考虑和遵循的。

（二）下级规划是上级规划的基础和落实

下级规划应该结合本区域的实际情况，将上级规划分配给本区域的任务进行分解落实。上级规划在确定有关目标时应该充分考虑下级规划区的实际情况，考虑下级规划的落实能力。否则，所制定出来的规划将与实际背离，缺乏可操作性，对下级规划的指导意义和制约作用无从谈起。

（三）上下级规划应衔接一致

国家级、省级与县级这三个不同层次的林地保护利用规划都具有其特有的决策功能。国家级规划是全国林地保护利用的政策和总纲，侧重战略性；省级规划是落实上位规划的目标和战略，提出下位规划的控制与引导，侧重协调性；县级规划是本级政府对上级规划要求的细化落实，侧重操作性。上下级规划的衔接通过指标控制这一方式进行，通过将主要的规划控制指标层层分解落实，使各级林地保护利用规划在对目标上协调一致。如何将指标合理分解将成为上下级规划能否衔接一致的主要影响因素。因此，研究规划控制指标科学合理地分解落实是使不同层次林地保护利用规划相互衔接，保持一致，以及使规划内容真正得到贯彻执行的关键。

第三节 指导思想与原则

一、指导思想

林地保护利用规划的指导思想由理论指导、总体要求、主要举措、目标展望等内容组成。如《全国林地保护利用规划（2010—2020年）》的指导思想：以邓小平理论和"三个代表"重要思想为指导，深入贯彻落实科学发展观，发展现代林业，建设生态文明，坚持严格保护、积极发展、科学经营、持续利用的方针，统筹协调林地保护与利用的关系，充分发挥森林的生态、经济和社会效益，为经济社会可持续发展奠定坚实基础。

现将林地保护利用规划指导思想的内容分述如下：

（一）理论指导

以习近平新时代中国特色社会主义思想为指导，全面贯彻落实习近平生态文明思想，践行绿水青山就是金山银山理念。

（二）总体要求

林地保护利用规划是林地保护利用的政策和总纲，是明确林地管理边界、落实林地用途管制、实现林地科学管理、提高林地保护利用效率的重要依据，要求体现战略性、强化权威性、注重操作性、提高科学性、加强协调性。

（1）体现战略性。体现国家意志、自上而下编制。

（2）强化权威性。林地保护利用规划一经批复，任何部门和个人不得随意修改、违规变更；先规划、后实施；将林地保护利用规划执行情况纳入自然资源执法督察内容。

（3）注重操作性。能用、管用、好用；谁组织编制、谁负责实施。

（4）提高科学性。以空间规划的林地规划基数为基础；依据划定的生态保护红线、永久基本农田、城镇开发边界等空间管制边界以及各类保护线，强化底线约束；坚持山水林田湖草生命共同体，落实林地边界，处理好林地保护与利用的关系，突出地域特色。

（5）加强协调性。林地保护利用规划是国土空间规划下的专项规划的基础；与相关专项规划要协同衔接。

（三）主要举措

以国土空间规划为统领，明确林业发展空间，严守生态红线，以优化结构、强化调控、科学管理为手段，以创新林地管理体制机制和科技为动力。

（四）目标展望

统筹协调林地保护与利用的关系，引导全社会严格保护林地资源、节约集约利用林地、优化资源配置，提高保护利用效率，充分发挥森林的生态、经济和社会效益，为经济社会可持续发展奠定坚实基础。

二、规划原则

（一）依法依规，严格保护

严格遵循《中华人民共和国森林法》等法律法规的要求，按照发展现代林业和生态文明建设的战略要求，严格保护现有林地资源，积极拓展绿色生态空间，对生态功能重要和生态脆弱区域林地进行重点保护。

（二）上下联动，统筹协调

林地保护利用规划属于国土空间规划中的专项规划，国土空间规划对其具有指导约束作用，林地保护利用规划不得违背国土空间规划强制性内容。规划编制中坚持国家与地方联动，强化与其他专项规划、三条控制线划定、自然保护地优化整合等工作相互协同。

（三）合理布局，科学管理

优化林地保护利用结构与空间布局，统筹生态、生产、生活使用林地需求，明确各区域的林地保护利用方向和重点，合理科学配置林地资源。综合运用法律、经济、行政、技术等手段，改进规划方法，注重公众参与，提高编制的民主化与智慧化水平。

（四）注重操作，提高效率

明确规划约束性指标和刚性管控要求，相关指标必须是易获取、可考核、可分解、可汇总、可传导，可比性强。同时，健全规划实施的传导机制，确保规划能用、管用、好用。转变林业发展和林地利用方式，科学使用林地，充分发挥林地生产力，促进林地利用从粗放低效向精准高效转变。

三、规划依据

（一）法律法规

（1）《中华人民共和国森林法》（2019年12月28日，修正）；
（2）《中华人民共和国土地管理法》（2019年8月26日，修正）；
（3）《中华人民共和国水土保持法》（2010年12月25日，修订）；
（4）《中华人民共和国野生动物保护法》（2018年10月26日，修正）；
（5）《中华人民共和国森林法实施条例》（国务院第278号令，2018年3月19日修订）；
（6）《中华人民共和国土地管理法实施条例》（国务院第256号令，2021年4月21日修订）；

（7）《中华人民共和国基本农田保护条例》（国务院第257号令，1998年12月27日）；

（8）《中华人民共和国自然保护区条例》（2017年10月7日，修订）；

（9）《退耕还林条例》（2016年2月6日，修订）；

（10）《建设项目使用林地审核审批管理办法》（国家林业局35号令）。

（二）规范性文件

（1）《国务院关于全国林地保护利用规划纲要（2010—2020年）的批复》（2010年7月25日）；

（2）中共中央办公厅、国务院办公厅印发《天然林保护修复制度方案》（2019年7月23日）；

（3）中共中央办公厅、国务院办公厅印发《关于建立以国家公园为主体的自然保护地体系的指导意见》；

（4）中共中央办公厅、国务院办公厅印发《关于在国土空间规划中统筹划定落实三条控制线的指导意见》；

（5）国家林业局关于印发《全国林地保护利用规划纲要（2010—2020年）》的通知（2010年8月20日）；

（6）《国家林业和草原局森林资源管理司关于做好新一轮林地保护利用规划编制前期工作的函》；

（7）国家林业和草原局关于印发《新一轮林地保护利用规划工作方案和技术方案的通知》；

（8）《国家林业和草原局关于开展"十四五"期间占用林地定额测算和推进新一轮林地保护利用规划编制工作的通知》；

（9）《国家林业和草原局关于做好近期林地保护利用规划有关工作和下达2021年度林地定额的通知》；

（10）《自然资源部办公厅、国家林业和草原局办公室关于加强协调联动进一步做好建设项目用地审查和林地审核工作的通知》；

（11）《自然资源部、国家林业和草原局关于共同做好森林、草原、湿地调查监测工作的意见》；

（12）《自然资源部、国家林业和草原局关于在国土空间规划中明确造林绿化空间的通知》；

（13）《国家林业和草原局关于印发〈建设项目使用林地审核审批管理规范〉的通知》；

（14）《自然资源部办公厅关于规范和统一市县国土空间规划现状基数的通知》；

（15）《自然资源部办公厅关于以"三调"成果为基础做好建设用地审查报批地类认定的通知》；

（16）《关于严格耕地用途管制有关问题的通知》；

（17）《国家林业和草原局关于开展林草湿数据与第三次全国国土调查数据对接融合和国家级公益林优化工作的通知》；

（18）国家林业局、财政部关于印发《国家级公益林区划界定办法》和《国家级公益林管理办法》的通知；

（19）《国家林业局关于光伏电站建设使用林地有关问题的通知》；

（20）《国家林业和草原局关于规范风电场项目建设使用林地的通知》。

（三）相关规划

（1）《全国林地保护利用规划纲要（2010—2020年）》；

（2）《国家"十四五"林业草原保护发展规划纲要》；

（3）国土空间规划；

（4）森林经营规划；

（5）其他与林地保护利用规划相关的生态系统保护修复、森林质量精准提升、国土绿化建设、生态保护红线评估调整等专项规划。

（四）技术规程

（1）《森林资源规划设计调查技术规程》（GB/T 26424—2010）；

（2）《自然保护地勘界立标规范》（GB/T 39740—2020）；

（3）《生态公益林建设导则》（GB/T 18337.1—2001）；

（4）《生态公益林建设规划设计通则》（GB/T 18337.2—2001）；

（5）《生态公益林建设技术规程》（GB/T 18337.3—2001）；

（6）《生态公益林建设检查验收规程》（GB/T 18337.4—2008）；

（7）《防沙治沙技术规范》（GB/T 21141—2007）；

（8）《退耕还林工程检查验收规则》（GB/T 23231—2009）；

（9）《退耕还林工程质量评估指标与方法》（GB/T 23235—2009）；

（10）《造林技术规程》（GB/T 15776—2016）；

（11）《中国森林认证森林经营》（GB/T 28951—2021）；

（12）《封山（沙）育林技术规程》（GB/T 15163—2018）；

（13）《第三次全国国土调查技术规程》（TDT 1055—2019）；

（14）《林地分类》（LY/T 1812—2021）；

（15）《林业地图图式》（LY/T 1821—2009）；

（16）《县级林地保护利用规划编制技术规程》（LY/T1956—2011）；

（17）《林地保护利用规划林地落界技术规程》（LY/T 1955—2011）；

（18）《县级林地保护利用规划制图规范》（LY/Y2009—2012）；

（19）《森林资源数据采集技术规范》（LY/T 2188.2—2013）；

（20）《低产用材林改造技术规程》（LY/T 1560—1999）；

（21）《低效林改造技术规程》（LY/T 1690—2007）；

（22）《速生丰产用材林培育技术规程》（LY/T 1706—2007）；

（23）《沿海防护林体系工程建设技术规程》（LY/T 1763—2008）；

（24）《碳汇造林技术规程》（LY/T 2252—2014）；

（25）《防护林体系营建技术规程》（LY/T 2498—2015）；
（26）《防护林体系设计技术规程》（LY/T 2828—2017）。

（五）其他资料

（1）最新森林资源清查成果资料；
（2）森林、草地、湿地与国土"三调"数据融合成果；
（3）最新统计年鉴；
（4）其他相关资料。

第四节　规划目标

一、总体目标

落实生态文明建设要求，建立与国土空间规划相协调的全国林地保护利用规划三级体系，完成国家级、省级和县级林地保护利用规划编制工作；以第三次国土调查、森林资源管理"一张图"等成果为基础，健全基于森林资源管理"一张图"年度更新的林地保护利用规划监测评价体系；完善林地用途管制制度，提升林地定额管理水平，优化林地空间治理体系，开展规划监测评价，基本形成与经济、社会高质量发展要求相适应的林地保护利用空间格局。

二、指标体系

（一）指标体系构建准则

依据 SMART 准则（图3-4），为了利于更加明确高效，更是为了管理者将来实施绩效考核提供科学的考核目标和考核标准，要求指标更加科学化、规范化，从而更能保证考核的公正、公开与公平。

1. 明确性（specific）准则

所谓明确，就是要用具体的语言清楚地说明要达成的标准，不能笼统。很多项目不成功的重要原因之一就是因为目标定得模棱两可，或没有将目标有效地传达给各级相关者。

决策要求：筛选的林地保护利用规划目标设置要有内容、衡量标准、达成措施、完成期限以及资源要求，使考核人能够很清晰地看到目标责任以及任务完成度。

2. 可衡性（measurable）准则

可衡性是指目标应该是明确的，而不是模糊的。应该有一组明确的数据，作为衡量是否达成目标的依据。如果制定的目标没有办法衡量，就无法判断这个目标是否实现。

决策要求：筛选的林地保护利用规划目标的衡量标准遵循"能量化的质化，不能量化的感化"。从而有一个统一的、标准的、清晰的可度量的标尺，杜绝在目标设置中使用形容词等概念模糊、无法衡量的描述。

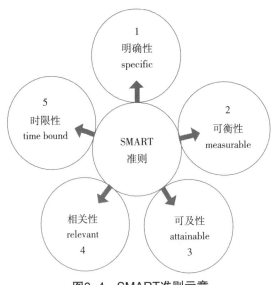

图3-4　SMART准则示意

3. 可及性（attainable）准则

可及性即可实现性，是指目标应该是在付出努力的情况下可以实现，避免设立过高或过低的目标。

决策要求：目标设置要坚持上下左右沟通，使拟定的工作目标在实施者之间达成一致。既要使工作内容饱满，也要具有可达性。可以制定出跳起来"摘桃"的目标，不能制定出跳起来"摘星星"的目标。

4. 相关性（relevant）准则

相关性是指目标应该是相关联的，如果实现了这个目标，但对其他的目标完全不相关，或者相关度很低，那这个目标即使被达到了，意义也不是很大。

决策要求：目标设置不能脱离主题，是要兼顾各方面的相互关联。筛选的林地保护利用规划目标要与生产文明建设相关联，要与林地特性相关联，要与其他目标内容相关联。

5. 时限性（time bound）准则

目标特性的时限性是指目标是有时间限制的。没有时间限制的目标没有办法考核，或带来考核的不公。各级之间对目标轻重缓急的认识程度不同，没有明确的时间限定的方式也会带来考核的不公正。如上一轮林地保护利用规划的期限是2010—2020年，而考虑与国土空间规划的衔接，新一轮林地保护利用规划的期限是2020—2035年。

决策要求：目标设置要有时间限制，根据任务的权重、事情的轻重缓急，拟定出完成目标项目的时间要求，定期检查项目的完成进度，及时掌握项目进展的变化情况，以便对下属进行及时的工作指导，以及根据工作计划的异常情况变化及时地调整工作计划。

总之，林地保护利用规划目标的制订必须符合上述准则，五个准则缺一不可。规划目标制定的过程也是对林地管理水平提升的过程，完成目标的过程也是对林地治理能力的建设和实践的过程。

（二）上一轮指标的适用性

历经10年规划期的实践检验，上一轮规划指标体系（表3-1）有效地促进了主要目标和重点任务的推进实施，较好地指导了全国林地保护利用的规划和管理，表明上一轮指标体系具有较强的科学性、合理性和典型性。

表3-1　上一轮林地保护利用的主要规划指标

属性	指标	涵义
约束性	森林保有量	一定时期确保森林覆盖率目标实现的最小森林面积
	使用林地定额	各类建设用地使用林地面积上限
预期性	林地保有量	一定时期确保森林覆盖率等战略目标的最小林地面积
	林地生产率	森林（乔木林）单位面积蓄积量，是反映林地生产潜力的重要指标
	重点公益林地比率	重点公益林地面积与林地总面积之比
	重点商品林地比率	国家和地方建设的用材林、木本粮油林、生物能源林基地面积之和与林地总面积之比

注：引自《全国林地保护利用规划纲要（2010—2020年）》。

然而，随着新《中华人民共和国森林法》《天然林保护修复制度方案》《关于建立以国家公园为主体的自然保护地体系的指导意见》等法律文件的相继出台，以及与国土"三调"、国土空间规划等对接融合的新形势，新一轮林地保护利用规划面临着新需求、新目标和新课题。因此，新一轮指标体系在总体沿用继承的基础上，应当根据SMART准则进行适当的调整优化。

（三）与林业关联的考核评价指标

现行10余种与林业相关度较高的生态文明考核评价指标体系见表3-2。

表3-2　与相关林业的考核评价指标体系

序号	来源	指标
1	《国民经济和社会发展第十三个五年规划纲要》	森林覆盖率、森林蓄积量
2	《绿色发展指标体系》	森林覆盖率、森林蓄积量、草原综合植被覆盖度

（续）

序号	来源	指标
3	《生态文明建设考核目标体系》	森林覆盖率、森林蓄积量、草原综合植被覆盖度
4	《自然资源资产负债表》	林地保有量、森林保有量（森林覆盖率）、湿地保有量、草地质量等级及变动、活立木蓄积量、乔木林单位面积蓄积量、天然乔木林单位面积蓄积量、人工乔木林单位面积蓄积量
5	《自然资源资产离任审计》	林地保有量、森林覆盖率、森林蓄积量、湿地保有量、新增沙化土地治理面积等红线指标；天然林面积、人工林面积、人均活立木蓄积量
6	《国土空间总体规划》	林地保有量、森林覆盖率、湿地保护面积、生态保护红线区面积（陆域和海洋）
7	《国家生态文明先行示范区建设方案》	林地保有量、森林覆盖率、森林蓄积量、草原综合植被覆盖度、湿地保有量、生态文明建设占党政绩效考核比重
8	《推进生态文明建设规划纲要（2013—2020年）》	林地保有量、森林覆盖率、森林蓄积量、森林植被碳储量、湿地保有量、自然湿地保护率、义务植树尽责率、林业产业总产值等
9	《森林资源保护发展目标责任制考核评价》	森林经营管理、造林绿化、森林保护、森林覆盖率、森林蓄积量、林地保有量、天然林保有量、公益林管护等
10	《关于建立以国家公园为主体的自然保护地体系的指导意见》	自然保护地占陆域国土面积18%以上
11	《天然林保护修复制度方案》	到2035年，天然林面积保有量稳定在2亿公顷左右
12	《关于划定并严守生态保护红线的若干意见》《关于建立国土空间规划体系并监督实施的若干意见》	生态保护红线内林地管控率

森林覆盖率、森林蓄积量、林地保有量、湿地保有量等指标出现频率较高，分别为75.0%、66.7%、50.0%和41.7%；若排除后三项为专项方案指标体系不全的因素，频率将达到100.0%、88.9%、66.7%和55.6%。表明上述指标在表征林业生态安全、木材安全和提供生态产品等方面具有典型性和代表性。

（四）新一轮林地保护利用规划指标体系

在总体沿承上一轮林地保护利用规划指标体系基础上，充分衔接国土"三调"、国土空间总体规划、自然资源部2019年度全国森林蓄积量调查，参考《自然资源资产负债表》《自然资源资产离任审计》《森林资源保护发展目标责任制考核评价》等相关考核和研究指标体系，依据SMART准则，《新一轮林地保护利用规划编制技术方案》所确定的指标体系如下：

（1）约束性指标3个：林地保有量、森林保有量、使用林地定额。与上一轮指标体系相比，增加了林地保有量指标。

（2）预期性指标3个：天然林保有量、国家级和省级公益林林地比率、林地生产力。与上一轮指标体系相比，增加了天然林保有量指标，剔除了林地保有量、重点商品林地比率两项指标。

分析新一轮林地保护利用规划指标体系架构，其中：属于数量指标的有4个，分别是林地保有量、森林保有量、使用林地定额、林地生产力；属于质量指标的有1个，就是林地生产力；属于结构指标的有1个，就是国家级和省级公益林林地比率。见表3-3、图3-5。

表3-3 新一轮林地保护利用的主要规划指标

属性	指标	单位	涵义
约束性	林地保有量	公顷	一定时期确保森林资源保护发展目标实现的最小林地面积
	森林保有量	公顷	一定时期确保林地面积中森林覆盖率目标实现的最低森林面积
	使用林地定额	公顷	一定时期各类建设项目占用林地面积上限
预期性	天然林保有量	公顷	一定时期确保实现天然林保护修复目标的最低天然林面积
	重点公益林林地比率	%	国家级和省级公益林林地面积占林地面积的百分比
	林地生产力	立方米/公顷	森林（乔木林）单位面积蓄积量

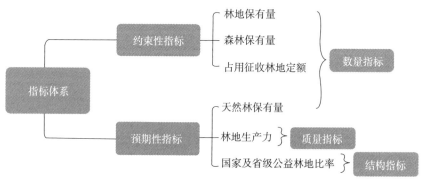

图3-5 新一轮林地保护利用规划指标体系剖析

第五节 编制程序

借鉴上一轮林地保护利用规划的实践经验，确定新一轮林地保护利用规划的编制流程，包括准备工作、收集资料、统一规划基础、专题研究、规划编制、成果审批和规划公告等流程，如图3-6。

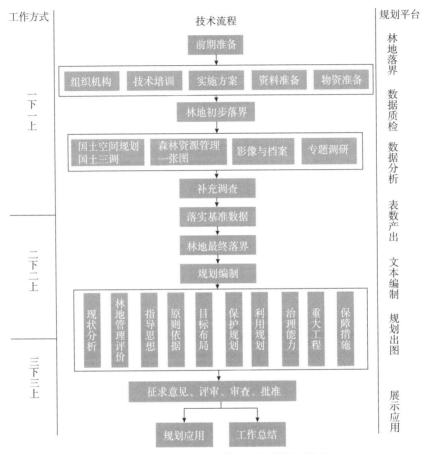

图3-6 新一轮林地保护利用规划编制流程

一、准备工作

成立规划编制领导小组，明确责任分工，统筹推进规划编制工作，协调解决工作中遇到的重大问题。落实工作经费，加强队伍建设，加强监督考核，做好宣传教育。

二、收集相关基础资料

开展重点区域和部门调研及规划试点工作，制定技术方案。

三、统一规划基础

各地依据国土"三调"结果，以最新森林资源管理"一张图"成果数据为基础，对接国土空间规划，落实基准年（2020年）的规划基数，进行林地落界。

四、专题研究

各地结合实际情况，充分利用原有工作基础和成果，依照相关技术标准或规定，因地制宜，开展区域林地保护利用规划相关专题研究。

五、规划编制

以上一轮林地保护利用规划实施情况评价为基础，分析评估林地保护利用现状问题和风险挑战；明确本行政区域的规划目标，确定林地保护利用总体格局，重点是保护和利用两方面的规划内容，同时突出林地治理体系与重大工程，制订相关保障措施。

六、成果审批

包括规划协调、专家评审、规划审查及政府批准等程序。

七、规划公告

林地保护利用规划经批准后，应向社会公告。

第六节 主要内容

新一轮林地保护利用规划，离不开基础数据和信息平台的基本研究与保障，更离不开公众的广泛参与。从新一轮林地保护利用规划的内容架构看，应包含基础研究、总体布局、保护性规划、利用性规划、重点规划内容和实施管理六大模块的编制内容。

一是基础研究。核心内容是摸清林地资源的家底和保护利用条件。包括上一轮林地保护利用规划实施情况、分析林地资源环境禀赋特点，识别自然保护地等重要生态空间，包括数量、质量、分布、结构、效率等。评估林地保护利用现状问题和风险挑战。

二是总体布局。核心内容是定方向、定目标（任务）、定格局；其中：①定方向。明确指导思想，确保如期实现林业发展战略目标，促进区域生态文明，推动县域经济社会可持续发展。②定指标。森林保有量、林地保有量、使用林地定额为约束性指标，林地生产力、国家级和省级公益林地比率、天然林保有量为预期性指标。其他指标可由各地自行确定，重视将目标转化为任务。③定格局。空间布局及分区，科学制定区域林地利用方向、结构，提高森林覆盖率和集约化经营水平、促进区域林业生态建设。

三是保护性规划。核心内容是从保护的视角对全域林地空间进行综合部署和规制，引导将生态环境质量转化为林地保护利用规划的控制指标，作为规划条件的重要组成部分，重视林地的数量保护、质量保护和生态空间保护，确保林地保有量与相关分量，确保林地质量和林地生产力，按照林地保护等级保护林地生态空间。要实行用途管制，控制林地灭失，实行林地定额管理，并积极补充林地（图3-7）。

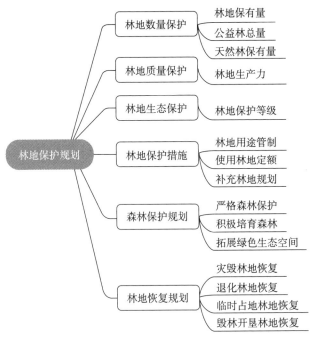

图3-7　林地保护规划主要内容

四是利用性规划。核心内容是从合理利用的视角对全域林地空间进行综合利用，以及林业发展的谋划、布局和建设；努力提高林地上的森林覆盖率（森林保有量），优化林地结构；高效发挥林地及森林的多功能，精准提升林地上的森林质量（图3-8）。

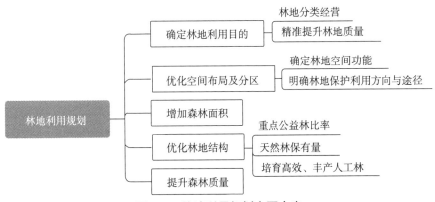

图3-8　林地利用规划主要内容

五是重点规划内容。核心内容是统筹兼顾、突出重点，优先满足国家、省级农林业重点项目，以及具有区域性、地方优势和特色的林业项目，提高林地利用率和综合效益；完善林地治理体系，提升林地治理能力。

六是实施管理策划。核心内容是构建规划实施落地的体制、机制和政策保障。用保护、保证等手段确保林地保护利用规划的实施，从而构建可持续发展的林地保护利用的支撑体系。强调贯彻林地保护利用战略意图、完成预定规划目标和任务的操作能力和程度。

新一轮林地保护利用规划编制内容如图3-9，规划编制材料清单如图3-10。

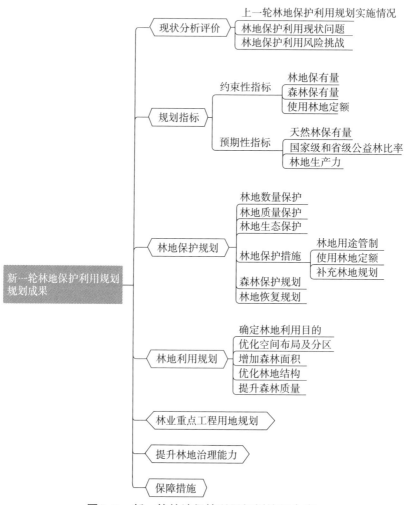

图3-9　新一轮林地保护利用规划编制内容

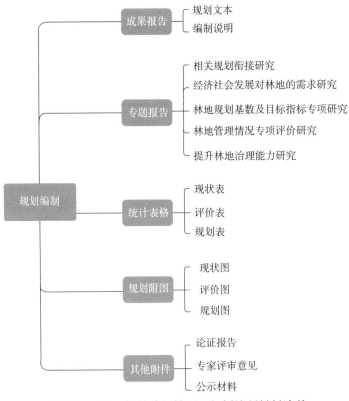

图3-10 新一轮林地保护利用规划编制材料清单

第七节 实施、监测与管理

林地保护利用规划如何才能更好地发挥其功能？笔者认为，应有包含六大体系架构：规划编制体系、规划技术体系、规划平台体系、规划实施监测体系和规划管理体系。

一是规划编制体系。我国空间规划编制体系以五级行政组织体系为基础，在纵向上构建国家指导性、区域协调性、地方实施性等不同层级的规划类型，在横向上构建不同精度的规划类型。林地保护利用规划已明确三级行政组织体系，即：全国林地保护利用规划、省级林地保护利用规划和县级林地保护利用规划，需与对应的空间规划相衔接。

二是规划技术体系。借鉴国土空间规划"多规合一"工作关于多规叠加及差异协调处理技术路径的经验积累，技术路径主要是林地本底条件分析、开展林地"分级、分等、分类、分源"的分析评定，林地空间格局构建、重点林业工程用地确定、数据库及平台的建设，保障平台的运行和规划的管理等方面。

三是规划平台体系。立足于可靠的林地资源基准数据和最新林地落界成果，以创新林地保护利用规划编制技术为动力，以互联网、大数据、智慧技术为手段，以资源整合和信息共享为突破口，按照统一底图、统一标准、统一规划、统一平台的要求，整体提升林地空间大数据集成能力、规划编制智能分析能力，提高编制工作效率，充分发挥林地保护利用规划的功能与作用，为科学管理林地提供强力支撑。

四是规划实施监测体系。林地保护利用规划监测体系是在规划编制管理体系和规划实施（审批）管理体系的基础上，采用日常监控与定期监测相结合的方法，实现对规划编制管理、规划实施（审批）管理、规划批后管理、行政执法等业务全过程、全方位的监控管理。林地保护利用规划监测体系建立的主要目的是通过卫星遥感监测、现场监测、航空遥感监测和远程视频监控等手段，对林地保护规划实施前、规划期、后评估监视监测，全面掌握林地范围内保护利用现状情况和发展情况。

五是规划管理体系。林地保护利用规划的管理是一项全方位的工作，包括从编制、审查、实施、监测及调整、修编等一系列的环节。国家林业和草原局负责对全国林地保护利用规划编制、审查、实施、监测，以及调整、修编等工作进行全面管理。省级和县级林草主管部亦应承担起相应的职责。

第四章 林地保护利用战略研究

第一节 概 述

一、概念

"战略"一词原是军事方面的概念，在西方，"strategy"一词源于希腊语"strategos"，意为军事将领、地方行政长官。后来演变成军事术语，指军事将领指挥军队作战的谋略。春秋时期孙武的《孙子兵法》被认为是中国最早对战略进行全局筹划的著作。随着时间的推移，"战略"被广泛用于社会、经济、政治、科技、教育等各个领域，并且在各个领域具有极其重要的意义。战略研究所回答的问题是全面的、抽象的，是事物发展的内在联系和规律，并在此基础上，提出如何控制事物向目标发展。战略研究是一项系统工程，它涉及事物的各方面和全过程。战略研究不等于规划，上位战略高于本位规划，战略研究强调的是思想，是涉及组织或者事业发展的思路。战略研究是制定规划的指导思想，任何一个组织的规划都是在既定的上位战略指导下形成的，缺乏战略研究就会使规划失去了灵魂，迷失了方向。

林地保护利用战略是指对区域内林地保护利用全局性、长远性问题的谋略和策划，是对林地保护利用远景目标及任务的战略性安排。林地保护利用过程中暴露出一些矛盾和问题，需要用战略研究的眼光，对过去的林地保护利用模式进行纠偏和修正，对未来的林地保护利用方向作出战略性调整和引导。林地保护利用战略研究的客观对象是复杂的，林地保护利用战略研究会同时与其他发展战略研究（如社会经济发展战略研究、国土空间规划战略研究、生态环境战略研究等）并存，它们之间又会形成相互关系从而构成更大系统，产生其内部的作用关系。

二、属性

林地保护利用战略具有以下基本属性：

（1）林地保护利用战略的纲领性。林地保护利用战略确定了林地的发展方向和目标，是林地保护利用的总纲和引领，对所有林地保护与利用能起到强有力地指引作用。

（2）林地保护利用战略的全局性。林地保护利用战略既要研究林地资源保护及其利用状况，也要研究影响林地保护利用的各种自然、社会经济因素和条件，这一切研究都应置于区域发展的宏观环境之中，放在自然资源的统筹布局之中，放在国家范围甚至国际环境的总系统之中，只有在这样的环境里，认真进行比较分析和研究林地保护利用的总体布局问题，才能较好地把握林地保护利用的全局。

（3）林地保护利用战略的长远性。林地保护利用战略要对林地进行严格保护和持续利用，对林地治理体系、治理能力和重大工程，做长远安排，提出指导思想、战略目标和战略任务。在制定林地保护利用战略过程中，要处理好生态、社会和经济效益的相互关系，以可持续发展为原则，处理好保护与利用的关系，制定林地保护利用的长远性、前瞻性的战略对策。

（4）林地保护利用战略的层次性。林地的系统结构决定了林地具有层次性，因此林地的保护利用战略必须具有结构层次性。对于解决不同层次的林地保护利用问题，应制定不同的林地保护利用战略。例如，国家级、省级和县级的林地保护利用战略都具有相应层次的战略重点与内容，包括调查的层次性、规划的层次性和管理的层次性，不同的层次所解决的问题具有特质性与衔接性，下一层次的林地保护利用战略要服从于上一层次的林地保护利用战略，不能与上一层次的林地战略相冲突。不要期望调查层次来解决规划层次乃至管理层次的林地保护利用问题。

三、意义

林地保护利用战略的本质是研究并制定对未来林地管理具有导向性和调控性战略对策。在市场环境条件下，未来所包含林地保护利用的质和量，总是随着时间和空间的变化而不断变化，尤其是随着区域经济的快速发展和工业化、城镇化进程的快速推进，显得极其复杂。由此，人们在其所处的环境下或系统中采取行动时就必然充满着不确定性。林地保护利用规划是一个复杂系统，规划的核心就在于探讨如何在这一复杂系统中进行理性的方向性选择。因此，科学、细致和谨慎地研究和选择林地保护利用发展战略，就具有特别的重要性。

（1）明确发展方向。林地保护利用战略是建立在对区域林地发展内外部环境和条件分析、判断的基础上而做出的重大的、关乎区域林地发展布局的谋划。它是在对未来林地保护利用潜在的机会和危险进行系统辨析的基础上，在所有未来可能性的事件中做出的一种合理选择。林地保护利用战略实质上就是关于林地如何发展的理论体系，是一定时期内对区域内林业发展方向、发展数量与质量、发展重点及发展能力的重大选择、规划及策略。林地保护利用战略可以指引长远发展方向，明确发展目标，指明发展重点，并确定林地需要的发展能力，战略的真正目的就是要优化林地空间布局，严守生态保护红线，协调保护利用结构，创新林地管理体制机制，充分发挥森林的生态、经济和社会效益，实现林地可持续发展。明确了林地保护利用战略，本质上就是明确了林地的发展方向，从而能对未来做出清晰的建议。

（2）应对不确定性。林地保护与利用在人们所处的环境下或系统中随着采取的行动不同充满着不确定性。从林地保护利用战略的角度来看，不确定性的种类至少包括4种：环境的不确定性、价值的不确定性、决策的不确定性及方案寻找的不确定性。从更深层次的角度来看，林地保护利用环境和林地价值的不确定性源于信息不对等，这种不确定性的产生是由决策者对林地空间系统认知不足所造成的，而且由于林地空间系统具有多变的复杂性，对林地保护利用战略进行决策并寻找方案时的不确定性是不可避免的。面临复杂环境和众多的不确定因素，最重要的是应在机会的变化中掌握决策情况，根据变化的方向和动态，不断地调整和完善战略方案，以因地制宜和因时适应的方案来解决面临的问题。例如，在全国林地定额管理中，由于不同省份间存在经济发展不平衡、同一省份不同年份林地定额需求差异较大等问题，导致某省份某年度林地定额指标严重不足。为解决各省份及各年度间的需求不均衡问题，国家通过设置备用定额，灵活调配各省份不同的林地需求，较好解决了林地定额问题。国家的备用定额体现了当初制定战略时对该问题的全局性、长远性考量，说明在面对快速变动环境下产生的问题时，战略能够较好地应对不确定性，处理好混沌与秩序之间的关系，在所有未来均可能会产生的情景下，寻找到林地保护利用最能呈现可变性的行动路线或方案。

四、研究途径

林地保护利用战略应该做好对保护利用所涉及的各种行为的调研与分析，与生态文明建设、环境保护大背景下的要求之间的矛盾冲突、重大问题、发展形势等做详细的梳理，以问题为出发点、以上位规划目标为导向，寻求支撑高质量、高品质、绿色发展的现代化林地空间治理路径。林地保护利用战略研究的途径如图4-1。

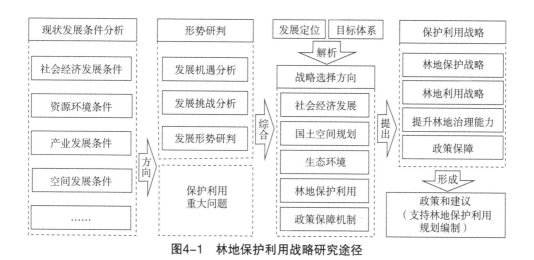

图4-1 林地保护利用战略研究途径

第二节 林地保护利用战略研究内容

一、制定程序

林地保护利用战略是一项长期而系统的工程，为保障林地保护利用战略能够在国土空间规划中更安全和更高效地实施，需要应用科学原理与方法，对战略方案进行细致地设计，使关键环节达到程序化和规范化。而合理的程序通常能够得到更普遍认同，有利于促进林地保护利用战略的实施落地。制定林地保护利用战略会随着区域诸多因素的不同而不同，一般程序包括：明确战略制定的依据和内容；调查研究、科学预测和制定并完善战略方案。

（一）明确战略制定的依据和内容

确定林地保护利用战略的依据：上一轮林地保护利用规划实施情况；林地资源环境禀赋特点；林地保护利用现状问题和风险挑战；生态文明建设和社会经济发展对林地的需要；国家宏观政策、政府提出的目标指标等。林地保护利用战略研究是在评价行政区域范围内上一轮林地保护利用规划实施情况以及林地保护利用现状的基础上，经过分析和归纳，揭示该区域林地保护利用的主要矛盾和通过规划明确需要解决的主要问题，并说明它的影响程度及成因，合理地确定林地保护利用的战略内容。战略具有宏大的纲领性、全局性、长远性和层次性，为林地保护利用提供纲领性文件和指南，是一种提供未来可持续发展的框架和模型，应特别重视战略定位、战略区位、战略利益及增长动力机制的分析。确定林地保护利用的战略内容必须要考虑到多方面的因素，影响林地保护利用战略的因素主要有自然因素（如地形、土壤、气候、水文、植被等）和社会经济因素（如区位、人口、经济）等。由于区域的自然条件相对稳定，短期内变化不大，所以，社会经济因素则成为了林地保护利用变化的主要影响因子。就当前我国的情况而言，经济发展、人口增长、生态安全和生态文化对我国林地保护利用影响很大，处理好这些因素与林地保护利用之间的关系是林地保护利用战略研究的重要内容。

（二）林地专题调查研究和科学预测

调研是针对现状的，预测是面向未来的，调研和预测都是战略制定的方法与手段，林地保护利用战略制定也不例外。在任何战略形成之前需着手进行详细的调查研究。通过调研，在林地保护利用现状分析的基础上，针对林地保护利用规划中存在的主要问题，按照国民经济与社会发展总体目标、国土空间总体规划的要求，合理地确定林地保护利用战略。林地保护利用战略调研的主要内容包括三方面：一是探讨林地保护利用与经济社会发展关系；二是分析规划期林地承载力及林地供求的总体态势；三是规划期间林地保护利用的战略选择，如作出全局性和长远性的安排，提出指导思想、战略目标和战略任务；四是制定实现林地保护利用的关键措施，如对林地进行严格保护和持续利用，构建林地治理体系、提升林地治理能力。

调研后要应用多种方法对未来的发展趋势进行综合预测，并对未来的发展变化和不确定性进行情景分析。应围绕生态文明理念和空间治理能力建设要求，强化林地保护利用规划的战略引领，以"三区三线"管控为统筹，促进林地空间朝着"严格保护、持续利用、统筹协调、科学管理"的方向发展。提出区域林地保护利用主要目标和总体战略；健全规划的传导机制，为发展战略在林地保护利用规划中的落实提供理论支撑。

首先是围绕区域空间总体规划目标和上位规划部署，结合国民经济发展阶段和特点，以绿色可持续发展为宗旨，分析林地基础数据，研究验证"三下三上"工作方式，针对林地保护利用存在问题、风险挑战和未来趋势，科学确定 2025 年近期目标与规划期末目标，提出林地保护利用战略。

其次是基于资源环境承载能力和国土安全要求，明确林地资源保有量、使用林地定额上限，以"三条控制线"作为开发建设不可逾越的红线。需以保障社会经济发展合理用地需求为出发点，根据对规划期间区域经济社会发展态势的科学预测，因地制宜选择林地保护利用战略，并在此基础上探讨和制定保障战略实现的关键措施。

最后是落实上位规划的约束性指标要求，结合区域经济社会发展要求，确定林地保护利用的约束性量化指标，如林地保有量、森林保有量、占用林地定额等。

（三）战略方案制定及完善

根据林地保护利用战略制定的依据和内容及调查研究和科学预测的结果，设计出一条适合本区域林地发展的道路，或者说设计出一个带有纲领性、全局性、长远性和层次性的发展框架。应以满足生态需求和经济发展为出发点，根据地区的外部环境分析、内部条件分析、资源和要素组合分析，对地区生态和经济社会发展态势进行科学预测，确定地区林地发展的新愿景、新使命和战略目标，据此形成战略方案。由于发展环境存在不确定性，战略方案的制定也存在不确定性，因此，根据统筹兼顾的原则，要制定至少 3 种以上的备选方案，要让战略方案有多种路径选择，使战略方案留有适度的余地和弹性。

战略方案应包括战略指导思想、目标及任务等内容。

（1）指导思想。林地保护利用战略的指导思想是制定林地保护利用战略的根本原则和要求，是实现林地保护利用战略目标所应遵循的行动指南。指导思想一般是定性的、抽象的，具有高度的概括性。确定林地保护利用战略指导思想的依据是"习近平生态文明思想"以及"绿水青山就是金山银山"的生态理念；"发展现代林业、建设生态文明"的总体要求；"节约资源和保护生态环境"的基本国策；"严格保护、持续利用、统筹协调、科学管理"的方针；本区域林地资源的优势和林地保护利用上存在的主要问题；国民经济与社会发展的需要及其对林地保护的制约。

（2）战略目标。林地保护利用的战略目标是指在规划期内林地保护与利用所应达到的标准。林地保护利用战略目标要求落实生态文明建设，建立与国土空间规划相协调的全国林地保护利用体系，完成国家级、省级和县级林地保护利用规划编制工作；以第三次国土调查、森林资源管理"一张图"等成果为基础，健全基于森林资源管理"一张图"

年度更新的林地保护利用监测评价体系；完善林地用途管制制度，提升林地定额管理水平，优化林地空间治理体系，基本形成与经济社会高质量发展要求相适应的林地保护利用空间格局。林地保护利用的战略目标一般分为总目标和分目标。总目标要求简单、明确，具有全局性和概括性，分目标要求更具体、时间性更强、可达性更明显。战略目标具体包括规划期末几种主要规划指标所应达到或要控制的面积、比率、单位面积蓄积量等。确定林地保护利用战略目标的依据主要是本行政区域林地资源的现状；国民经济与社会发展计划和政府提出的目标和控制性指标；对林地需求状况的分析；对一定时期内林地保护利用问题所能解决程度的估计；对林地资源优化配置、合理利用所能取得的生态、经济、社会效益的估计等。

（3）战略任务。林地保护利用的战略任务是指根据功能性质和定位，在深入分析研究当地情况以及存在问题基础上，结合社会经济发展和林地保护利用的战略目标，确定林地保护利用战略的主要任务。战略任务是战略目标的分解，战略任务是详细的、具体的，战略目标要通过战略任务的完成才能实现。战略任务可以分解成若干具体的子任务和更细致的任务。林地保护利用的战略任务侧重点为保护和利用。即实行林地总量控制，严格保护现有林地资源，积极拓展绿色生态空间，对生态功能重要和生态脆弱区域林地进行重点保护；转变林业发展和林地利用方式，科学经营林地，严格执行林地分级管理规定，节约集约使用林地，提高林地利用率，促进林地利用从粗放低效向精准高效转变。确定林地保护利用战略任务的依据主要是林地保护利用战略目标；林地保护与利用的关系；发展现代林业和生态文明建设的战略需求；区域可供建设用地能力，建设项目使用林地需求。

（四）战略方案论证

方案制定后，要对上述形成的战略方案进行科学论证，论证时要特别注意以下各点：①所有可供选择的战略方案，其利弊如何？②人、事、时、地是否明确，是否有其他可供选择的路径？③战略方案的相关性、有效性和可能性如何？④如果遇到不确定因素，战略方案结构和性质如何调整？根据科学论证的结果，修改完善战略方案。

二、方案评估

战略方案是为了实现战略目标，根据环境分析的结果，比较现状与目标之间的差距，为弥补这个差距而想要采取的政策策略和行动计划。制定林地保护利用战略的本质，是一种以区域林地发展目标为核心，以资源、要素和组织为基础，通过科学的组织协调和合理的资源配置等行为来创造更高价值的过程。林地保护利用战略方案是否能够实现目标，还必须要经过适应性、一致性、连续性和可行性等方面的评估。其关键点包括：林地发展目标是否明确、资源要素和组织体制之间是否具有一致性、林地保护利用战略对于不断变化的环境的连续性以及林地保护利用战略方案的可行性。

（1）林地发展目标是否明确。能否正确描述发展目标并使战略目标与其匹配，是检验战略制定者对未来走向的了解是否清晰的关键。

（2）内部资源、要素和组织体制之间是否具有一致性。各个组成要素之间是否彼此一致并形成了一个系统的整体。一个战略方案中不应出现不一致的目标和政策。

（3）林地保护利用战略对于不断变化的环境的连续性。如果不具有连续性，包括经济、社会、生态的连续，则战略方案很难成功实现。

（4）林地保护利用战略方案的可行性。对战略最终的和主要的检验标准是其可行性，即依靠一定的人力、物力及财力等资源能否实施这一战略，包括经济的可行性、技术的可行性、政策的可行性、组织的可行性、社会的可行性等。

评估林地保护利用战略方案需制定评估标准，对备选方案进行评估，选出相对最优的方案作为即将执行的战略，同时还要制定应急战略，作为应对林地保护与利用过程中存在的不确定性的备选战略。如图4-2。

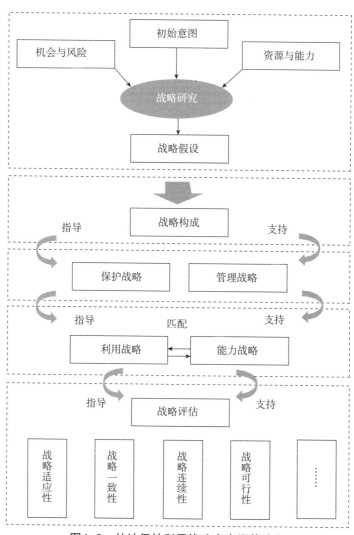

图4-2 林地保护利用战略方案评估流程

第三节　林地保护利用战略与生态安全

一、林地生态安全

生态安全是指生态系统的完整性和健康的整体水平处于不受威胁、没有危险的状态。当一个国家或地区所处的自然生态环境状况能够维系其经济社会可持续发展时可称其生态是安全的。人们通常将安全分为传统安全和非传统安全两大类。传统安全主要是指国家的政治安全和军事安全；非传统安全则包括文化安全、经济安全、环境安全、生态安全、信息安全、资源安全、食物安全等。生态安全是非传统安全的重要内容，与环境安全、资源安全、食物安全与经济安全等有着密切联系。生态安全具有两重含义，即生态系统自身是否安全，其结构是否受到破坏，以及生态系统对于人类社会和经济发展是否安全，所提供的服务是否满足人类生存需要。显然前者是后者实现的基础和前提。

林地的生态系统主要是森林生态系统，森林生态系统是森林生物与环境之间、森林生物之间相互作用，并产生能量转换和物质循环的统一体系，可分为天然林生态系统和人工林生态系统。与其他陆地生态系统相比，森林生态系统有以下特征：生物种类丰富，层次结构较多，食物链较复杂，光合生产率较高，所以生物生产能力也较高，在陆地生态系统中具有调节气候、涵养水源、保持水土、防风固沙等改善当地生态环境的功能。林地面积有限性是其另一个重要特征。不管林地保护利用方式如何变化，受制于地球土地的有限性，林地面积也总是有限的。在全球土地总面积5.10072亿平方千米中，70.8%被水覆盖，陆地面积只有1.4894亿平方千米。从生态意义上讲，人们把林地看作是可更新资源或流动性资源，在这方面，林地就如同水力、风能或太阳能一样的资源，就可无限期地产生流动性产品。在科学保护并合理利用的前提下，林地面积和边界是可以改变和移动的。

我国林地的生态安全是通过对林地进行保护利用管理加以实现的，是因生态危机的日趋严重而引发的，源于建设项目使用林地需求的日趋旺盛与林地资源的供给能力不足这一需求矛盾。1986年颁布的《中华人民共和国森林法实施细则》，首次对建设项目占用林地作了具体规定。2010年7月，《全国林地保护利用规划纲要（2010—2020年）》（简称《纲要》）经国务院正式批复，正式成为建设项目使用林地审核审批的基础依据。自《纲要》实施以来，我国的林地保护利用工作取得了明显成效：划定了林地的范围，明确了林地用途规划布局以及林地保护利用的方向。同时，根据生态脆弱性、生态区位重要性以及林地生产力等指标，林地被划定为Ⅰ级、Ⅱ级、Ⅲ级和Ⅳ级4个保护等级。对不同保护等级的林地用途和管制措施提出了明确的要求，林地的生态安全越发受到关切和重视，其中Ⅰ级保护林地管控原则禁止改变林地用途，Ⅱ级保护林地管控要求的核心是"严格控制"，Ⅲ级保护林地管控要求的核心是"适度控制"，Ⅳ级保护林地管控要求的核心是"合理利用"。随着《建设项目使用林地审核审批管理办法》《建设项目使用林地审核审批管理规范》等法律、法规制度的不断完善,林地用途管制逐渐成为林地管理的核心职能,林地的生态安全得到了有效维护。

二、与自然保护地的关系

自然保护地是由各级政府依法划定或确认,对重要的自然生态系统、自然遗迹、自然景观及其所承载的自然资源、生态功能和文化价值实施长期保护的陆域或海域。自然保护地是生态建设的核心载体、中华民族的宝贵财富、美丽中国的重要象征,在维护国家生态安全中居于首要地位。建立以国家公园为主体的自然保护地体系,是贯彻习近平生态文明思想的重大举措,是党的十九大提出的重大改革任务。经过 60 多年的努力,我国已建立包括国家公园、自然保护区、森林公园、湿地公园、地质公园、沙漠公园、海洋公园、草原公园等各级各类自然保护地 1.18 万处,覆盖了陆域面积的 18% 和领海面积的 4.6%。我国自然保护地数量众多、类型丰富、功能多样,在保护生物多样性、保存自然遗产、改善生态环境质量和维护国家生态安全方面发挥了重要作用。在这些自然保护地中,绝大部分的管理措施得力,在组织机构、人员编制、森林资源的保护和管理、科学研究、森林生态旅游等方面都取得了一定的成绩。但是,个别自然保护地在林地资源保护上还没有完全到位,主要表现:乱占林地、乱砍滥伐林木、乱捕滥猎野生动物及森林火灾时有发生,自然资源遭受破坏。

在当前的现实基础条件下,现有的自然保护地大多都是森林景观较好的山区,随着社会经济的发展,公民对美好生活的需求越来越强烈。要防止一些地方政府轻保护重开发的行为,杜绝借自然保护地发展旅游之名盲目开发自然保护地的行为。在自然保护地整合优化的工作中,要增强自然保护地的管理机构的话语权,加强政府对林地保护的自觉性和主导性,杜绝借自然保护地整合优化之名缩小保护面积、调整自然保护地范围而降低保护力度的行为。

在自然保护地的管理当中,林地权属是一项非常重要的内容,也是保护地开展林地管理中面对的一个难点。以南方集体林区为例,各类自然保护地中集体林地面积比例高达 70% 以上。在编制自然保护地初期总体规划时,常发生集体林权所有权人在不知情的情况下,林地被划入自然保护地范围,造成林地及相关资源产权不清晰,导致保护管理效能低下的情况。面对自然保护地管理工作带来的各种挑战,林地管理的任务非常繁重。林地管理不仅要对管辖区域进行日常巡护、摸排和宣传,还要对自然保护地内的林地占地行为进行监督和检查。而由于体制不顺等诸多原因,相对于林地管理任务,林地管理从业人员数量相对不足,难以满足自然保护地范围内的林地管理实现节约型管理的要求,给林地保护利用工作带来挑战。

三、与生态保护红线的关系

2017 年 2 月,中共中央办公厅、国务院办公厅联合印发了《关于划定并严守生态保护红线的若干意见》(以下简称《若干意见》)。按照《若干意见》要求，各地各部门积极开展生态保护红线划定工作。同时，根据《关于在国土空间规划中统筹划定落实三条控制线的指导意见》要求，初步明确了生态保护红线具体管控范围和要求。生态保护红线作为应生态文明建设而产生的生态环境保护制度和国土空间管控制度，其管理原则和理念与传统法律制度下的林地管理制度存在很多差异，因此，迫切需要厘清林地保护利用管理与生态保护红线管控的关系问题，做好顶层设计工作。

生态保护红线是指在生态空间范围内具有特殊重要生态功能、必须强制性严格保护的区域，是保障和维护国家生态安全的底线和生命线。范围包括重要水源涵养、生物多样性维护、水土保持、防风固沙、海岸生态稳定等功能的生态功能重要区域，以及相关的重要保护地。其管控要求，原则上按禁止开发区域的要求进行管理。严禁不符合主体功能定位的各类开发活动，严禁任意改变用途，确保生态功能不降低、面积不减少、性质不改变。而根据《关于在国土空间规划中统筹划定落实三条控制线的指导意见》要求，生态保护红线原则上按照两区管理。自然保护地核心保护区原则上禁止人为活动，其他区域严格禁止开发性、生产性建设活动，在符合现行法律法规前提下，除国家重大战略项目外，仅允许对生态功能不造成破坏的8类有限活动。从全周期管控看，生态保护红线要求源头严防、过程严管、后果严惩。

从林地保护利用管理和生态保护红线管控要求来看，因主导部门不同、制订时间不同，林地保护利用管理与生态保护红线管控在范围、尺度、内容以及管控要求上既存在差异又有许多相似的地方。

（一）分类方式的差异

生态保护红线的划定是以资源特征为主要导向，在资源环境承载能力和国土空间开发适宜性评价的基础上，按生态系统服务功能重要性、生态环境敏感性识别生态保护红线范围的。而林地保护利用管理分类是以管理目标为核心导向的，通过生态脆弱性、生态区位重要性以及林地生产力等指标划定林地分级。一个保护等级的确定，首先要确定其管理的首要目标，在保护等级划分之始就明确其性质定位与发展方向，制定较为统一的政策与管理措施。

（二）管控要求的差异

生态保护红线原则属于禁止开发区，实行最严格的保护。其中，自然保护地内国家公园与自然保护区核心区都属于核心保护区，其内禁止人为活动；自然公园按照一般控制区要求，其内限制人为活动。即便在一般控制区，也仅允许开展不破坏生态功能的适度参观旅游和相关的必要公共设施建设。总体来看，生态保护红线重点强调"保护"，而"利用"处于从属的地位。而林地保护利用管理类型具有不同的保护与利用要求，其中完全禁止人为活动的只有Ⅰ级保护林地，其面积目前通常较小。Ⅱ级保护林地允许县级以上基础设施工程及符合规划的相关项目，Ⅲ、Ⅳ级林地更倾向于林地的合理利用开发，因此，林地保护利用管理要求更加强调生态保护与可持续利用的并重。

(三）管控范围的差异

生态保护红线管控要求原则上按禁止开发区域的要求进行管理，与Ⅰ级保护林地管理要求基本相符。目前，《生态保护红线划定指南》中明确将国家公园、森林公园的生态保育区和核心景观区、风景名胜区的核心景区、地质公园的地质遗迹保护区、世界自然遗产的核心区和缓冲区等纳入生态保护红线区域，而在林地管理中，国家公园、风景名胜区核心区及地质公园的地质遗迹保护区等均未体现在Ⅰ级保护林地保护范畴内，而流程1000千米以上江河干流及其一级支流的源头汇水区也未明确纳入生态保护红线管控范围；另外，同一类保护地内管控范围不一致，例如林地保护利用规划中，仅要求将省级以上自然保护区的核心区和缓冲区纳入Ⅰ级保护林地范围，而根据《生态保护红线划定指南》要求，须将自然保护区整体纳入生态保护红线管控。

第四节 林地保护利用战略与经济发展

一、林地经济

新中国成立以来，特别是改革开放以来，党中央、国务院对林地保护利用工作十分重视，采取了一系列政策措施，有力地促进了林地和森林资源的保护。在森林、林地、湿地和野生动植物资源保护得到加强的同时，林业产业结构调整取得进展，各类商品林基地建设方兴未艾，林产工业得到加强，经济林、竹藤花卉产业和生态旅游快速发展，山区综合开发向纵深推进。林地资源的合理利用逐渐形成较为完整的组织、法制和工作体系。林地资源在我国商品林地建设中发挥了十分重要的作用，为国家经济建设和生态状况改善都作出了重要贡献，对促进新阶段农业和农村经济的发展，扩大城乡就业，增加农民收入，发挥着越来越重要的作用。

随着经济发展、社会进步和人民生活水平的提高，社会对加快林业发展、改善生态状况的要求越来越迫切，林地在经济社会发展中的地位和作用越来越突出。在满足改善生态状况、保障国土生态安全需要的同时，林地还要为满足社会对木材等林产品的多样化需求发挥极其重要的作用。

从整体上讲，我国仍然是一个林地和森林资源相对缺乏的国家，林地和森林资源总量相对不足，森林生态系统的整体功能还有待加强，与社会需求之间的矛盾日益尖锐，林地保护和利用的任务比以往任何时候都更加繁重。

二、与经济发展相关性

国民经济是由许多产业组成的，产业又是由许多分门别类的具体部门和行业构成。产业的部门或行业都有一个共同的基本功能，即产业活动能够使资源转化为产品或劳务。资源的投入是产业活动的基础，而产品和劳务的产出则是产业活动的结果。没有资源就没有生产力，资源是产业活动的物质条件和载体，而产业是资源的转换器。随着投入的资源数量增加和质量提高，产业的功能和结构也随之不断升级。

林地是国家重要的自然资源和战略资源，是森林赖以生存与发展的根基，在保障木材及林产品供给、维护国土生态安全中具有核心地位，在应对全球气候变化中具有特殊地位。统筹协调林地保护与利用的关系，有利于充分发挥资源的多种效益，推动林业产业建设，促进我国经济发展。

经济发展是资源配置的函数，只有资源投入才会有产出增长。任何一个国家的经济发展都必须经过工业化阶段，而工业化进程的中心问题始终在于实现产业结构的转变，产业结构的转变意味着产业间主导地位移易。产业结构的变化是经济发展的内在表现，没有产业结构转变也就没有经济发展。经济发展与林地保护利用之间相互关系，具体反映在林业产业结构与林业用地结构上。诚然林地在林业各产业之间所体现的功能和作用不尽相同，但两者之间客观上存在着紧密的联系。林地保护利用结构的变化是林地保护利用的内在表现，没有林地保护利用结构的转变就没有林地保护利用的更替。

理论上和实践上的困扰，要求人们把"林地保护利用—经济发展"系统的物质实体作为共体相生的整体来考察，将其视为一个复合系统开展深入研究。林地保护利用借助用地类型及其面积加以反映，经济增长借助产业产值得以描述，所以，林地保护利用与经济发展相关性可依据不同时间空间的产业产值和与之相对应的用地类型及其面积资料进行纵向动态分析和横向空间分析，从而在动态演进过程中清晰地显示"林地保护利用—经济增长"过程的"全息投影"，才能在理论和实践结合上说明"用地—产值"的时空变化是由结构变动和短期波动引起，而短期波动和结构变化又如何受制于长期波动的。

第五节 林地保护利用战略与生态文化

一、生态文化的历史演变

生态文化是指以崇尚自然、保护环境、促进资源永续利用为基本特征，能使人与自然协调发展、和谐共进，促进社会可持续发展的文化。人类文明从原始走到现代，历经了生产力水平的极端低下、人的主观能动性的极大张扬与对"自然价值论"和"自然权利论"的推崇,对自然的态度也随之由"尊崇敬畏"到"妄图征服",再上升到"追求和谐",由此形成了相对应的 3 种不同的生态价值观,在此基础上也构成了不同的生态文化形态。生态文化的形成,意味着人类统治自然的价值观念的根本转变,这种转变标志着自然中心主义价值取向到人类中心主义价值取向再到人与自然和谐发展价值取向的过渡。

(一)"以自然为中心"的生态文化

原始文明阶段萌生出了"以自然为中心"的生态文化。彼时社会生产力水平低下,主体的能动性受到客观环境的诸多限制,对于自然人类认识到其对于生存的重要价值,却往往无法解释自然界中的许多现象,因而人类敬畏自然,屈从自然,奉自然力为神。于是图腾诞生并成为了人类最早的文化现象,人们运用图腾解释神话、古典记载及民俗民风,比如中国人以龙为图腾,俄罗斯则有熊图腾的崇拜,日本的图腾是菊花和樱花,韩国和朝鲜人崇拜木槿等。在这样的生态价值观的指引下原始社会形成了以采集—狩猎为主的依附于自然的生态文化,人类对于自然的破坏力小。原始社会之后,随着人口逐步增加及人类对自然的认识能力、改造能力的增强,中华民族开始进入农耕文明阶段。与此前的采集—狩猎型经济模式不同,在这个阶段,人类开始利用自然力控制食物生长,生产出不是自然界现成提供的生存消费资料,生产力水平进一步提高,人类对自然界的认知程度深化、影响作用提高。但由于科学技术不够发达,人类对自然环境的破坏只限于局部区域且速度缓慢,人相较于自然仍然处于弱势地位,依然奉行"以自然为中心"的生态价值观。不同的是,基于生产力水平的提升,人类对自然不再是恐惧式的敬畏,而更多了一份尊重与热爱,在这样的生态价值观的指引下封建社会形成了以农耕—畜牧为主的顺应规律来使用自然、利用自然的生态文化,人类与生态自然总体上处于低水平的和谐状态。

(二)"以人为中心"的生态文化

进入工业文明阶段,由于科学技术领域的快速发展,人与自然的关系和生态价值观念产生根本性变革,人类完全把自然当成了发展自身所需要的客观条件之一,在人与自然的关系中居于主导地位,生态文化呈现出"以人为中心"的核心特征。人类改造自然的能力日益提高,逐步摆脱了对自然界的直接依赖关系,和自然界分离开来,人类的生态价值观延缓发展,自然完全被置于受支配的地位。同时,人类的自我意识极度膨胀,享乐意识、消费观念大大增强,热衷于通过无限制攫取自然来创造财富进而实现欲望的最大满足,因而形成了大肆征服自然、掠夺自然的罔顾客观规律的商业性逐利性质的生态文化。然而,在这样的生态文化背景下,人类愈来愈异化为物欲所主宰的单向度存在物,大自然也以越来越恶劣的生态环境报复了人类。正是由于人类盲目和过度的生产活动,生态系统内部的负面变化超出其自我调节的最大限度,生态系统的结构和功能遭到严重破坏,导致生态系统失衡,生态危机不断显现,产生了温室效应加剧、臭氧层耗损、酸雨现象、森林资源破坏、水土流失、土地沙漠化、水资源危机、环境污染等一系列日益严重的问题,给人类的基本生存和长远发展带来极大的压力和挑战。工业文明在创造了空前的物质繁荣和高度发达的社会文明的同时,也埋下了自我毁灭的祸根。正如美国学者弗·卡特和汤姆·戴尔曾用一句简洁的语言生动地勾画出人类破坏生态的轮廓："文明人跨越过地球表面，在他们的足迹所过之处留下一片荒漠"。对此有人提出改进技术以挽救生态，但"事实上，没有任何一项技术能够在有限的生物圈内确保经济的无限增长"。也就是说物欲横流下单凭技术是无法实现人与自然的和谐关系的。这种"治标不治本"的挽救方式并不能完成全面改善生态形势的任务，只能导致人与自然的关系进一步恶化。

（三）"人与自然和谐相处"的生态文化

在人类社会发展的今天，急剧增长的人口与资源相对不足已成为制约经济社会发展的突出矛盾。以舍弃环境来谋求发展，使自然生态日趋恶化。伴随着人口的剧增，向自然无节制的索取以及对资源的高消耗、高污染，使人类赖以生存的生态系统几乎到了崩溃的边缘。恩格斯曾指出"在社会历史领域内进行活动的，全是具有意识的、经过思虑或凭激情行动的、追求某种目的的人；任何事情的发生都不是没有自觉的意图，没有预期的目的的。"生态危机正是在人的错误的价值意图的引导下产生的，生态危机的本质是"文化价值"的危机。为了真正解决工业文明时代的生态环境问题，"人与自然和谐相处"的新型生态价值观应运而生，它是在人类付出深重发展代价后做出的痛苦而又理性的选择。它要求人类加强生态文明建设，形成合理开发与利用自然，进而保障可持续发展的绿色生态文化，引导全社会尊重与爱护自然，做到人与自然和谐相处，在最根本最广泛的层面上克服生态危机。

二、林地的生态文化

林地是森林的承载体，森林是陆地生态系统的主体，具有生态、文化、经济等多种服务功能，在生态文明建设中发挥着积极的作用。森林以其丰富而独特的品性满足人们多样的文化需求，而人们在寻求这种满足的同时又赋予森林更多新的品质，最终形成森林增添美景、激发情感；拓展认知、启迪智慧；承载历史、彰显地理；颐养精神、保健身体等多方面的生态文化功能。人与森林的关系，相应地人对森林作用的认识随着社会的发展而不同。漫长的历史过程产生了大量有关生态环境和自然资源的传统观念、法制、规定和习俗，这些生态文化反映了我国对自然环境和自然资源进行科学保护和合理利用的具体做法，同时也体现了文化对自然资源包括林地资源保护与经营管理的影响和作用。当下，保护林地和森林是必须而且紧迫的，我们不仅需从物质角度对林地和森林进行全面保护和合理利用，而且应在精神层面加强森林生态文化的建设。我们应全力保护独特的生态文化，积极挖掘隐藏的生态文化，合理利用已有的生态文化，大力发展森林旅游与休闲服务业，努力将绿水青山转化为金山银山。

第五章　林地保护利用现状与分析

第一节　数据来源

一、森林资源调查成果

（一）森林资源管理"一张图"成果

森林资源管理"一张图"是国家上一轮林地落界及林地保护利用规划成果数据的最终体现。2010年6月9日，国务院常务会议审议并原则通过了《全国林地保护利用规划纲要（2010—2020年）》，2010年9月启动全国林地"一张图"建设，至2012年年底全面建成；2016年，为加强林地保护管理基础支撑能力建设，保持林地调查数据和林地数据库的真实性、准确性和时效性，完成第一次全国各省（自治区、直辖市）林地变更调查；从2017年开始国家开始实施以县为单位的林地变更调查工作制度，每年对林地"一张图"数据进行更新管理；2019年逐步将全国林地"一张图"升级为全国森林资源管理"一张图"；2021年，全面启动林草生态综合监测评价工作，将全国森林资源管理"一张图"纳入全国林草湿"一张图"。

森林资源管理"一张图"成果现已经成功运行十余年，已形成"国家、省（自治区、直辖市）、地（市）、县（区）"一整套运行体系、技术标准体系和监督管理体系，其基础作用和重要意义已远远超出林业行业本身。随着常态化的年度变更工作，使得森林资源"一张图"能够全面及时地掌握森林资源年度变化情况，建立健全森林资源监测评价体系，这是森林资源监督管理、资源监测、空间规划的基础和保障，也是林地保护利用规划重要的基准数据之一。在新一轮规划编制中，森林资源管理"一张图"将起到举足轻重的地位。

（二）森林资源规划设计调查成果

森林资源规划设计调查又称森林经理调查、二类调查，是以森林经营管理单位或行政区域为调查总体，查清森林、林木和林地资源的种类、分布、数量和质量，客观反映调查区域森林资源经营管理状况，为编制森林经营方案、开展林业区划规划、指导森林经营管理等需要进行的调查活动。

森林资源规划设计调查间隔期一般为 10 年。森林资源规划设计调查是把森林资源落实到山头地块的一种森林资源清查方法。其调查成果是编制和实施森林经营方案、制定和落实林业生产建设规划计划、进行森林资源资产评估和实施林业分类经营管理等的客观依据，是科学经营管理森林资源，培育和建立健康稳定的森林生态系统，实现森林可持续经营的重要基础，是实施六大林业重点工程、加强生态建设的一项基础性工作，是实现科技兴林、依法治林的重要保障措施，在林业建设中具有举足轻重、不可替代的地位和作用。

（三）国家森林资源连续清查成果

森林资源连续清查又称一类调查，是以掌握宏观森林资源现状与动态为目的，以省（自治区、直辖市）为单位，利用固定样地为主进行定期复查的森林资源调查，是全国森林资源与生态状况综合监测体系的重要组成部分。国家森林资源连续清查以省为单位，原则上每 5 年复查一次。森林资源连续清查成果是反映全国和各省份森林资源与生态状况，制定和调整林业方针政策与规划，监督检查各地森林资源消长任期目标责任制的重要依据。

二、国土调查成果

（一）第三次全国国土调查成果

第三次全国国土调查（简称国土"三调"）是为了全面查清当前我国土地利用状况，掌握真实准确的土地基础数据，健全土地调查、监测和统计制度，强化土地资源信息社会化服务，满足经济社会发展和国土资源管理需要而进行的第三次全国性的国土调查。

2009 年，第二次全国土地调查完成，建立了县、市、省、国家四级覆盖的全国土地调查数据库。为了查清全国每一块土地的地类、面积、权属、分布等利用现状，2017 年 10 月 16 日国务院印发《关于开展第三次全国土地调查的通知》，决定自 2017 年起开展第三次全国国土地调查。在调查模式上采用统一标准、统一分类、统一组织开展形成，打破了"九龙治水"的调查模式，形成一张底图、一套数据。

（二）国土空间规划成果

国土空间规划是国家空间发展的指南、可持续发展的空间蓝图，是各类开发保护建设活动的基本依据。建立国土空间规划体系并监督实施，实施"多规合一"，强化国土空间规划对各专项规划的指导约束作用，是党中央、国务院作出的重大部署。

国土空间规划的编制最基础的工作是统一底图底数。2019 年 5 月 31 日，自然资源部印发了《关于全面开展国土空间规划工作的通知》，要求国土空间规划的编制统一采用第三次全国土调查数据作为规划现状底数和底图基础，在其基础上，按照国土空间用地用海分类、城区范围确定等有关标准规范，形成符合规定的国土空间利用现状和工作底数。

三、其他专项成果

（一）公益林区划界定成果

公益林的区划界定包括国家级公益林和省级公益林，是按照国家和各省级相关规定，经过严格条件和程序区划界定，其成果具有法定性，是实行森林分类经营、开展林地和林木采伐管理、实施森林生态效益补偿的重要基础和依据。

公益林区划界定成果是将国家级和省级公益林落实到山头地块，明确其四至范围后，经县级以上人民政府逐级审核通过的专项成果数据库。

（二）对接融合成果

为统筹推进"山水林田湖草沙"系统治理，全面推行林长制，充分发挥国土"三调"数据在国土空间管理中的"统一底版"作用，国家林业和草原局组织开展了森林、草地、湿地数据与第三次全国国土调查数据对接融合工作，以此厘清林地的现状范围界线，构建与国土"三调"数据无缝衔接的林草资源图。

在空间上，落实了国土"三调"确定的林地现状范围界线，同时结合森林资源管理"一张图"成果，细化了林地小班界线；在属性上，转录森林资源管理"一张图"的属性信息，核实各类土地上的乔木林、竹林、灌木林等植被覆盖情况；在管理上，进一步优化落实了国家级公益林的范围和保护等级。可以说森林、草地、湿地数据与第三次全国国土调查数据对接融合成果既确定了林地的空间范围，又有着较为详细的林分因子，在一定程度上看是林地现状数据的初步成果。

（三）自然及社会经济数据

自然属性数据包括区位、地形地貌、地质、气候、水文等地理环境信息，动植物资源情况、水资源、矿产资源、风能资源等自然资源信息。

社会经济数据包括人口、经济、交通运输、社会事业、历史文化等相关信息。

（四）林地生态需求和建设项目使用林地需求数据

林地生态需求数据指区域在维护和改善生态环境、保持生态平衡、保护生物多样性等方面对林地的需求情况。

建设项目使用林地的需求包括规划期内勘察、开采矿藏和各项建设工程的预计规模与用地标准等情况。

四、林地保护利用现状数据内容

林地保护利用规划现状数据需要能够反映林地空间范围和林地林分因子两大主要问题。因此林地保护利用规划现状数据的确定所需要的相关资料、成果，也应从满足解决这两大问题入手。

（一）确定林地空间

林地保护利用规划的现状数据首先应该明确林地的空间范围，在此基础上规划林地的空间功能与发展布局。这涉及"什么是林地"这一重要问题。《中华人民共和国森林法》第八十三条的含义，林地，是指县级以上人民政府规划确定的用于发展林业的土地。可见从法定含义看，这里界定林地含义的关键词是"规划确定"。因此，在国土空间规划中统筹划定的林地，虽然其基础数据源自《第三次全国国土调查》成果，属于现状调查性质，但是经过国土空间规划后，其林地数据就符合"县级以上人民政府规划确定的用于发展林业的土地"的含义。即林地空间的确定来自于国土空间规划和国土"三调"。

（二）明晰林分因子

林地范围、分布及发展空间确定后，需要明确各林地地块究竟是怎样的林地，这就涉及各林地地块的林分因子。主要包括植被覆盖情况、起源、林种、森林类别、权属等涉及林业的相关属性信息。其相关信息主要来自于规划基准年的森林资源管理"一张图"成果、森林资源规划设计调查成果、森林资源连续清查成果等森林资源调查成果，以及公益林区划界定成果、林权勘界成果、退耕还林工程、天然林资源保护工程等林业专项数据。

第二节　数据差异与处置

由于林地保护利用规划属于国土空间规划框架体系，是与相关各领域规划叠加分析、解决冲突差异后的专项规划，因此林地保护利用规划基础数据需要协调处理好国土空间规划成果、国土"三调"与林业专项调查成果，在统一基础数据源的前提下，解决多套数据间存在的矛盾冲突，确保林地保护规划基准数据的准确性、一致性、合规性与权威性。

一、各类数据间差异情况

（一）调查精度的差异

由于林业部门林地相关数据与自然资源部门国土调查数据在采集方式、遥感底图分辨率、区划精度要求、最小图斑面积等方面的要求不同，造成数据获取的精度存在差异。根据《第三次全国国土调查技术规程》（TD/T 1055—2019）中要求，国土"三调"中农村土地利用现状调查采用优于1米分辨率的遥感影像资料，城镇内部土地利用现状调查则选用优于0.2米分辨率的航空遥感影像资料。最小上图图斑面积，包含林地的农用地实地面积为400平方米。

《森林资源规划设计调查技术规程》（GB/T 26424—2010）中要求小班调绘应采用经几何校正及影像增强的空间分辨率 10 米以内的卫片，并到现地核对，或测绘部门最新绘制的比例尺为 1∶10000～1∶25000 的地形图到现地勾绘。最小小班面积为 0.067 公顷。

（二）调查时间的差异

森林资源管理"一张图"成果已经初步建成年度更新机制，每年都会依据经营档案资料、卫星遥感影像等资料开展年度更新工作。国土"三调"始于 2017 年，并于 2019 年基本完成基础数据采集与实地验证调查，在成果正式公布前，会根据实际情况进行局部的更新。

由于林地数据随着时间不断变化，处于动态变化过程，调查时间的不同、更新间隔的差异会导致相同空间范围内的林地数据存在差异。

（三）分类标准的差异

自然资源部门与林业部门对于林地的分类标准不同一，会导致对林地的认定不一致。主要有如下几种不同。

1. 乔木林地认定的不同

在森林资源调查中乔木林的定义由乔木（含因人工栽培而矮化的）树种组成的片林或林带［《森林资源术语》（GB/T 26423—2010）］。国土"三调"中乔木林定义为乔木郁闭度 ≥ 0.2 的林地，不包括森林沼泽［《第三次全国国土调查技术规程》（TD/T 1055—2019）］。

从对乔木林的认定上看，森林资源调查中的乔木林所包含的内容更加全面，除了国土"三调"定义的乔木林外，还包括国土"三调"中的森林沼泽、乔木型红树林地、乔小型果园、橡胶园、乔木林型其他园地，以及达到乔木林标准的城镇、村庄范围内的绿化用地，铁路、公路征地范围内的护路林，以及河流、沟渠旁边的护岸林或护堤林等。

2. 灌木林地认定的不同

在森林资源调查中灌木林地的定义为附着有灌木树种或因生境恶劣矮化成灌木型的乔木树种以及胸径小于 2 厘米的小杂竹，连续面积大于 0.067 公顷覆盖度在 30% 以上的林地［《森林资源术语》（GB/T 26423—2010）］。国土"三调"中灌木林地指灌木覆盖度 ≥ 40% 的林地，不包括灌丛沼泽［《第三次全国国土调查技术规程》（TD/T 1055—2019）］。

从对灌木林的认定上看，一方面是最小覆盖率的不同，森林资源调查中覆盖度为 30%~40% 的灌木林，在国土"三调"中不作为灌木林处理；另一方面对灌木树种的认定，国土"三调"中将绝大部分的灌木经济树种都作为种植园地，如将桃、李、梨等调查为果园，将茶叶调查为茶园。

3. 无立木林地与宜林地认定的不同

在森林资源调查中，"建设项目临时使用林地的地块""毁林开垦种植农作物的地块""地震、塌方、泥石流等自然灾害，导致林业生产条件完全丧失的林地地块"等，仍旧作为林地处理，以无立木林地记载。此外，未达到林业有林地、疏林地、灌木林地、未成林地标准，经县级以上人民政府规划为林地的土地一般作为宜林地。由于国土"三调"为现状调查，根据实地现状情况来确定地类，故以上的无立木林地、宜林地，在国土"三调"中为非林地。

二、不同数据间差异分析

由于现有的与规划基准数据相关的数据类型多样，存在标准不统一、多头交叉管理等问题。为制定统一的林地保护利用规划基准数据，需要厘清各套数据之间存在的突出问题，分析其产生的原因，在此基础上为林地保护规划基础数据的产出提供借鉴参考，提高基准数据的准确度和权威性。

（一）规划基础数据差异分析的思路与方法

1. 分析思路

通过对国土"三调"、森林资源连续清查成果和森林资源管理"一张图"数据的空间叠加对比，探讨在国土空间规划框架背景下，新一轮林地保护利用规划中基础数据存在的矛盾焦点并提出建议。主要从如下几个方面展开分析：

（1）三套数据在可比口径下资源总量与相关分量对比分析。

（2）重点关注林地类型的差异性分析。主要包括重点公益林地，天然林地，林地林权、退耕还林地，保护等级为Ⅰ、Ⅱ级的林地等类型与国土"三调"的差异性分析。

（3）典型地类的差异性分析。灌木林地的差异性统计分析；经济林与园地的差异性统计分析；宜林地与未利用地的差异性统计分析等。

2. 技术路线

以国土"三调"、森林资源连续清查成果和森林资源管理"一张图"等数据成果的有机结合为基础，通过点对面（森林资源连续清查成果与国土"三调"）分析和面对面（森林资源管理"一张图"与国土"三调"）分析，从资源现状、数据空间叠加对比、典型地类、重点关注林地类型等方面，开展差异性比较，并对上述空间分析数据结果进行统计、汇总、分析，探讨分析在国土空间规划的框架下，新一轮林地保护利用规划中基础数据存在的矛盾焦点，并提出解决方案。

先将搜集到的三套数据建立统一的文件格式系统，选用 ArcGIS 能够识别处理的 .shp 或 .mdb 格式。并通过参数转化或空间纠正的方法，将不同坐标系的数据，统一到同一空间坐标系下。为保证分析数据的简洁，减少不必要的繁琐信息，可将需要对比分析的地类、权属、森林类别、起源、保护等级等字段，提取至用于叠加分析的新图层。

3. 地类标准统一

根据国土"三调"、森林资源连续清查成果与森林资源管理"一张图"的对应关系，将国土"三调"、森林资源连续清查成果与森林资源管理"一张图"归并为乔木林地、竹林、灌木林地和其他林地，见表5-1。

表 5-1 地类归并表

归并地类		国土地类		一类地类		林地变更地类	
代码	名称	代码	名称	代码	名称	代码	名称
01	乔木林地	0301	乔木林地	111	乔木林地	111	乔木林
02	竹林地	0302	竹林地	113	竹林地	113	竹林
03	灌木林地	0303	灌木林地	131	特殊灌木林地	131	特殊灌木林
				132	一般灌木林地	132	一般灌木林
04	其他林地	0307	其他林地	120	疏林地	120	疏林地
				141	未成林造林地	140	未成林地
				150	苗圃地	150	苗圃地
				160	迹地	160	无立木林地
				170	宜林地	170	宜林地

（二）规划基础数据存在的问题

1. 数据对比情况

（1）资源总量与相关分量对比。研究区三套数据的林地、森林的总量情况见表 5-2。从数据总量上看，研究区国土"三调"与森林资源管理"一张图"、森林资源连续清查成果之间，林地占比和森林覆盖率差值均在 5% 以内。

表 5-2 研究区不同数据来源林地及森林面积统计表

数据来源	林地面积（万公顷）	林地占比（%）	森林面积（万公顷）	森林覆盖率（%）
国土"三调"	20.7829	80.19%	19.9606	77.02
森林资源管理"一张图"	21.9806	84.84%	21.1621	81.68
森林资源连续清查成果	21.7297	83.87%	20.5042	79.14

利用 GIS 空间分析功能，得到国土三调与森林资源连续清查成果、国土"三调"与森林资源管理"一张图"空间叠加情况，见表 5-3 至表 5-4。

国土"三调"与森林资源连续清查成果林地一致率（皆为林地或皆为非林地）为 80.11%；国土"三调"与森林资源连续清查成果地类一致率为 60.84%，林地地类一致率（林地地类一致面积占同为林地面积的占比）为 72.78%。

表 5-3 研究区国土"三调"与森林资源连续清查样地对应表

用地类型		森林资源连续清查地类（个）					
		合计	乔木林	竹林	灌木林	其他林地	非林地
国土三调地类	合计	719	418	68	83	34	116
	乔木林地	450	333	14	45	19	39
	竹林地	78	22	40	2	2	12
	灌木林地	23	13	3	2	0	5
	其他林地	25	17	0	4	2	2
	非林地	139	29	11	30	11	58
	界外	4	4	0	0	0	0

表 5-4 研究区国土"三调"与森林管理"一张图"各地类转移矩阵表

用地类型		森林资源管理"一张图"（万公顷）					
		合计	乔木林	竹林	灌木林	其他林地	非林地
国土"三调"	合计	25.9180	17.5132	2.4416	1.3600	0.6679	3.9352
	非林农用地	3.9557	0.5632	0.0783	0.7526	0.1770	2.3846
	建设用地	0.7520	0.0358	0.0095	0.0094	0.0091	0.6882
	未利用地	0.4279	0.0668	0.0080	0.0107	0.0109	0.3316
	乔木林地	16.6237	15.2550	0.3355	0.4503	0.2836	0.2992
	竹林地	2.5060	0.4354	1.9617	0.0283	0.0154	0.0652
	灌木林地	0.8305	0.6349	0.0248	0.0444	0.0460	0.0804
	其他林地	0.8222	0.5221	0.0238	0.0643	0.1259	0.0860

（2）重点关注林地类型的差异性。

①国土"三调"非林地中的公益林分析。根据国土"三调"与森林资源管理"一张图"中森林类别叠加分析（表 5-5），可见国土"三调"非林地中，共有国家级公益林 0.1070 万公顷，占国家级公益林总面积的 3.25%；有省级公益林 0.2726 万公顷，占省级公益林面积的 2.89%。国土非林地中重点公益林以乔木林（0.2543 万公顷，占比 66.97%）和特殊灌木林（0.0861 万公顷，占比 22.68%）为主。

表 5-5 研究区国土"三调"地类分森林类别表

国土地类	森林资源管理"一张图"森林类别（万公顷）					
	合计	国家级公益林	省级公益林	一般公益林	重点商品林	一般商品林
合计	21.9805	3.2915	9.4408	5.93	1.1734	8.0155
乔木林地	16.3245	2.7610	8.1112	2.45	0.5933	4.8345

（续）

国土地类	森林资源管理"一张图"森林类别（万公顷）					
	合计	国家级公益林	省级公益林	一般公益林	重点商品林	一般商品林
竹林地	2.4408	0.1879	0.5990	0.58	0.3438	1.3043
灌木林地	0.7501	0.1499	0.2301	0.75	0.0067	0.3559
其他林地	0.7361	0.0857	0.2279	0.50	0.0222	0.3953
非林地	1.729	0.1070	0.2726	1.65	0.2074	1.1255

②国土"三调"非林地中的天然林。根据国土"三调"与森林资源管理"一张图"中林地起源叠加分析（表5-6），国土"三调"非林地中仍包括天然林面积0.2564万公顷，占天然林总面积的2.51%。

表5-6 研究区国土"三调"地类分起源表

国土地类	林地变更林地起源（万公顷）	
	天然林面积	人工林面积
乔木林地	8.3850	7.8251
竹林地	1.0447	1.3891
灌木林地	0.3202	0.4080
其他林地	0.2236	0.4690
非林地	0.2564	1.3789

③国土"三调"中林地林权划分。根据国土"三调"与林权叠加分析（表5-7），国土"三调"非林地中仍包括国有林权林地0.0945万公顷，占国有林权面积的8.72%，集体林权林地4.3582万公顷，占集体林权林地的18.15%。

表5-7 研究区国土"三调"地类分林权表

国土地类	林地林权（万公顷）			
	合计	国有	集体	无林权
合计	25.9184	1.0837	24.0099	0.8245
乔木林地	16.6242	0.8511	15.703	0.0701
竹林地	2.506	0.052	2.4349	0.0191
灌木林地	0.8306	0.0286	0.7777	0.0243

(续)

国土地类	林地林权（万公顷）			
	合计	国有	集体	无林权
其他林地	0.8222	0.0575	0.7361	0.0284
非林地	5.1354	0.0945	4.3582	0.6826

④国土非林地中Ⅰ、Ⅱ级保护林地情况。根据国土"三调"与森林资源管理"一张图"中林地保护等级叠加分析（表5-8），国土"三调"的非林地中，有Ⅰ级保护林地0.0114万公顷，占Ⅰ级保护林地总面积的1.63%；Ⅱ级保护林地0.3712万公顷，占Ⅱ级保护林地总面积的3.09%。

表5-8 研究区国土"三调"地类分林地保护等级表

国土地类	林地变更林地保护等级（万公顷）			
	Ⅰ	Ⅱ	Ⅲ	Ⅳ
乔木林地	0.6147	10.2309	0.6301	4.8487
竹林地	0.0302	0.7457	0.3604	1.3045
灌木林地	0.0294	0.3500	0.0144	0.3563
其他林地	0.0136	0.2991	0.0283	0.3951
非林地	0.0114	0.3712	0.2262	1.1223

（3）典型地类的差异性分析。

①灌木林地的差异性。《国家森林资源连续清查技术规定》规定灌木林地是指附着有灌木树种，或因生境恶劣矮化成灌木型的乔木树种以及胸径小于2厘米的小杂竹丛，以经营灌木林为主要目的或专为防护用途，覆盖度在30%以上的林地。进一步将灌木林地细化为特殊灌木林和一般灌木林。其中，特殊灌木林地纳入森林覆盖率计算，也纳入林地保护利用规划中的森林保有量计算。目前，我国对外发布的森林覆盖率包含覆盖度在30%以上的特殊灌木林地。而《土地利用现状分类》（GB/T 21010—2017）指灌木覆盖度≥40%的林地，不包括灌丛沼泽，同时，也未对灌木林地进行细分。研究区国土"三调"中灌木林地面积0.8307万公顷，森林资源管理"一张图"中灌木林面积135.99百公顷，其中覆盖度≥40%的面积1.1704万公顷，覆盖度在30%~40%面积0.1895万公顷，占灌木林总面积的13.94%。

②经济林与园地的差异性。《中华人民共和国森林法》第四条规定，经济林是以生产果品，食用油料饮料、调料、工业原料和药材等为主要目的的林木，与其对应的是经济林地。《土地利用现状分类》（GB/T 21010—2017）中种植园用地指种植以采集果、叶、

根、茎、汁等为主的集约经营的多年生木本和草本作物，覆盖度大于 50% 或每公顷株数大于合理株数 70% 的土地。包括用于育苗的土地，分为果园、茶园、橡胶园和其他园地。国土"三调"中园地面积 11.1630 万公顷，森林资源管理"一张图"中经济林面积 1.1794 万公顷。经过空间叠加，国土"三调"和森林资源管理"一张图"中有关经济林和种植园用地的转移矩阵见表 5-9。

表 5-9 经济林与种植园用地转移矩阵

国土"三调"地类	森林资源管理"一张图"林种（万公顷）	
	经济林	非经济林
合计	1.1794	24.7392
茶园	0.1843	0.2339
果园	0.2415	0.2526
其他园地	0.0941	0.1099
非种植园地	0.6593	24.1428

③宜林地按国土地类划分的分析。《中华人民共和国森林法实施条例》明确规定，林地包括县级以上人民政府规划的宜林地。长期以来，宜林地是森林资源发展的主要后备力量，也是拓展绿色空间的主战场。而《土地利用现状分类》（GB/T 21010—2017）按现状分类已归为其他土地。

研究区森林资源管理"一张图"中宜林地面积 0.1727 万公顷，与国土"三调"数据叠加分析得到，宜林地位于非林地上面积共计 0.0810 万公顷，占比 46.90%，以耕地 0.0459 万公顷、园地 0.0140 万公顷为主（表 5-10）。

表 5-10 宜林地对应国土地类统计表

国土"三调"地类	宜林地面积（万公顷）	占比（%）
乔木林地	0.053	30.69
其他林地	0.0241	13.95
灌木林地	0.0146	8.45
耕地	0.0459	26.58
园地	0.014	8.11
采矿用地	0.0041	2.37
其他地类	0.017	9.84

2. 存在的突出问题

（1）从整体上看，三套数据在数据总量上差异不大，但某些地类具体分布差异性较为突出。如森林资源管理"一张图"中灌木林面积为1.3万公顷，而国土"三调"中灌木林仅为0.8305万公顷，且包含大量的乔木林（0.6349万公顷），灌木林一致率仅为5.35%。另外，森林资源管理"一张图"中其他林地面积0.6679万公顷，而国土"三调"达到0.8222万公顷，主要原因是国土"三调"将大量的乔木林（0.5221万公顷）纳入其他林地中。

（2）国土"三调"非林地中存在一定比例重点公益林地。依据《国家级公益林管理办法》要求国家级公益林先补后占，占补平衡。重点公益林受国家财政补助，且事关生态文明建设和精准扶贫。需明晰该类型地块的处置方案。

（3）存在一定比例的天然林在国土"三调"中被划入非林地管理。天然林是森林生态系统的重要组成部分，结构稳定、生物多样性丰富，对维护国家生态安全，促进生态文明建设和经济社会可持续发展具有不可替代的作用。2016年起全国已实现全面停止天然林商业性采伐，实现了全面保护天然林的历史性转折。2019年，中共中央办公厅、国务院印发了《天然林保护修复制度方案》提出用最严格制度、最严密法制保护修复天然林。因此，国土"三调"中将部分天然林划入非林地管理，将给实现天然林保有量目标带来较大困难。

（4）国土"三调"非林地中存在一定量高保护等级的林地。林地保护等级划分的主要依据是生态脆弱性、生态区位重要性以及林地生产力等指标。在制定林地保护等级划分标准时，与《土地利用总体规划》等相关规划缺乏衔接。此外，国土"三调"亦是基于现状的调查，故国土"三调"与林地保护等级衔接时，存在部分保护等级较高林地位于非林地地块，这无形给林地管理工作带来一定压力。

（5）由于在地类划分标准上的差异，国土"三调"与森林资源管理"一张图"在灌木林、经济林和宜林地上都有较大差异。

三、统一基础数据

当数据内容不符合规划编制要求时，可参照预先规定的转化标准，由其他相关数据转化而来。如国土空间规划编制所需要的基准数据，需要能够反映出规划基准年土地利用现状情况。2020年2月，自然资源部制定了《国土空间规划用地用海用途分类指南（试行）》(简称《指南》)，明确了国土空间规划的编制应在国土"三调"的基础上，按照《指南》的用地用海分类进行现状用地用海的统计与分析。由于国土空间规划用途分类与国土"三调"工作分类存在差异，因此需要按照转化类型的不同，对国土"三调"分类基数进行转换处理，得到最终国土空间规划编制所需要的规划基准数据。一般来说，基础数据的转换处理工作分为按照规范直接转换、细化补充调查与资料佐证更新转换等三个类型。

（一）直接转换

当现有的数据在数据结构上与需求的基础数据存在一对一、多对一时，可按照相关转换规范直接进行转换处理。例如，在将国土"三调"现状地类向国土空间规划中规划用途分类的转换中，可以将部分地类进行地类对应与地类归并后，直接进行转换。诸如水田、水浇地、旱地、河流水面、湖泊水面、水库水面、农村道路等地类，在国土"三调"和国土空间规划中的内涵相同或相近，为一一对应关系，可直接进行转换；国土"三调"中果园、茶园、其他园地在国土空间规划中合并为种植园地，森林沼泽、灌丛沼泽、沼泽草地等在国土空间规划中合并为沼泽地，属于多对一的关系，也可直接转换为国土空间规划中的大类。

（二）细化补充调查

细化补充调查一般包括因现有的数据与需求的基准数据存在一对多的情况时，需要进一步细分而进行的细化调查。

一对多的细化调查，需要对现有数据进行细化后，使其细化结果能够与需求基准数据一一对应。如在国土空间总体规划基础数据转换时，需要将设施农用地细化分为农业生产设施用地、农业配套设施用地、农业附属设施用地和农业新业态服务用地，将城镇住宅用地细分为一类住宅用地、二类住宅用地和三类住宅用地等。在细化时，需要利用卫星遥感影像、POI数据、城乡用地监测数据、地形图、地理国情普查等辅助数据，结合必要的外业补充调查来完成。

（三）资料佐证更新转换

当现有数据与需求数据间因对某一定义的解释不同，或者调查时选取的标准不同、数据获取时间不同导致的性质认定不同时，需要通过经数据发布机构或人民政府发布、认可的档案资料、办法文件等佐证材料，将现有数据调整、修正或更新为所需数据的标准。

例如，国土"三调"为现状调查，而国土空间总体规划是在现状数据的基础上进行的规划，在国土空间总体规划中对于在规划基期以前已办理农转用审批手续、海域使用权审批手续或拥有土地使用权证，但"三调"地类与农转用审批文件、海域使用权证或土地使用权证上所载地类不一致的"已批未用"用地，在规划基数中则需要按照农转用红线、经认定的海域使用权证和土地使用证对应范围红线，将其转为该农转用项目、海域使用权证或土地使用权证对应的用地地类。类似的情形在"已验收耕地""原有存量建设用地""绿地与广场用地"以及"三调"建设用地中地类明显与实际不符的地类等方面相似，在国土空间总体规划基数转化中都可以根据县级自然资源主管部门或其他相关部门出具的证明材料，将其转化为对应的地类。

（四）基础数据转化策略

对于国土"三调"林地，需要根据实际情况进行甄别与处理：①"三调"为林地，已完成农转用审批手续或登记的，依据自然资源部印发的《关于规范和统一市县国土空间规划现状基数的通知》，按审批或登记的范围和用途认定为建设用地；②"三调"为林地，但依据相关规划已确定为永久基本农田的，若现状为耕地、耕地造林或经营苗圃的，原则上不纳入林地规划基数和林地保有量，若原为林地且现状有林木覆盖，需要提供照片、文件等举证材料，要对相关属性信息进行记录，履行相关更新手续后，纳入林地规划基数；③"三调"为林地，现状有林木覆盖，但国土"三调"中"种植属性名称"字段为即可恢复耕地的图斑，原则上不纳入林地规划基数和林地保有量；④"三调"为林地，现状无林木覆盖，多年表现为耕地、种植园地、草地等非林地类特征的图斑，需要提供照片、文件等举证材料，要对相关属性信息进行记录，对接后原则上不纳入林地规划基数和林地保有量；⑤"三调"为林地，但属于"非稳定"林地，受水位、自然灾害等自然因素影响而难保有的林地，对接后原则上不纳入林地规划基数和林地保有量；⑥"三调"为林地，但空间规划成果中为非林地的，对接后不纳入林地规划基数和林地保有量。

另外，在确立林地规划基数时，还应考虑补充林地。对于国土"三调"为非林地，但实际属于国有林场或国有林区范围内有法定林地林权证等不动产登记证的林地，需提供相关文件，对接后纳入林地规划基数和林地保有量；对于国土"三调"为非林地，实际属于经林地审核为"临时用地"或"直接为林业生产服务"的，以及建设项目非法占用或毁林开垦的林地，需提供相关文件，对接后保留到纳入林地规划基数和林地保有量；对于国土"三调"为非林地，但属于已获取财政补助的重点林业生态工程的国家级及省级公益林地、天然林地、退耕还林地，需提供照片、文件等举证材料，对接后保留到纳入林地规划基数和林地保有量；对于经适宜性评估纳入到造林绿化空间的其他土地（园地、盐碱地、沙地、裸土地），废弃矿山拟绿化用地，以及国土空间规划转入的林地，纳入相应规划期的林地规划基数。

第三节　林地保护利用现状分析

一、目的

林地保护利用现状分析是在林地保护利用现状数据的基础上进行的，通过对林地保护利用的外部环境、内部环境、林地保护利用成效、存在问题和对策等进行分析，明确林地保护利用规划区域的林地资源的整体优势与劣势，以及林地资源在全局中的战略地位、揭示制约林地资源保护利用的主要因素和各种林地资源在地域组合上、结构和空间配置上合理性，明确林地资源保护利用的方向和重点，为制定人地协调发展与强化林地系统功能的保护利用规划提供科学依据。

二、内容

林地保护利用现状资料主要包括涉及林地的数量、质量、结构、分布等专项资料，以及对林地保护利用直接相关的林地保护利用成效、存在问题和对策等专项资料。

（一）林地保护利用现状资料

主要收集以下几个方面的资料：

（1）基础地理信息和遥感资料。主要包括：区域行政界线、1：10 000比例尺矢量地形图、覆盖区域近期的高分辨率遥感资料等资料。

（2）自然资源调查资料。主要包括：①第三次全国国土调查成果。②生态保护红线划定成果。③自然保护地整合优化成果。④最新森林资源管理"一张图"成果。⑤公益林、天然林区划界定成果。⑥最新森林资源规划设计调查成果。⑦森林土壤调查、野生动植物资源调查等林业专项调查资料。⑧自然资源确权登记成果。

（3）其他有关规划资料。包括：上一轮林地保护利用规划及说明、国土空间规划、最新国民经济和社会发展规划纲要、最新林业发展规划、自然条件（气候、地貌、资源、土壤、水文、自然灾害等）、林业及其他主要产业发展、城乡建设及基础设施、人口和社会经济发展、生态环境状况以及区域历史资料等。

（二）林地保护利用规划实施成效

1. 林地总量变化

《中华人民共和国森林法》第三十六条要求"实行占用林地总量控制，确保林地保有量不减少"，实行林地总量管理是增强生态承载力的重要内容。林地总量的变化情况，是衡量一个地区林地保护利用规划实施成效中重要的内容。一方面可以通过新一轮退耕还林工程建设，以及对石漠化沙化土地、工矿废弃地、生态重要区域的生态治理，可作为有效补充林地数量的手段；另一方面通过严格林地用途管制，严厉打击毁林开垦和违法占用林地等措施，是有效减少林地逆转流失数量的措施；同时，构建国家、省、县三级林地保护利用规划体系，把林地保护目标、任务、措施和要求层层分解，落实到实处。

2. 森林保有量变化

森林保有量是林地利用率最直观的指标，是林地保护利用规划中重要的约束性指标。可以通过分析大规模国土绿化行动，实施三北防护林、长江防护林等建设工程的开展情况，分析森林保有量增长趋势；同时可以对涉森林资源的执法检查，应用遥感影像等先进科技开展林业行政执法等工作，分析打击违法破坏森林资源行为而对森林保有量变化的影响。

3. 林地利用结构的变化

《中华人民共和国森林法》第二十四条要求"合理规划森林资源保护利用结构和布局"，林地利用结构的变化情况，也是分析林地保护利用规划实施成效的重要内容。一方面可以从森林类别的用地结构入手，重点分析国家级公益林地和省级公益林地的比率；另一方面则可以从森林起源的用地结构入手，重点分析天然林的情况。

4. 林地生产力变化

林地生产力是林地质量管理的重要内容，林地生产力的变化情况也是分析林地保护利用规划实施成效的主要内容。可以通过分析在森林抚育、退化林修复、科学推进森林经营、精准提升森林质量等方面的工作，分析林地生产力的变化情况。

（三）林地保护利用存在问题

分析林地保护利用所存在的问题，应该以问题为导向，紧抓林地保护利用实际中存在的疑点难点来展开分析，重点是因相关政策、制度或规范的不完善，导致在林地保护利用过程中存在的不确定与矛盾冲突问题。首先可对于林地保护利用密切相关的基础数据问题展开分析，如在国土空间规划背景下，林地保护利用规划中林地的界定、数据源的统一，是开展林地保护利用最先要解决的问题。其次可以针对上轮规划的实施成效进行评估，重点分析各项指标的落实情况，以此来发现林地保护利用中所存在的问题。最后可以对新一轮规划在开拓创新的需求方面展开分析，重点讨论在新形势新背景下，林地保护利用的新要求，以及满足这些需求所欠缺的理论与技术层面的创新。

三、方法

分析方法不仅是问题界定和目标拟定阶段的主要方法，也是整个林地保护利用规划的基本技术方法。现结合实例就地类、林地质量、林地结构、林地功能布局等四方面内容阐述相关统计分析方法。

（一）统计分析方法

1. 地类统计分析

地类统计分析适用于从历史发展演变角度来确定林地利用的数量关系，通过林地利用动态数列的编制及分析揭示林地利用变化的内在规律，计算林地利用的发展水平、发展速度和变动趋势，或依据林地利用某项特性指标、长期变动趋势预测其变动规律等。

地类变化统计分析包括发展水平分析、发展速度分析和趋势分析，其中又以趋势分析最为常见。趋势分析一般用于研究某个现象（指标）发展变化的总体趋势和规律性。常用方法有移动平均法和趋势线配合法。

（1）移动平均法。移动平均法是指根据时间序列逐渐推移，依次计算包含一定项数的时序平均数，以反映长期趋势的方法。当时间序列没有明显的趋势变动时，使用一次移动平均就能够准确地反映实际情况、直接用第 t 周期的一次移动平均数就可预测第 $t+1$ 周期值。但当时间序列出现线性变动趋势时，用一次移动平均数来预测就会出现滞后偏差。因此，需要进行修正，修正的方法是在一次移动平均的基础上再做二次移动平均。利用移动平均滞后偏差的规律找出曲线的发展方向和发展趋势。

移动平均法计算公式如下：

$$F_{t+1} = \frac{1}{n} \sum_{i=t-n+1}^{t} x_i$$

式中：F_{t+1} 是 $t+1$ 时的预测数，是在计算移动平均值时所使用的历史数据的数目，即移动时段的长度。

某县 2016—2020 年乔木林地面积情况见表 5-11，取 $n=3$，通过一次移动平均法得到

2021—2025年乔木林地面积预测值67292公顷、67293公顷、67294公顷、67293公顷、67293公顷；通过二次移动平均法得到2021—2025年乔木林地面积预测值67219公顷、67263公顷、67287公顷、67293公顷、67293公顷，见表5-12。

表5-11 某县2010—2020年乔木林地面积

年份	2010	2011	2012	2013	2014	2015	2016	2017	2018	2019	2020
林地面积（公顷）	66307	66400	66853	66990	67045	67099	67128	67250	67289	67290	67298

依据2010—2020年林地现状运用移动平均法对2021—2025年乔木林地面积预测值为365公顷，各年度预测值分别为98公顷、83公顷、71公顷、61公顷、52公顷。

表5-12 某县2021—2025年乔木林地面积预测值（移动平均法）

年份	林地面积（公顷）	一次移动平均预测值（公顷）	二次移动平均预测值（公顷）
2010	66307		
2011	66400		
2012	66853		
2013	66990	66520	
2014	67045	66748	
2015	67099	66963	
2016	67128	67045	66744
2017	67250	67091	66919
2018	67289	67159	67033
2019	67290	67222	67098
2020	67298	67276	67157
2021		67292	67219
2022		67293	67263
2023		67294	67287
2024		67293	67293
2025		67293	67293

（2）趋势线配合法。趋势线是趋势分析中最基本的方法之一，即用划线的方法将低点或高相连，利用已经发生的事例，推测今后大致走向的一种图形分析方法。是利用历史统计数据对未来林地状况进行预测的主要方法之一。

通过趋势线配合法构建某县2010—2020年乔木林地面积与时间的线性、二次多项式、指数、对数的关系（图5-1）。其中，一元二次多项式拟合精度最高。采用一元二次多项式拟合得到的乔木林地面积预测值为66314公顷、66533公顷、66725公顷、66889公顷、67026公顷。

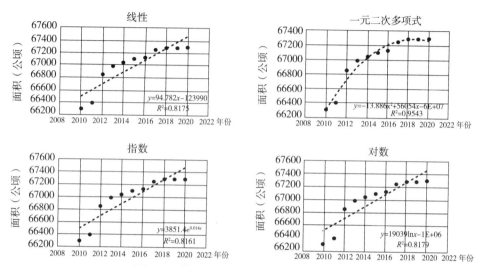

图5-1　某县乔木林地面积与时间的关系

2. 林地质量分析

以往林地质量的分析评价工作相对落后。虽然在理论上承认林地是综合自然体，但分析评价起来一般是针对具体林分仅采用立木因子作为评价指标，如以树高、地位级、立地指数或单位面积蓄积量来评价林地生产力。分析林地质量的内涵和外延，可以发现林地质量分析评价的途径。一方面林地质量是林地的本质属性，它受气候、地质、土壤、生物等多种林地因子的相互作用和联系规律的制约。另一方面，也知道林地质量的客观表现——经营利用林地时获得的各种效益，即概念的外延。林地质量分析评价的两条途径：一是根据林地的相关因子及其联系和作用规律间接估测与分析；二是根据林地所能产生的各种效益直接评价，其中林地生产力（乔木林地单位面积蓄积量）是最直观的分析评价指标。

林地质量分析评价的统计方法：一是类比法，即根据同一类林地不同场所相异利用途径的效益类比预测。二是回归法，把林地的森林效益或有关生长指标作因变量，林地因子作自变量，根据因变量对自变量的依赖性建立回归方程，预测其他林地的质量。如多元（逐步）回归、数量化理论等方法。三是综合评判法，该法无自变量与因变量之分，故不受地类的限制，它把林地视为多元复杂集合，从而可根据其中各元素（林地因子）间的互依性建立数学模型，求得林地质量的综合评判指标。常用的有模糊综合评判、因子分析和主成分分析，综合指标分别是隶属度、因子载荷和主成分值。下面结合数量化理论Ⅰ分析方法和主成分分析方法分析评价林地质量。

（1）数量化理论Ⅰ分析方法。数量化Ⅰ分析方法是最直观的林地质量评价方法，主要是将与林地生产力有关的影响因子进行数量化转换后，同林地生产力之间建立回归模

型,解出方程中的参数,通过相关性检验确定主导因子,然后将预测方程转换为林地质量评价得分表。计算公式如下:

$$y_i = \sum_{j=1}^{m} \sum_{k=1}^{n} b_{jk} \sigma_i(j,k) + \epsilon_i$$

其中,当第 i 块样地中第 j 项目的定性数据为 k 类目时,$\sigma(j,k)=1$;否则,$\sigma(j,k)=0$,ϵ_i 为观察中的随机误差,$\sigma(j,k)$ 为类目的反应矩阵,即 0~1 反应表(表 5-13)。

表 5-13 林地因子原始数据反应表

标准地号	优势木高(米)	海拔(米)		坡度(°)			坡向				坡位			土层厚度(米)	
		<500	≥500	<5	5~15	≥15	阴坡	半阴坡	半阳坡	阳坡	上坡	中坡	下坡	<40	≥40
1	18	1	0	0	0	1	0	1	0	0	0	1	0	1	0
2	29	0	1	0	1	0	0	0	1	0	0	0	1	0	1
3	20	0	1	1	0	0	1	0	0	0	1	0	0	0	1
4	24	1	0	0	1	0	1	0	0	0	0	1	0	1	0
5	14	1	0	0	0	1	0	0	0	1	1	0	0	0	1
6	31	0	1	0	1	0	0	0	0	0	0	0	1	0	1
⋮	⋮	⋮	⋮	⋮	⋮	⋮	⋮	⋮	⋮	⋮	⋮	⋮	⋮	⋮	⋮
83	20	0	1	1	0	0	0	0	1	0	1	0	0	0	1

如某县各因子偏相关系数及显著性检验见表 5-14,则说明各林地因子对林地质量的贡献率由大到小为海拔>土层厚度>坡向>坡位>坡度。确定影响该县林地质量的主导因子是海拔、土层厚度和坡向,而坡位的影响相对较小,坡度影响不显著。可见,落叶松优势高于上述立地因子的相关性总体上较紧密,回归效果好,用该方法评价落叶松的林地质量是准确可靠的。据此,可以用得到的数量化回归预测方程计算其他林地的得分值,并确定分级标准,评定林地质量等级,即:若 $y \geq \bar{y}+\Delta s$,则评价为好;若 $\bar{y}+\Delta s > y \geq \bar{y}-\Delta s$,则评价为中;若 $y < \bar{y}-\Delta s$,则评价为差。

式中:y 为待评价林地的得分值;$\bar{y}$(平均值)为参评林地的得分平均值;Δs 为标准差。

表 5-14 各林地因子偏相关系数及显著性检验

项目	偏相关系数	显著性
海拔	0.856	<0.001
坡度	0.091	0.537

(续)

项目	偏相关系数	显著性
坡向	0.332	0.028
坡位	0.289	0.459
土层厚度	0.432	0.002

（2）主成分分析法。在做林地质量分析评价时，统计分析的变量过多，会使统计分析复杂化，从而无法正确评价林地质量。主成分分析法可以将多指标化为少数几个综合指标，从而为把握林地质量变化的主要影响因素提供了科学的理论依据。

采用主成分分析法评价林地质量时，一般选取海拔、相对海拔、枯枝落叶层厚度、腐殖质层厚度、土壤厚度等立地因子及树高、年龄等林分因子，对立地因子直接和间接影响林木生长的途径和强度进行分析。为进行统计分析，需将不同年龄的待评价林地林分优势高按照 Houch 方程统一调整为统一年龄的树高。如根据落叶松生长周期确定其基准年龄为 25 年，得到落叶松树高调整方程如下：

$$\log H_i = \log h_i - 6.11056 \left(\frac{1}{25} - \frac{1}{A_i}\right)$$

$$\log H_i = a + b\frac{1}{A_i}$$

式中：H_i 为调整后的树高；h_i 为调整前的树高；A_i 为待评价林地的林分年龄；系数 $b=-6.1105$ 经回归分析确定的。

对于定性因子如坡向和坡位等，采用 0~1 反应表（表 5-13）将其量化。

根据标准化数据经计算调整，可以估计出林地因子对落叶松生长的影响模型，根据影响模型可以计算各林地因子对落叶松树高的总影响强度。

如某县各林地因子对落叶松树高生长的总影响强度如表 5-15 所示，则说明阳坡、半阴半阳坡、中坡对落叶松为有利影响，海拔、相对海拔、坡度、上坡对落叶松为不利影响，且随着坡位的升高，落叶松所受到的不利影响随之加强。

表 5-15　各林地因子对落叶松树高生长的影响强度

项目	海拔	相对海拔	坡度	阳坡	半阴半阳坡	上坡	中坡
总影响强度	-0.001	-0.006	-0.377	3.858	3.428	-0.113	1.821

根据各林地因子对落叶松树高生长影响强度的量化分析后，采用主成分分析法对数据进行消除相关性处理，根据各综合因子的贡献率，选择可代表原始数据的主成分，得出主成分数据矩阵，并对其进行规格化，从而得出林地质量分类指标。这种方法可以获得更全面深入的信息，弥补前述数量化理论 I 分析方法中回归系数显著性检验不通过的不足。

3. 林地结构分析

林地结构是在一定地域内林地资源质量组合的空间格局，或者说是在一定地域内林地资源及其子系统各组成成分之间的地域组合，即林地资源在空间上的组合结构。林地结构包括林种结构、起源结构、龄级结构、树种结构等。林地结构分析可分为结构多样化分析和结构集中化分析，以及不同林地利用类型地域组合结构分析。

（1）林地结构多样化指标分析。林地结构多样化指标是反映区域林地利用类型总体结构的重要指标。吉布斯—马丁（Gibbs-Martin）（1962）提出了多样化指数的概念及其计算方法，即：

$$G = 1 - \frac{\sum_{i}^{n} X_i^2}{(\sum_{i}^{n} X_i)^2}$$

式中：G 为多样化指数；n 为林地利用类型数量；X_i 为第 i 类林地利用类型面积。

若某地区的林地只有用材林地一种，则 $G=0$，多样化指数小；若某地区的林地的用途有多种，则 n 越大，G 越接近 1，当 $n \to \infty$ 时，多样化指数 G 达到最大值。

如 2016—2020 年某县各林种面积如表 5-16 所示，则该县 2016—2020 年林种结构多样化指数分别为 0.50、0.49、0.49、0.48、0.48。因此，该县 2016 年林种结构多样化指数最高，2020 年林种结构多样化指数最低。

表 5-16　2016–2020 年某县林地各林种面积情况

林种	2016 年	2017 年	2018 年	2019 年	2020 年
合计（公顷）	76660	76930	77765	77457	77106
防护林（公顷）	26545	26280	26251	25962	25322
特用林（公顷）	2704	2623	2334	2217	2205
用材林（公顷）	47411	48027	49180	49278	49579

（2）林地结构集中化指数分析。林地结构集中化指数分析可定量地说明林地利用集中化的程度，即：

$$I = \frac{A - R}{M - R}$$

式中：I 为区域林地利用集中化指数；A 为区域林地类型累计百分比之和；M 为林地集中于某一类型时，最大累计百分比总和；R 为高一层次区域各类用地累计百分比之和。

如某市（辖三县）地类结构如表 5-17 所示，则该市 R 值为 97.73，M 值为 600，依次带入林地结构集中化指数计算公式可得：A 县为 0.004，B 县为 -0.002，C 县为 -0.002。三县林地结构集中化差异不明显，其中 A 县集中程度相对较高。

表 5-17　某市林地各地类累计贡献率百分数及其总和

统计单位	乔木林地	竹林地	疏林地	灌木林地	未成林地	苗圃地	A
A 县	71.35	19.24	0.1	7.45	1.53	0.02	99.69

（续）

统计单位	乔木林地	竹林地	疏林地	灌木林地	未成林地	苗圃地	A
B 县	70.54	16.78	0.21	4.37	4.56	0.49	96.95
C 县	63.54	23.15	0.98	5.91	2.76	0.22	96.56
全市	68.48	19.72	0.43	5.91	2.95	0.24	97.73

（3）林地结构变化率分析。林地结构变化率是用以衡量林地利用结构变化程度的指标，其计算公式如下：

$$D=\sum_{i=1}^{n}|G_i-G_0|$$

式中：D 为结构变化率；G_i 为报告期 i 类用地结构（比重）；G_0 为基期该类用地结构（比重）。

2016 年和 2020 年某县林地权属结构如表 5-18 所示，则该县 2016—2020 年幼龄林、中龄林、近熟林、成熟林和过熟林的结构变化率分别为 -7.36、0.38、-2.32、6.9 和 3.16。

表 5-18　2016-2020 年某县各龄组比重

年份	幼龄林（%）	中龄林（%）	近熟林（%）	成熟林（%）	过熟林（%）
2016	55.10	18.22	15.39	9.14	2.15
2017	55.06	18.21	15.39	9.14	2.20
2018	48.70	14.12	17.13	15.81	4.24
2019	49.63	13.69	16.91	15.41	4.36
2020	47.74	17.84	13.07	16.04	5.31

4. 林地功能布局分析

林地功能分区是在国土空间规划统筹下，依据自然地理条件和林地利用情况的差异性、森林与环境的相关性、林业的基础条件与发展潜力，以及社会经济发展对林业的主导需求等，从可持续发展的高度，明确各功能分区的林业发展方向、功能定位和生产力布局。最优方法就是通过林地相关因子的筛选、数据标准化、聚类分析的方式进行林地功能布局分析。

（1）聚类分析法。聚类分析法是一种建立分类的多元统计分析方法，它能够将多个林地因子根据其诸多特征，按照性质上的亲疏程度在没有先验知识的情况下进行自动分类，产生多个分类结果。

在聚类分析中如何定量地表示变量之间的相似程度是一个非常重要的问题。常用表示相似程度的系数有距离系数和内积系数。距离系数有欧氏距离、绝对距离、Minkowski 距离、Chebyshev 距离、方差加权距离、马氏距离等多种计法，其中，最常用的绝对距离的计算公式如下：

$$d(x_i, x_j) = \sum_{i=1}^{p} |x_{ij} - x_{jk}|$$

最后选择适当的聚类方法。目前，常见的聚类分析方法有层次法和划分法。其中，层次法又可分为凝聚式和分裂式。凝聚式层次法指的是先将每个观测都归为一类，然后每次都将最相似的两个类合并成一个新的类，直至所有的观测成为一类或者达到所预定的分类条件为止；反之，分裂式层次法在聚类开始时就会将所有观测归为一类，接下来每次都把现有的类别按照相似程度一分为二，直至每一观测都各自成为一类或者达到所预定的分类条件为止。划分法是指在开始阶段指定某几个类中心，接下来通过计算将每个观测暂时归到距离其最近的类中心所在的类，并且不断调整类中心直至收敛。

如某县将国土空间分区、行政区划、地貌、海拔、林种、相对地理位置、国土"三调"地类等因子进行充分考虑，通过数据分析软件进行整理、分析，将全县林地分为东部中低山商品林及生物多样性保护区、西部低山丘陵用材林水源涵养林区、中北部丘陵用材林经济林区和中南部中山、低山用材林区四个功能区，不同功能区间分异性明显，自然地理条件、林地利用情况、社会经济发展对林业的主导需求等得到了充分的反映，达到林地功能分区的基本要求。

（2）空间模型分析法。分析林地利用的各种空间关系除采用数学模型、文字说明来表达外，还可采用空间模型分析方法。

①图表法。在图上相应的位置用直方图、折线图、饼图等表示各因素的值。常用于区域经济、社会等多种因素的比较分析。

②等值线法。根据某因素空间连续变化情况，按一定的值差，将同值的相邻点用线条联系起来。常用于单一因素的空间变化分析，如地形等高线图、交通可达性分析等。

③方格网法。根据精度要求将研究区域划分成方格网，将每一方格网的被分析的因素的值用规定的方法表示（如颜色、数字、线条等）。常用于人口的空间分析、林地产出率分析等。此法还可以多层叠加，用于综合评价。

④几何图形法。用不同色彩的圆、环、矩形、线条等几何图形在平面图上调空间要素的特点与联系。

（二）应用分析实例

依据某县2016—2020年森林资源管理"一张图"数据，进行地类、林地质量、林地结构、林地功能布局分析。

1. 各地类情况

某县林地面积67895.53公顷，其中乔木林27856.76公顷，占比41.03%；竹林39026.18公顷，占比57.48%，其他灌木林地166.04公顷，占比0.24%；疏林地373.87公顷、占比0.55%；未成林造林地54.98公顷，占比0.08%；苗圃地408.98公顷，占比0.60%；采伐迹地8.71公顷、占比0.01%（图5-2）。

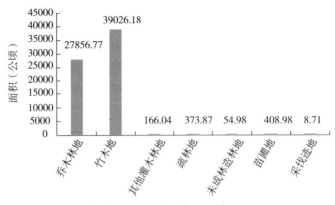

图5-2 某县地类面积情况

2. 林地质量情况

某县选取单位面积蓄积量、坡度、坡向、坡位、海拔、土层厚度等因子进行数量化理论Ⅰ分析。首先利用Excel将数据整理为数量化理论Ⅰ方法所能使用的（0,1）化数据，再利用SPSS软件中的线性回归功能建立单位面积蓄积量与林地因子之间的多元线性回归。根据计算结果，用偏相关系数评定各项目的贡献大小，结果见表5-19。结果表明，影响单位面积蓄积量的主要因子是土层厚度、坡度、坡向、海拔，坡位是次要因子。

表5-19 林地因子在单位面积蓄积量预测中的贡献表

项目数	各项目贡献值				
	土层厚度	坡度	坡向	海拔	坡位
5	0.672	0.661	0.313	0.281	0.105
4	0.670	0.648	0.291	0.243	
3	0.643	0.617	0.247		
2	0.617	0.601			
1	0.494				

根据数量化表相应得分值划分林地质量，所得结果见表5-20。

表5-20 某县林地质量情况统计

林地质量等级	面积（公顷）	占比（%）
1	4725.83	6.96
2	5701.84	8.4
3	41007.78	60.4
4	11980.74	17.65
5	4479.34	6.6

3. 林地结构情况

林地结构包括起源结构、林种结构、龄组结构、树种结构、布局结构等，能充分反映林地保护与利用情况。合理调整林地结构，优化林地资源配置，促进充分发挥林地各种功能效益。

（1）起源结构。全县天然林地53200.45公顷，人工林地33116.05公顷，结构比为61.63∶38.37（图5-3）。

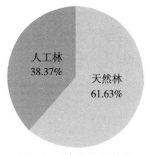

图5-3 某县起源结构

（2）树种结构。乔木林27856.76公顷，其中，针叶林8448.33公顷，占全部乔木林的30.33%；阔叶林15818.63公顷，占56.79%；针阔混交林2742.60公顷，占9.85%；乔木经济林847.20公顷，占3.04%（图5-4）。

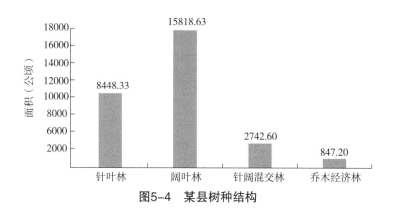

图5-4 某县树种结构

（3）龄组结构。乔木林中，幼龄林14708.34公顷，中龄林4296.28公顷，近熟林4824.76公顷，成熟林3080.59公顷，过熟林946.80公顷，结构比为52.8∶15.42∶17.32∶11.06∶3.4（图5-5）。

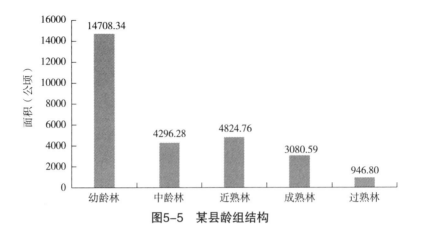

图5-5　某县龄组结构

（4）林种结构。全县公益林地、商品林地现状结构比为24.15∶75.85，生态功能重要的区域基本已区划为公益林地；防护林、特用林、用材林、经济林结构比为24.67∶0.54∶58.86∶15.93（图5-6）。

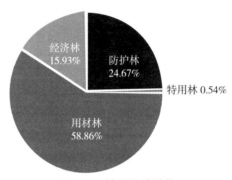

图5-6　某县林种结构

第六章　林地功能分区

第一节　概　述

一、概念

　　林地功能分区，是在分析行政区域内不同地区的功能定位、发展方位、发展现状、发展潜力和资源环境承载能力的基础上，根据区域发展和林地用途管制的要求，将本行政区域划分为若干个功能区片，在此基础上提出调控指标和措施，有针对性地制定管理政策，实行差别化管理。林地保护利用规划的核心是调整林地利用结构和确定林地利用布局，依据国土空间规划和全国林业区划，结合各区域自然地理条件，根据各区域特点确定全国林地利用方向和空间布局。我国幅员辽阔，规划区域内的自然和社会经济条件存在着区域差异性，林地利用的方式和结构受自然和社会经济条件的影响，也具有区域差异性，即林地利用的地域分异规律。为了充分发挥各地的林地资源优势，密切结合区域特点，提供因地制宜的科学规划，合理利用林地，必须以区域为基本单位，进行林地利用分区。从这个意义上说，林地利用分区就是根据地域分异规律，以林地利用现状和林地资源的适宜性为基础，根据林地利用条件、利用方式、利用方向和管理措施的相似性和差异性，将规划区内林地划分为不同的林地利用区域，为林地利用的调控和管理提供依据。林地利用分区揭示了林地利用结构客观发展的规律性，是林地利用规划的基本方法。

二、目的

　　（1）林地功能分区最直接的目的在于合理、科学、导向性地开发利用林地。即在查清林地资源、林地利用现状及社会经济条件的基础上，进行林地功能的归纳共性，区别差异，科学地综合研究，揭示区域性差异的客观规律。

　　（2）通过林地功能分区，阐明区域的自然条件、社会经济条件、林地资源优势，林地利用属性、结构、现状、特点、经验及问题，林地开发利用方向、潜力、途径和措施。

（3）结合国土空间规划的"三区三线"和全国林业区划，用以指导全国及区域林地开发利用的宏观决策，为制定全国林业生产发展规划提供重要的科学依据。

（4）林地功能分区最根本的目的在于增进林地利用的经济效益、社会效益和生态效益，促进国民经济的平衡发展与生态系统的良性循环。

三、类型

林地功能分区一般可以分为林地功能地域分区和林地功能用途分区。

林地功能地域分区是根据自然、社会、经济相结合的地域分异规律和林地功能条件、特征、发展方向及途径的相对一致性而划分的林地功能综合区域。地域分区是一项内容复杂、技术性很强的工作。地域分区涉及的内容极为广泛，不仅需要综合考虑规划区域的自然条件的分异规律、资源的区域特征、林地功能现状和社会经济发展水平的差异，还要结合社会经济发展规划和林地利用规划结构，进而揭示各地域特征，指出地域内的林地利用方向、结构与布局，确定用地控制区以及保护与改造的途径。地域分区应遵循综合分析与主导因素相结合的原则，林地质量差异原则、林地适宜利用原则和保持行政区划界线完整性原则。在市（县）国土空间规划分区、综合自然区划、综合农业区划、林地适宜性和林地自然生产力分区以及林地经济等级分区的基础上综合分析，突出主导因素的相似性，把条件近似的区域单元划入同一地域内。在一个地域内，林地的主导用途（一个或多个）和管理措施相对一致，在不同的地域之间，林地的主导用途和管理措施则存在明显的差异。

林地功能用途分区是指依据林地资源的特点、社会经济发展需要和国土空间规划的要求，按照同一林地功能管制规则划分林地功能用途区。林地功能用途区可以是空间上连续或不连续的区域，面积可大可小。林地功能用途分区的目的是为了指导林地合理利用，控制林地用途转变。

四、上一轮林地功能分区

（一）对行业内的林地功能分区

依据全国林业区划，结合各区自然地理条件，把全国划分为10个林地保护利用区域。根据各区域特点确定全国林地利用方向和空间布局。省级、县级林地利用布局也应分别区域调整优化，把调整空间利用结构、提高空间利用效率作为林地资源配置的重要着眼点，从空间布局上统筹好生态产品生产与物质产品生产的关系。

（1）大兴安岭区：严格保护水源区林地和现有原生林尤其是岭西北以兴安落叶松为主的原生林地。该区也是我国重要的战略性森林资源储备基地，适度对天然次生林进行保育，培育樟子松等珍贵树种。

（2）东北区：严格保护大兴安岭东部嫩江源头区和长白山南部辽河、鸭绿江、松花江等大江大河源头区林地，建设松辽平原农田防护林网；全面实施天然林保育，重点培育以红松针阔混交林为典型群落的大径级珍贵用材林基地，恢复我国最大的木材、非木质林产品生产加工基地和生态旅游、生态文化产业基地。

（3）华北区：严格保护燕山长城沿线、中部山区、黄土高原、黄河故道区、土石山区、太行山伏牛山一带江河源头等生态脆弱区的林地；集约经营低山区、丘陵区、汾渭谷地、辽东与胶东半岛环渤海湾、黄淮海平原等自然条件优越地区的林地，大力发展经济林、优质丰产用材林、生物质能源林、工业原料林基地，适度发展薪炭林。

（4）南方亚热带区：保护秦巴山区、喀斯特地貌区、云贵高原石漠化区等生态脆弱区林地；保护大熊猫等珍稀野生动物栖息地；在四川盆地及盆周区、长江中下游平原区以及沿海积极营造防护林，构建生态屏障；在低山丘陵区发展优质丰产用材林、珍贵树种大径级材和工业原料林基地，适度发展经济林地，建设商品林生产基地；在平原及东部沿海区发展经济林和工业原料林基地。

（5）南方热带区：严格保护现有热带雨林、红树林生态系统及自然保护区林地；在沿海地区营造防护林，构建生态屏障，加大风景林地保护管理力度；在水热条件优越的滇东南、滇南等地发展经济林，在珍贵树种丰富区域集约经营大径级用材林，集中发展工业原料林、生物质能源林基地。

（6）云贵高原区：严格保护生物多样性丰富区域尤其是滇西北区域的自然保护区、生物多样性热点地区和生态脆弱区域林地；在水热条件好的滇中等区域，发展优质丰产用材林、生物质能源林基地，适当发展薪炭林。

（7）青藏高原峡谷区：严格保护三江流域、川西、藏南等大江大河源头区、水土流失区及生物多样性富集区等高保护价值区林地；在雅鲁藏布江下游适宜区域，加大集约经营力度，培育以珍贵用材林和大径级材为主的木材生产基地。

（8）蒙宁青区：加强保护呼伦贝尔高原、锡林郭勒高原农牧区、阴山山地、黄河河套、鄂尔多斯高原生态林地，以农田草牧场防护林建设为重点，构建综合防护林体系；在大兴安岭东南丘陵平原、黄河河套、青东陇中等丘陵、盆地和平原区，发展商品林基地；以丘陵低山和宜林沙区为主的区域，大力发展生物质能源林基地。

（9）西北荒漠区：严格保护阿尔泰山、天山和准噶尔、塔里木、河西走廊、阿拉善高原荒漠区林地；结合资源优势发展沙产业基地和沙区经济林基地。

（10）青藏高原高寒区：严格保护江河源头区及昆仑山、阿尔金山、祁连山等野生动物主要分布区、生态脆弱的羌塘阿里高寒荒漠区、沙区荒漠区林地；集约经营河流两岸和河谷自然条件较好的林地，营造防风林、薪炭林、能源林地；柴达木盆地和藏南谷地发展部分经济林地。

（二）对征占用的林地区域差别化管理

上一轮林地保护利用规划对征占用林地的区域实行差别化管理规划将区域划分为四大主体功能区，包括优化开发区域、重点开发区域、限制开发区域和禁止开发区域。

（1）积极保护并扩展优化开发区绿色生态空间。严格控制优化开发区建设用地，特别是工矿企业使用林地。限制占地多、消耗高的加工业、劳动密集型产业和各类开发区使用林地；支持高新技术产业、循环经济产业和现代服务业节约集约使用林地；通过造林绿化、生态治理等措施，加快城乡绿化一体化建设。

（2）支持重点开发区发展与生态建设同步推进。积极支持城镇化、工业化及城市基础设施建设用地需求，支持主导产业及配套建设、循环经济产业占用林地，尽力保障中心城市建设对林地的需求；限制高能耗、高污染产业占用林地。鼓励建设高标准森林公园、郊野公园，建设宜居环境；加强粮食产区、水源区、沿海区域生态林和农田林网建设，构建生态屏障。

（3）保障限制开发区生态用地需求。适度支持环境友好型的特色产业、服务业、公益性建设及资源环境承载能力较强的中心城镇建设使用林地；禁止可能威胁生态系统稳定、生态功能正常发挥和生物多样性保护的各类林地利用方式和资源开发活动；严格控制林地转为建设用地，逐步减少城市建设、工矿建设和农村建设占用林地数量；通过生态脆弱区和退化生态系统修复治理，积极扩大和保护林地，逐步增加森林比重。

（4）严格保护禁止开发区的林地资源。严格控制人为因素对禁止开发区自然生态的干扰，严禁任何有悖于保护目的的各项林地利用活动，禁止开发区内各类建设项目确需占用林地的，要组织论证评估，尽量缩小使用林地规模。禁止各类项目占用Ⅰ级保护林地。

五、相关分区的借鉴

（一）中国森林立地类型分区

立地类型是指地域上不相连接，但立地条件基本相同，林地生产潜力水平基本一致的地段的组合，也是森林立地分类的基本单位。立地分类是林业用地立地条件和林地生产潜力的自然分类；而立地类型是按立地分类系统实行分类的最终成果。中国森林立地类型分区：一是东北寒温带温带立地区域；二是西北温带暖温带立地区域；三是黄土高原暖温带温带立地区域；四是华北暖温带立地区域；五是西南高山峡谷亚热带立地区域；六是南方亚热带立地区域；七是华南热带亚热带立地区域。

（二）中国林业发展区划分区

中国林业发展区划的主要目的是摸清不同区域的林业发展条件，明确不同区域的林业发展方向和主导功能。统筹谋划林业生态产品、物质产品和生态产品的生产力布局，调整完善林业发展政策和经营措施，正确引导林业发展走向，提高林业建设质量，逐步形成人口、经济、资源、环境相协调的现代林业格局，优化林业有序发展。中国林业发展区划采用三级分区体系。

一级区：为自然条件区，旨在反映对我国林业发展起到宏观控制作用的水热因子的地域分异规律，同时考虑到地貌格局的影响。通过对制约林业发展的自然、地理条件和林业发展现状进行综合分析，明确不同区域今后林业发展的主体对象，或者林业发展战略方向，如开发、保护、重点治理等。全国共划分10个一级区：一是大兴安岭寒温带针叶林限制开发区；二是东北中温带针阔混交林优化开发区；三是华北暖温带落叶阔叶林保护发展区；四是南方亚热带常绿阔叶林、针阔混交林重点开发区；五是南方热带季雨林、雨林限制开发区；六是云贵高原亚热带针叶林优化开发区；七是青藏高原东南部暗针叶林限制开发区；八是蒙宁青森林草原治理区；九是西北荒漠灌草恢复治理区；十是青藏高原高寒植被与湿地重点保护。

二级区：为主导功能区，以区域生态需求、限制性自然条件和社会经济条件对林业发展的根本要求为依据，旨在反映不同区域林业主导功能类型的差异，体现森林功能的客观格局。全国共划分 62 个二级区。

三级区：为布局区，包括林业生态功能布局和生产力布局。旨在反映不同区域林业生态产品、物质产品和生态文化产品生产力的差异性，并实现林业生态功能和生产力的区域落实。全国共划分 501 个三级区。

（三）森林经营规划分区

依据全国主体功能区定位和《中国林业发展区划》成果，遵循区域发展的非均衡理论，统筹考虑各地森林资源状况、地理区位、森林植被、经营状况和发展方向等，把全国划分为大兴安岭寒温带针叶林经营区、东北中温带针阔混交林经营区、华北暖温带落叶阔叶林经营区、南方亚热带常绿阔叶林和针阔混交林经营区、南方热带季雨林和雨林经营区、云贵高原亚热带针叶林经营区、青藏高原暗针叶林经营区、北方草原荒漠温带针叶林和落叶阔叶林经营区等 8 个经营区。

（四）国土空间规划统筹下的林地功能分区

国土空间规划分区中的林地分布于生态保护与保留区（核心生态保护区、生态保护修复区、自然保留区）、生态控制区、农田保护区、城镇发展区（城镇集中建设区、城镇弹性发展区、特别用途区）、乡村发展区（村庄建设区、一般农业区、林业发展区、牧业发展区）、海洋发展区（渔业用海区、交通运输用海区、工矿通信用海区、游憩用海区、特殊用海区、海洋预留区）和矿产能源发展区等。

（五）优化新一轮林保规划的功能分区

以国土空间规划为指导，以林地利用方向与途径的相似性和差异性对林地进行区域划分，科学制定区域林地利用方向，合理确定林地利用结构，提高林地的森林覆盖率和集约化经营水平，促进区域林业生态建设。

1. 布局原则

按照国土空间规划分区及其管控类型、管控措施及地类构成，明确林地的具体空间功能特点，确定林地空间功能，其空间布局应反映县域内不同区域林地生产力和生态功能的差异性，承接和传导省级林地保护利用规划及同级空间规划的意图，遵循全域全覆盖、不交叉、不重叠的基本原则，为本行政区域内的林地保护与利用做出总体安排和综合部署。

以省级林地保护利用规划的林地功能分区为指导，参考县域国土空间规划功能分区，并结合必要的补充调查，分析区域间的差异性和区域内的一致性；根据区域生态重要性等级和生态脆弱性等级确定生态区位等级；根据森林资源规划设计调查成果相关资料和木材及非木材产品供需统计资料，分析林地生产力现状、林业产业规模、林产品需求的满足程度,以及区域优势和发展潜力;在以上分析的基础上,按照主导功能和利用方向,将林地划分为地域上连片、主导功能相对一致的若干个功能区,提出分区林地保护利用的方向和途径。

2. 分区命名

林地功能分区按从上到下、从左到右的顺序进行排序;林地功能分区的命名规则为地名(地理位置)+分区的主要特征(包括二级林种或特殊区域或代表产业或治理措施),如××水源涵养林功能区、××防风固沙林功能区。

第二节 方 法

目前,我国林地用途管制制度还不完善,对林地用途管制分区的理论和方法研究较少,以往划区方法基本采用德尔菲法,依靠专家和技术人员,根据林地的现状用途和规划用途分区。采用的其他方法还有叠图法、指标法、聚类分析法等。下面分别加以介绍。

一、德尔菲法

本法是一种定性的分区方法。基本含义是在对各种有关林地方面的资料和规划资料收集整理的基础上,根据林地所处的地形地貌、气候、土壤状况及林地利用条件,将林地性能相对一致、林地利用状况相近的图斑组合到一起,划分出多个分区单元,或以林地利用现状图的图斑作为分区单元。根据国土空间规划对林地用途的要求,结合林地的适宜性评价结果,专家凭借对林地利用状况研究积累的经验,对每个单元的用途提出自己的意见,技术人员汇总各个专家的建议,得出不同林地单元的林地用途。这种方法的关键环节是专家的理论水平和对当地林地利用状况的熟悉程度,专家水平越高,对区域林地状况越了解,分区结果就越接近实际。

二、叠图法

本法是将同比例尺的林地利用现状图、国土空间规划图等图件叠加,基本一致的图斑形成的封闭图斑即为有一定林地用途的图斑,若图斑面积小于最小上图面积则应进行归并。具体做法是根据各有关部门已有的图件资料,如林地利用现状图、林地保护利用规划图、林业区划图、林业发展规划图、重点工程布局图等,在对各种图件整理、核实的基础上,将它们依次叠加在一起,对原有的各种分区界线的套合情况进行分析判断,将全部重叠或基本重叠的界线可直接作为林地利用分区的界线,不重叠部分则要分析这些林地的主要用途是什么,这种用途与周围哪个区的林地用途一样或更相近,就划归到哪个区。这种方法的关键技术环节是不重叠界线的处理问题,由于不同的区域大小涉及各个部门的利益,如何用最优的方法选出双方都能满意的结果是问题的关键。

三、指标法

这是一种定性与定量相结合的方法,本方法的具体过程:第一步,收集资料,分析整理资料,利用现有资料,划分分区单元。第二步,选取指标,赋予权重,计算分区参数。指标的选择分两类:一类为林地利用结构指标;另一类为林地评价的质量指标。选择指标的基本原则:指标要有代表性,能较好反映区域林地利用特点;要有稳定性,能反映林地的固有性能。权重指某一指标在与各个指标相比较后所占有的权利,权利越大,所占的权重也越大。权重分别确定后,把上述两类指标参数按其权重对应相加,即计算出某一林地单元的参数。第三步,对计算的分类参数进行归类,划区,形成用途区。

照此计算方法,可以进行多指标类推,参与的指标越多,计算就越复杂,分区的结果准确性就越高。

四、聚类分析法

这是一种定量的分区方法。本方法的基本原理是"物以类聚",即把一些相似程度较大的指标集合为一类。将聚类分析法用于林地用途分区,把众多的指标合在一起,还可以将主导因素给较大的权重,做到既全面又突出重点,提高了分区的科学性。

聚类分析法是数理统计学中研究多因素的一种客观分类法。目前,在分区方面得到应用的有星座图聚类、谱系图聚类、模糊聚类、最大树聚类等。现以星座聚类法为例阐述聚类法的分区过程。

星座聚类法是图解多元分析法中较为简便易行的一种分区方法。基本原理是将每一个样点按一定数量关系,点在一个半圆之中,一个样点用一颗"星点"来表示,同类的样点便可组成一个"星座",然后,勾画并区分不同星座界线,就可以进行分区。星座聚类法的基本内容:

(1)建立分区指标体系。以1:10000的国土空间规划图和森林资源管理"一张图"为工作底图,以图斑或组合图斑划分分区单元,每一个单元为一个样点,单元要既能反映土地的主导用途,又不宜太多。单元划分后,根据划区需要,选择能代表各区林地资源特点和保护利用状况的因子作为分区指标,指标可依据不同的林地用途选择不同指标,也可依多种用途选择一类指标,但一定要结合分区区域的实际。指标确定后,需收集各单元的数据资料(原始数据)。

(2)进行数据处理。将各类指标的原始数据进行极差变换,并将变化后的数值化为角度(或弧度),使其变换后的数据落在0°~180°的闭区间内,计算公式如下:

$$O_{ij} = \frac{X_{ij} - X_{j_{min}}}{X_{j_{max}} - X_{j_{min}}} \times 180°$$

式中:O_{ij}为第i个样点第j个指标变换后的角度数据;X_{ij}为第i个样点第j个指标原

始数据；$X_{j_{max}}$ 为全部样点中第 j 个指标的最大值；$X_{j_{min}}$ 为全部样点中第 j 个指标的最小值。

（3）指标值赋权重。对每项指标根据其对分区变化的影响程度分别赋予权重，权数大小根据指标的重要性确定，其一项指标越重要，给予的权重越大，$0 < W_j < 1$。计算公式如下：

$$\sum_{j=1}^{p} W_j = 1 \quad [j=1, 2, 3, 4, \cdots, p（指标个数）]$$

（4）对各指标值进行直角坐标计算。即利用极坐标与直角坐标的变换关系，先算出每一个点的 X、Y 值，然后将各点的指标的 X、Y 值对应相加，即得各点的坐标值。计算公式如下：

①将极坐标参数方程转换为直角坐标：

$$X_{ij} = W_j \cos O_{ij}$$
$$Y_{ij} = W_j \sin O_{ij}$$

②直角坐标系中，第 i 个样点坐标如下：

$$X_i = \sum_{j=1}^{p} W_j \cos O_{ij}$$

$$Y_{ij} = \sum_{j=1}^{p} W_j \sin O$$

③制作星座图。由于数据进行了极差变换，且 $W_i=1$，所以，计算的结果必然落在上半圆中，根据 X、Y 的值，在图上量出相应的距离，就可确定每个点在图上的位置。

④计算指标综合值。将原始数据进行极度差变化后，已变为归一化数值，这一数值反映了每一样点的某项指标在全部该项指标中所处的"位置"，即高、中、低。若将该样点的每项指标值经极差变换后所得数值（不变为角度或弧度）加权综合起来，便得到这个样点的指标综合值 Z_i，计算公式如下：

$$Z_j = \sum_{j=1}^{p} O_{ij} W_j \quad (0<Z_i<1)$$

式中：Z_i 为第 i 个样点的指标综合值；W_j 为第 j 个指标的权重。

$$O_{ij} = \frac{X_{ij} - X_{j_{min}}}{X_{j_{max}} - X_{j_{min}}}$$

式中：O_{ij} 为第 i 个样点第 j 个指标的极差变换值。

根据指标综合值的大小，可对样点的优劣程度有个初步分析。

⑤利用最优分割法进行分析。把各样点的指标综合值依大小排序，得一有序数列，将这个数列利用最优分割法进行数量分类。最优分割法的基本要求是使同类的样点指标方差之和最小，不同类的样点指标方差之和最大。再参照各个点的实际和规划资料进行

修正，则产生不同的用途区域。

第三节 步 骤

不同的分区方法，其操作过程有异，各地在划区过程中，要根据当地的林地资源特点和收集到的资料情况，选择适宜的分区方法。根据各自的区域特点确定各区林地保护利用方向和重点，优化林地资源配置，把调整空间利用结构、提高林地利用效率作为林地资源配置的重要着眼点，从空间布局上统筹好生态产品生产与物质产品生产的关系。现以县级林地用途分区为例，阐述林地用途分区的方法与过程。

一、分区划线

（一）图件资料齐全地区的分区划线处理方法

此类型县应当充分利用现有的各种图件，采用以叠图法为主，聚类法、德尔菲法为辅的分区方法。分区步骤：

（1）检查图件，做好所用图件的前期处理。该方法是建立在图件资料完善可靠的基础之上的。因此，对收集到的各种图件，首先要进行全面检查，对比例尺不一致的图件要进行缩编，统一到与工作底图一致的比例尺上；对界线不清晰的要进行标描、清绘，防止叠图中出现误差；对局部折损、丢漏的图纸，要重新调绘，确保资料的完整无缺；对界线暂有争议的，要组织有关部门协商，避免在分区完成后出现更大的矛盾；对多次、不同年限完成的图件，尽可能采用最近年份完成的图件，保证图件的现实性。

（2）叠加图件，确定国家和省批准的界线。国家作为公共利益的代表，林地用途管制是国家对林地利用的一种强制管理。凡国家批准的一些特殊的用地区域，一般不可随意改变，因此，当这些区域界线与其他界线发生矛盾时，国家批准的界线常常作为分区界线，其他区域界线只能处于服从的地位，这类分区界线只有经政府批准同意后才可改变。通常，国家和省批准的用途区域有风景名胜旅游保护区、自然保护区（核心区、外围区）等。故在分区过程中，可以首先对这些区域予以肯定，以便减少叠图后多种界线互交，界线问题处理复杂造成的困难。

（3）图件套合，划定其他区域划界。

（二）图件资料不齐全地区的分区划线处理方法

图件资料不全，比例尺、绘图时间不一致，对此类型的地区，可采用聚类法为主、德尔菲法为辅的方法分区划界。

二、统计面积，清绘、整饰成果图

区域划定后，要以林地调查数据为基础，结合规划指标的调查结果，进行分区面积的量算和统计工作，做到面积数据与图斑大小相吻合。面积量算可采用求积仪法、网格法等。对完成的工作底图进行清绘、着色、整饰（加注图例、比例尺、图名、制图时间、单位等），形成成果图。

有条件的县（区）可用计算机辅助系统划区，或将土地用途分区图数字化，用微机制图，用计算机软件量测面积。

三、分区评述

面积统计完成后，要对各个用途管制区进行评述。内容包括：本区域的面积、林地质量、林地用途、管制措施及今后在林地保护利用与管理中需要注意的问题等，并编写出分区报告。

第四节　方案与实例

要想使分区结果既有科学的理论依据，又符合当地林地资源管理的实际，就必须制定科学的分区方案。方案内容包括：制定分区原则、依据、类型。

一、分区原则

分区原则是划区的基本准绳，也是分区过程中处理各种矛盾的重要依据。一般来讲，在分区过程中，应坚持以下原则：

（1）保护生态环境原则。环境问题是关系到人类生存质量的大事。保护生态环境是林地合理利用，体现公众利益的一个重要方略。

（2）林地集约利用原则。一方面，我国人多地少，林地资源紧缺；另一方面，林地利用中又存在林地资源闲置、撂荒等问题。林地利用由粗放型向集约型转变，是我国社会经济发展的客观要求，也是我国林地利用的重要途径。

（3）因地制宜原则。我国幅员辽阔，各地区自然、社会、经济条件千差万别，并直接影响着林地利用的方向、方式、深度和广度，使林地利用形成明显的地域差异。因此，林地用途管制分区应结合各地区自然和社会经济条件，充分考虑各地的具体情况，制定符合当地林地资源实际的林地用途管制分区方案，增强林地用途管制分区的实际应用效果。在分区类型、指标、方法、用途管制规则等方面均要体现地方特点。

（4）公众参与原则。在林地用途管制分区过程中，需要采用所涉林地利用部门的规划等资料，需要与他们对出现的矛盾进行反复协调，需要与各乡镇、村的干部和群众进行广泛的交流，需要到实地去核对林地的利用状况。最终形成的林地用途分区结果。因此，分区过程是公众参与的过程，是宣传、落实用途管制措施的过程，只有公众的参与，才能制定出公众认可和接受的分区方案。

（5）一致性原则。一是林地用途与规划用途的一致性。在分区划线时，要紧紧围绕林地保护利用规划对林地用途的要求，不可随意改变规划用途。二是保持本区内林地的主导用途、限制用途、可转化用途的一致，避免同一区内林地用途交叉，限制用途模棱两可，转换用途含糊不清。

（6）行政和图斑界线完整性原则。分区划线的目的是为了科学有效地控制林地用途。因此，在分区划线的过程中，既要避免将同一权属的林地分割为多种不同的用途，尽可能不打破行政权属界线；又要避免将一个完整的图斑分割为不同的用途区，还要注意交通干线、工程管线、构筑物走向、自然地形界线的完整性，以于林地管制措施的连续贯彻。

二、分区依据

（一）国土空间规划分区

林地保护利用规划是在国土空间规划分区的基础上，综合考虑行政区划、地貌、海拔、林种、相对地理位置、国土"三调"地类等因子的基础上划分的，这是分区的必要依据。

（二）相关规划和区划

区域内已有的规划和区划是划区的参考依据，有关部门编制的各种规划反映了各行业对林地利用的特殊要求，代表了一定时期林地利用的合理性，要尽量采纳。

（三）林地的资源分布特点

林地利用现状分析评价、本区域的自然、社会经济资料也是分区的基本依据。在分区中，要充分考虑林地的资源特点、利用状况、适宜用途，因地制宜地区划。

（四）林地需求分析

在符合国家、省（自治区、直辖市）、县级林地保护利用规划、用地政策的前提下，各级的分区布局和面积数量要尽量满足各部门发展对林地的需求，做到分区结果各部门都能接受，使林地用途分区真正为本区域的经济发展起支撑和保障作用。

分区技术标准是划区的直接依据，在分区过程中制定的技术指标，是分区方案的具体化，应按此操作。

三、分区类型应用实例

某县依据县域内不同区域自然条件和社会经济发展水平、林地生产力和生态功能的差异，以及区域优势和发展潜力，以地域分布和地形地貌状况、林地经营利用条件两个因素作为分区的主导因子，打破乡镇行政界限，尽量保持村界完整，以融合小班为基础，并使用 ArcGIS 的分组分析工具直接进行聚类分析，确定林地功能布局。

（一）分类方法与参数设计

使用 ArcGIS 的分组分析工具直接进行聚类分析，确定林地功能布局。分析时建立了唯一 ID 字段（整形），主要参数设置如下：

（1）分区数量（组数）。选择多次实验中分组表现最优的数字，本县选择 5。

（2）分析字段（主导因子）。选择国土空间分区、行政区划、地貌、海拔、林种、相对地理位置、国土"三调"地类。

（3）空间约束条件。选择"NO_SPATIAL_CONSTRAINT"，意为只使用数据空间邻域法对要素进行分组。要素不是必须在空间或时间上互相接近，才能属于同一个组。

（4）初始化方法。选择"FIND_SEED_LOCATIONS"，意为选择种子要素以便优化性能。

（二）区划分类结果

该县应用聚类分析辅助林地功能分区，将县域林地划分为 5 个分区，即：西南部低山水源涵养区、南部山地森林生态旅游区、东北部丘陵生态控制区、西北部丘陵生态经济区和中部河谷绿色城镇区。如图 6-1 所示。

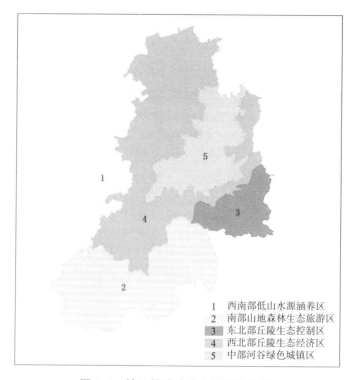

图6-1 某县林地功能布局聚类分析

由图 6-1 可见，该县的林地功能分区整体呈现了"3U"林地空间格局，从"三生空间"（生态 – 生产 – 生活）看：

东北部丘陵生态控制区、南部山地森林生态旅游区和西南部低山水源涵养区组成外围 U 形环，整体由外围山脉构成，形成包围整个县域空间的生态屏障，是该县的生态空间。

西北部丘陵生态经济区作为环绕安吉城区的生态缓冲 U 形环，是该县兼顾生态、生产多种用途的生产空间。

中部河谷绿色城镇区作为城区中心 U 形环，是该县经济发展、森林城市建设重点生活区域。

（三）林地功能分区规划概况

国土空间规划分区与林地功能分区的关系见表 6-1。鉴于林地保护利用规划是在国土空间规划分区的基础上开展的，并综合考虑了行政区划、地貌、海拔、林种、相对地理位置、国土"三调"地类等因子，因此林地功能分区是符合国土空间规划的要求的，其关系是相互协调的。

表 6-1　林地功能分区与国土空间规划分区对照

林业分区	生态空间（公顷）			农业空间（公顷）		城镇空间（公顷）			合计（公顷）
	生态保护红线区	生态保护控制区	一般生态保护区	一般农业农村发展区	永久基本农田保护区	城镇弹性发展区	城镇集中建设区	城镇特别用途区	
西南部低山水源涵养区	5130	3679	2760	8918	407	24	79	0	20997
南部山地森林生态旅游区	15162	4934	1402	7614	396	295	514	0	30317
东北部丘陵生态控制区	4444	1800	832	1218	29	46	316	1001	9686
西北部丘陵生态经济区	1226	5581	4560	25309	2714	1777	6670	387	48224
中部河谷绿色城镇区	0	1347	696	6691	683	2290	5752	312	17771

各功能分区的范围、土地总面积、林地面积、森林面积和林地占比情况见表 6-2。

表 6-2　某县林地保护利用分区统计

分区名称	乡镇数（个）	村数（个）	土地总面积（公顷）	林地面积（公顷）	森林面积（公顷）	林地占比（%）
合计	35	169	126995	67895	66883	53.46
西南部低山水源涵养区	9	23	20996	14076	13977	67.04
南部山地森林生态旅游区	6	27	30317	24975	24885	82.38
东北部丘陵生态控制区	4	9	9685	8497	8475	87.73
西北部丘陵生态经济区	13	75	48225	17032	16432	35.32
中部河谷绿色城镇区	3	35	17772	3315	3114	18.65

林地保护利用规划与国土空间规划中的生态空间分区进行了充分衔接，并根据林地保护等级制定了严格的用途管制措施。分区林地保护等级的分布情况见表6-3。

表 6-3　林地保护等级与国土空间用途分区对照

林地保护等级		生态空间			农业空间		城镇空间		
		生态保护红线区	生态保护控制区	一般生态保护区	一般农业农村发展区	永久基本农田保护区	城镇弹性发展区	城镇集中建设区	城镇特别用途区
合计	面积（公顷）	24582	13388	7826	18047	26	1173	1788	1067
	占比（%）	36.20	19.72	11.53	26.58	0.04	1.73	2.63	1.57
Ⅰ级	面积（公顷）	954	15	1	32	0	0	3	0
	占比（%）	1.41	0.02	0.00	0.05	0.00	0.00	0.00	0.00
Ⅱ级	面积（公顷）	19324	707	116	1210	0	48	17	32
	占比（%）	28.46	1.04	0.17	1.78	0.00	0.07	0.03	0.05
Ⅲ级	面积（公顷）	3604	11089	5142	10443	2	752	939	917
	占比（%）	5.31	16.33	7.57	15.38	0.00	1.11	1.38	1.35
Ⅳ级	面积（公顷）	700	1577	2567	6362	24	373	829	118
	占比（%）	1.03	2.32	3.78	9.37	0.04	0.55	1.22	0.17

(四)林地保护利用分区规划内容

1. 西南部低山水源涵养区

(1)区域范围。该区位于该县西南部,包括 9 个乡镇 23 个村,区域土地面积 20996 公顷,林地面积占全区土地总面积的 67.04%。

(2)林地资源现状。现状林地面积 14076 公顷,森林面积 13977 公顷,区域森林覆盖率较高。

(3)利用条件分析。该区域地形以低山丘陵为主,地势西南高东北低,西南高而多崇岭。四周山峰海拔在 500~800 米,山脉多为东西走向,形成沟冲山岭相间的地形。区域内水资源丰富,大中型水库均分布于此。土壤类型主要有红壤、黄壤等。红壤主要分布于海拔 600 米以下的低山丘陵;黄壤主要分布于海拔 600 米以上的山地。同时,人文景观资源汇集,是水源涵养林、森林文化体系建设的重点区域。

2. 南部山地森林生态旅游区

(1)区域范围。该区位于该县南部,包括 6 个乡镇 27 个村,区域土地面积 30317 公顷,林地面积占全区土地总面积的 82.38%。

(2)林地资源现状。现状林地面积 24975 公顷,森林面积 24885 公顷。整体森林植物种类丰富,生物种属南北兼蓄。

(3)利用条件分析。该区域地形以山地丘陵为主,山峦重叠,切割深度大,相对高度在 100~1600 米,境内山峦起伏,并由此形成了众多山涧河谷,森林风景资源极其丰富。土壤类型主要有红壤、黄壤等。红壤主要分布于海拔 600 米以下的低山丘陵;黄壤主要分布于海拔 600 米以上的山地。

3. 东北部丘陵生态控制区

(1)区域范围。该区位于该县东北部,包括 4 个乡镇 9 个村,区域土地面积 9685 公顷,林地面积占全区土地总面积的 87.73%。

(2)林地资源现状。现状林地面积 8497 公顷,森林面积 8475 公顷。

(3)利用条件分析。该区域地形以丘陵岗地为主,地势南北高、中间低,南北为丘陵、中间为岗地。四周山峰海拔在 500~800 米。区域内竹林和茶叶资源丰富,是该县茶叶的主要产区。

4. 西北部丘陵生态经济区

(1)区域范围。该区位于该县西北部,包括 13 个乡镇 75 个村,区域土地面积 48225 公顷,林地面积占全区土地总面积的 35.32%。

(2)林地资源现状。现状林地面积 17032 公顷,森林面积 16432 公顷。区域北部主要以农田苗圃为主,森林资源主要集中在区域东部和南部,整体森林覆盖率不高。

(3)利用条件分析。该地区地貌以丘陵为主,北部为平原,岗地和带状山谷平地、小块盆地相间其中。该区地势平缓,土层深厚,日照丰富,适宜集约经营展开,是该县苗木和粮食的主要产区。南部为丘陵岗地,是该县美丽乡村建设的重点区域。

5. 中部河谷绿色城镇区

(1)区域范围。该区位于该县中部,为城区主要范围,包括 3 个乡镇 35 个村,区域土地面积 17772 公顷，林地面积占全区土地总面积的 18.65%。

（2）林地资源现状。现状林地面积 3315 公顷，森林面积 3114 公顷。区域西部为该县城区，东面主要为茶叶主产区，是全县林业用地比例较低的一个区域。

（3）利用条件分析。该区以平原、丘陵为主，地势平缓。是该县政治、经济、文化、交通的中心，城市化特质明显，人口密度大，建设项目多、规模大，人地矛盾较突出。在空间发展结构上是该县的主中心和工业镇。该区河谷地面积大，良田阡陌，高产农田多集中于此。该区域的林业优势是地势低、坡缓、土厚、热量丰富，便于集约经营，是发展经济特产林地主要区域，是特色经济特产的重要产区。该区域也是县域的核心区，城市发展对林地具有较大的建设用地需求。

（五）保护利用措施

1. 西南部低山水源涵养区

该区的主要功能是以水源涵养和发展毛竹产业为主，一方面要加强对重要水源的水质保护，对饮用水源地生态保护区的生态公益林的管护，同时通过林分改造、封山育林等措施，加大以水源涵养、水土保持为主的生态公益林建设力度；另一方面，基于区域功能要求，结合该县产业基础、资源禀赋的优势，巩固发展毛竹林基地实施毛竹定向改造，以及培育山核桃、香榧等名特优经济林基地。此外，利用优美的自然环境和丰富的人文资源，适度地开展森林文化休闲旅游。

2. 南部山地森林生态旅游区

该区是天然林、重点公益林重点分布区域，是该县的"生态屏障"，是生物多样性保护和大气环境质量调节的重点地区，同时也是水土流失重点预防保护区和自然、人文景观资源的重点保护区。

一是要加强对江河源头生态保护区的生态公益林、天然林的管护，并通过林分改造、封山育林等措施，加大以水源涵养、水土保持为主的生态公益林建设力度，同时有条件的实施 25°以上陡坡地退耕还林，建设荒坡地水土保持林，治理水土流失，提高区域水土保持能力。

二是加快实施退化竹林阔叶化改造，对生态脆弱区域及生态红线内山高坡陡偏远地区的退化毛竹纯林，开展退化竹林阔叶化改造，营造竹阔混交林，提高阔叶林比率。

三是对重点森林风景区实施森林抚育、松材线虫处治等工程，采取彩化、阔叶化、珍贵化等措施逐步建立起景观优美、格局合理、功能健康的森林生态系统。

四是采取形式多样的保护措施，最大限度地保护好区内的自然环境、自然资源和自然景观。

3. 东北部丘陵生态控制区

该区的主要功能是以保护天然林资源、生态保育和保持林地发展空间发展。

一是严格保护天然林，对退化天然林开展补植补造、封山育林等措施，同时适当开展天然林经营，加强天然中幼林抚育，同时积极开展天然针叶纯林珍贵阔叶化改培，优化天然林树种结构。

二是加强对饮用水源地生态公益林的管护，并通过林分改造、封山育林等措施，加大以水源涵养、水土保持为主的生态公益林建设力度。

三是科学引导茶叶种植。通过科学规划、严格用途管制等手段，明确茶叶种植区域范围，坚决杜绝林农以利益为趋势，侵蚀林地，甚至占用天然林、公益林，随意改变林地用途。

四是利用优美的自然环境和丰富的人文资源，积极稳妥地开展森林休闲度假旅游。

4. 西北部丘陵生态经济区

该区北面以发展林特、用材林等产业为主，利用地广、土厚、坡缓便捷优势，重点发展大型乔木类园林苗圃业，在区域南面，依托国家级旅游度假区，精准提升森林质量，深度打造精品林旅融合，深化美丽乡村林相改造。

一是严格保护各类自然保护地和生态敏感区域，在严格保护生态环境的前提下，在适合区域深入开展精品林旅融合，重点培养乡村度假及森林体验。重点围绕美丽乡村周边，精准提升森林质量，打造重点彩色珍贵森林工程，同时依托各类森林景区，大力发展森林旅游及森林康养。

二是转型升级商品林地增效方式，以发展特色经济林为重点，以科技为先导，培育引进优质品种，提高果品质量；加强管理，提高集约化经营水平；延长产业链，提高综合经营效益。

三是优化苗木产业结构，利用长三角的区位优势和本地的优势特质，重点发展大型乔木类苗木基地。

四是加强饮用水源水质保护，有目的地经营和培育高质量、高密度、多树种、多层次的水源涵养林，优化区域森林群落结构和有林地树种结构，提高森林生态等级，提高林分的整体质量。

五是持续推动国土绿化行动，不断增加森林覆盖面积，在提升森林蓄积量同时，增强森林碳汇功能，推进以森林碳汇为主的区域性碳汇交易，引导全社会共同参与林业碳汇建设。

5. 中部河谷绿色城镇区

该区是该县人文社会活动主要区域，是全县经济社会和各产业的集中发展区。该区林地利用方向的切入点围绕国家森林城市建设，拓展重要廊道、城市、村镇的绿化、美化空间和平原农田防护林的生态建设，以及林特经济基地建设，营造、保护好人居环境。

一是结合一村万树、新增国土绿化等项目，见缝插绿，做好林网林带，积极拓展挖掘绿色空间，重点深化一批美丽乡村、森林镇村。

二是以河流、高速、省道、绕城公路、主要观光带等两侧为重点线路，以健康森林、珍贵树种、森林抚育为重点内容，以示范林、示范点、示范单位为建设亮点，合理布局，体现特色，科学构建森林景观系统。

三是着重发展花卉苗木、名优水果、良种茶苗等都市型林业，强化管理和品牌建设，促进产供销，增加林农效益

四是从服务于经济社会发展的大局出发，转为建设用地的林地在开发利用过程中，做到依山依势开发，避免大填大挖，同时保护好有特殊价值的森林，能保留则应尽量保留。

第七章 林地保护规划

第一节 概 述

林地保护规划是指对一定时期内林地保护的计划和安排,是规划期内全面和严格保护林地的重要指南。具体而言,根据区域生态文明建设需求和当地自然、经济、社会条件,分析林地资源的保护现状与特点,对该区域内林地资源的保护进行时空上的总体安排和具体部署,包括保护规划宗旨、目标任务、内容构架、全面保护措施等与林地数量、质量和生态空间密切相关的内容。

一、宗旨

林地保护规划的宗旨是林地的全面和严格保护,旨在寻求和选择林地资源保护的重点空间、最佳用途、结构、保护方式和途径,本质是为确保林地数量不减少,林地质量不下降,林地生态空间不破坏,从而巩固林地在维护国土生态安全中的核心地位,最大程度地发挥林地的生态效益。包括林地用途管制、林地生态修复、林地占补平衡、保障补充林地等内容的规划。

二、目的与任务

《中华人民共和国森林法》第十五条规定:"应当依法保护和合理利用森林、林木、林地,不得非法改变林地用途和毁坏森林、林木、林地。"第三十六条规定:"国家保护林地,严格控制林地转为非林地,实行占用林地总量控制,确保林地保有量不减少。各类建设项目占用林地不得超过本行政区域的占用林地总量控制指标。"可见,林地保护规划的目的在于严格控制林地转为非林地,不得非法改变林地用途和毁坏林地,确保林地保有量不减少。

林地保护规划任务主要是以下三方面:一是实现以数管地,确保林地保有量不减少;二是实现以图管地,确保林地生态空间;三是以规划管地,确保林地质量等相关林地属性;四是制订并落实全面和严格保护林地的措施。

第二节　林地数量保护

一、概念

林地数量保护应充分考虑生态文明建设对林地的客观需求，结合国土空间规划，对县域内林地保有量进行分析测算，合理确定相关目标指标。林地数量保护要以林地总量控制为准则，着重强调对林地保有量进行控制，从减少林地使用和增加补充林地数量两方面来考虑，注重保护重点林地、引导节约集约用地和积极补充林地。以往，通过退耕还林工程建设，以及对石漠化沙化土地、工矿废弃地、生态重要区域的生态治理，有效补充了林地数量；通过严格林地用途管制，严厉打击毁林开垦和违法占用林地等行为，有效减少了林地逆转流失数量，林地的数量保护取得了一定的成效。可见，林地数量保护的核心就是确保林地保有量不减少。

二、林地保有量规划

（一）林地保有量基数

以国土空间规划确定的林地规划基数为总控，依据区域林地实际情况，落实区域内的林地保有量，确定林地保有量基数。

（二）林地面积消长趋势

分析林地面积的消减量，为确定规划期末林地保有量提供依据，一是根据以往占用征收林地数量，预测规划期内建设项目对林地的需求情况；二是结合国土空间规划中明确的造林绿化空间"落地上图"情况，按照生态文明建设的需求，确保林地保有量不减少的准则，研判林地增长方式和增长量。

（三）补充林地

积极探索封育恢复、造林绿化、修复生态等增加林地资源的多种途径，进而预测规划期内补充林地的来源与数量。

（四）实现林地保有量的目标、任务与措施

1. 林地保有量的目标

以林地保有量基数为参照，依据区域林地保有量的消长变化规律、区域生态文明建设的需求，合理确定规划期内不同时间节点的林地保有量规划目标。

2. 林地保有量的任务分解

围绕实现林地保有量目标，就"开源"与"节流"两大方面分解落实规划期内不同

时间节点的林地面积的具体任务：

（1）增加林地面积的任务与措施。主要是通过积极补充林地及其他土地的林业生态修复两方面来实现增加林地面积的任务。增加林地面积主要通过以下措施：一是做好纠错变更，对于国土调查成果为非林地，但依据森林资源管理"一张图"等成果属于国家级和省级公益林地、天然林地、退耕还林工程的林地、国有林地，经调查核实后可优先纳入补充林地规划。二是拓展补充林地空间，对于国土调查成果中的其他土地等，经与空间规划衔接后作为补充林地。

（2）控制林地灭失的任务与措施。主要是通过加强林地用途管制（严格限制林地转为建设用地、严格控制林地转为其他农用地），加强临时用地的林地恢复和退化林地的生态修复等两方面来实现控制林地灭失的任务。控制林地灭失主要通过以下措施：一是加强林地定额管理，各类建设项目占用林地不得超过本行政区域的占用林地总量控制指标，矿藏勘查、开采以及其他各类工程建设，应当不占或者少占林地，确需占用林地的，应当经县级以上人民政府林业主管部门审核同意，依法办理建设用地审批手续。二是落实林地占补平衡，建立补充林地储备库，确保林地保有量不减少。

三、补充林地来源

为确保林地保有量不减少，在控制建设项目占用林地总量指标的同时，补充林地成为必要。2014年，我国在福建部分县（市）率先启动林地占补平衡工作；2022年，国家林业和草原局正式批准在江西省开展林地占补平衡试点工作。

通过保障补充林地，确保新增补充林地入库数与项目建设占用林地数总量平衡。在补充林地时，试点单位根据预测的规划建设项目使用林地规模，组织技术力量开展拟新增林地调查，选择已植树造林或天然更新、自然生长林木的非林地、已恢复植被的废弃工矿或村庄、在非林地上建成的绿化苗木基地、苗圃地等和其他补充林地等作为补充林地来源，对补充林地统一执行调查与申请、核实与公示、确认与发证、入库与建档的扩增程序。从试点实践看，林地占补平衡实施情况总体良好，既缓解了当地占用征收林地定额不足的问题，又有效保护了林地，实现了林地保有量不下降，在一定程度上保障了森林覆盖率、林木蓄积量双增目标的实现。

在国土空间规划大背景下，森林、草地、湿地数据与国土"三调"数据融合工作基本完成，补充林地的来源需从以下几方面考虑：

（1）国土"三调"为非林地，实际属于国有林场或国有林区范围内有法定林地林权证等不动产登记证的林地。

（2）国土"三调"为非林地，实际属于建设项目非法占用或毁林开垦的林地。

（3）国土"三调"为非林地，但属于已获取财政补助的重点林业生态工程的国家级及省级公益林地、天然林地、退耕还林地等。

（4）经适宜性评估纳入到造林绿化空间的其他土地（园地、盐碱地、沙地、裸土地），废弃矿山拟绿化用地，以及国土空间规划转入的林地。

对于补充林地，地方林草主管部门应按照相关技术规程进行核实调查，经检查验收后，按规定程序纳入林地管理。

四、应用实例

（一）林地基数

某县源于林地落界成果的林地基数为 249495 公顷，占国土总面积的 85.13%。森林总面积 234649 公顷，森林覆盖率为 80.07%，见表 7-1。

表 7-1 林地现状统计

公顷

统计单位	起源	土地总面积	林业用地								未成林造林地	无林地	宜林地	辅助用地	非林地
			合计	有林地			疏林地	灌木林地							
				小计	乔木林	竹林		小计	灌木经济林	其他灌					
合计	合计	293064	249495	226302	171788	54514	305	10454	8347	2107	11615	775	22	22	43569
	天然	141378	141378	139133	90448	48685	138	2107	1	2106					
	人工	151686	108116	87169	81340	5829	167	8347	8346	1	11615	775	22	22	43569
**镇	合计														

（二）林地保有量目标

在全面分析林地现状基础上，统筹考虑建设项目占用征收林地现状与需求，同时考虑补充林地的来源，对接上位规划，确定到 2020 年，林地保有量为 250685 公顷，见表 7-2。

表 7-2 林地保有量目标

公顷

项目	2009 年基数		2020 年目标		2020 年目标增量	
	省下达	县规划	省下达	县规划	省下达	县规划
林地保有量	249494	249494	250630	250685	1137	1190
占用征收林地			1395	不超定额		

（三）主要任务

1. 控制林地灭失

按照该县规划期内新增建设用地规模，以及使用林地的占比，测算规划期内占用征收林地总规模为 3699.70 公顷。符合上位规划占用征收林地的测算结果并控制在林地定额范围内。

2. 保障补充林地

比对该县林地现状和目标情况，可知规划期内需增加林地面积为1190.76公顷。

分析该县补充林地的来源，主要是通过退化土地治理（废弃矿山修复）方式补充林地。对补充林地需按照适地适树的原则，及时造林绿化，加强抚育管理，提高林木成活率，有效增加林地面积。

第三节 林地质量保护

一、概念

林地质量保护的核心是保护林地产出生态、经济和社会效益的物质基础。这种物质基础通常是指反映林地质量的林地地力，其外在表现形式是林地生产力，内在表现形式是林地生产潜力。林地生产潜力是林地自然要素相互作用所表现出来的潜在生产力，取决于林地的气候、土壤、地质地貌等因子。

林地质量评价多注重林地生产潜力的评价，即通过与林木生长直接相关的各项林地因子来评价林地质量。一般是根据相关林地因子对林木生长的贡献率来评价林地，进行林地质量等级划分，进而研判对应的林地质量保护措施。

二、评价与分等

林地质量评价是研究、掌握森林生长环境及经济环境对林地生产力影响的一个重要手段，是实现科学造林及经营森林的关键。

2011年颁布的《林地保护利用规划林地落界技术规程》（LY/T 1955—2011），规定了"林地质量等级评定方法"，根据与森林植被生长密切相关的地形特征、土壤等自然环境因素和相关经营条件，对林地质量进行综合评定。选取林地土层厚度、土壤类型、坡度、坡向、坡位和交通区位等6项因子，采用层次分析法，计算林地质量综合评分值，进而将林地质量评定为5个等级。

国内外对林地（立地）质量的研究源远流长，但总的发展趋势是从以单因子为变量发展到对多因子综合考虑分析；从单学科分析到多学科综合应用；从单纯考虑土壤肥力到结合气候等多因素进行定性与定量相结合的多角度分析；从现在的单一树种评价到多树种评价；从仅考虑有林地的质量到对无林地质量的分析，并做出适地适树的最优决策。这一系列的发展趋势表明林地（立地）质量评价研究取得了较大进展，但也还存在一些不足，主要表现在以下几个方面的问题。

一是无林地质量评价方面有所欠缺。只有对所有的林地（包括无林地）的林地质量进行准确评价，才能为无林地造林及正确经营决策提供理论依据。

二是现有林地质量评价多注重运用地位指数法，但对于评价后林地质量的保护和科学经营未作详细阐述。只有详尽阐述与林地质量相匹配的林地保护与科学经营措施，才能对林地可持续经营具有指导意义。

三是应探讨应用多种数学模型，并采用多种林地因子和林木生长指标，来综合评价林地质量，使林地质量评价更为科学。

三、应用实例

某县参照《林地保护利用规划林地落界技术规程》（LY/T 1955—2011）中的"林地质量等级评定方法"，结合本县实际，确定林地质量分等的主导因子主要是地形特征、土壤、植被及主要树种的立地指数等，具体制定了林地质量分等标准，见表7-3。

表7-3　林地质量相关因子等级划分

级别	地形	土壤	植被	立地指数 杉木/马尾松
Ⅰ级	中低山、丘陵坡中下部	中厚土层、中厚腐殖质层，壤土—轻黏土，松，潮湿	阔叶林、针阔混交林、杉木、毛竹群落、阴性蕨类、观音座莲、乌毛蕨、杜茎山、百两金、苦竹、五节芒、高芒萁群落、毛冬青、水团花、江南卷柏，盖度0.8~1.0	17 / 18
Ⅱ级	中低山、丘陵坡中下部或丘陵坡全部	中厚土层、薄腐殖质层或中厚腐殖质层，壤土—轻黏土，较紧，湿润—潮湿	阔叶林、针阔混交林、杉木、毛竹林、软杂灌群落、蕨类、乌毛蕨、狗脊、朱砂根、杜茎山、山龙爪、枪木、黄楠、山茶、苦竹、五节芒，盖度0.7~1.0	15 / 16
Ⅲ级	中低山、丘陵坡上部或丘陵坡全部	中厚土层、薄—中厚腐殖质层，壤土—黏土，紧，润—干	软杂灌、针叶林、马尾松、芒萁群落、小刚竹、檵木、黄瑞木、乌药、山矾、菝葜、映山红、白茅、芒，盖度0.5~0.7	12 / 14
Ⅲ级	中低山、丘陵坡中下部	薄土层、中厚腐殖质层，石砾质壤土、黏土，紧，润—湿润		
Ⅲ级	河谷低阶地	中厚土层、少腐殖质、沙质土，松散—较紧，润		
Ⅳ级	中低山、丘陵坡上部或丘陵坡全部	薄土层、薄—中厚腐殖质层，石砾质壤土，黏土，紧—极紧，干	软杂灌、荒山灌丛坡、马尾松、檵木、黄瑞木、野古草、菝葜、白茅、矮芒萁群落，盖度0.5以下	9 / 11
Ⅳ级	中低山、丘陵坡中下部或丘陵坡全部	薄土层、薄腐殖质层，石砾壤土、黏土，紧—极紧，润—湿润		
Ⅳ级	河谷低阶地	薄土层，少腐殖质、石砾质沙土，紧，干—润		

(续)

级别	地形	土壤	植被	立地指数 杉木/马尾松
V级	中低山、丘陵坡上部或丘陵坡全部；废弃露天采矿区、弃渣场	山地草甸土，石砾质土，石质土，土层厚度≤40厘米，腐殖质层极薄，黏土，极紧，干	硬灌木、灌草丛荒坡、五节芒草坡、杜鹃、小果蔷薇、金樱子、毛天仙果、琴叶榕、芒、莎草，盖度0.4以下	8以下
	中低山、丘陵坡中下部或丘陵坡全部；废弃露天采矿区、弃渣场	岩石裸露60%以上，急、险坡，石质土，石砾质土，土层厚度≤40厘米，几乎无腐殖质层		9以下
	河谷低阶地	岩石裸露60%以上，沙土或石砾质土，土层厚度≤20厘米，无腐殖质层		

根据林地质量综合评分值，划分为1级（17及17以上）、2级（15~16）、3级（12~14）、4级（9~11）和5级（9以下）5个等级。各林地质量等级具体情况分述如下：

（一）1级林地质量

面积54244公顷，占比21.74%；林地多位于中低山、丘陵坡中下部，交通条件好、人力资源密集，水热资源均比较丰富，属肥沃级林地。

（二）2级林地质量

面积99867公顷，占比40.03%。林地多位于中低山、丘陵坡中下部或丘陵坡全部，交通条件较好、人力资源较密集，水热资源也比较丰富，属较肥沃级林地。

（三）3级林地质量

面积76081公顷，占比30.49%。林地多位于中低山、丘陵坡上部或河谷低阶地，交通条件较好、人力资源、土壤资源及水热资源等均较1、2级林地质量差，但杉木、马尾松立地指数仍可达12~14，属中等肥沃级林地。

（四）4级林地质量

面积16818公顷，占6.74%。林地多位于中低山、丘陵坡上部或河谷低阶地，但土层及腐殖质层较薄且石砾含量较高，交通条件、人力资源及水热资源等均较差，属瘠薄级林地。

（五）5级林地质量

面积2485公顷，占比1.00%。立地条件极差，土层极薄（20厘米以下）、腐殖质层极薄（3厘米以下），岩石裸露地占60%以上，坡度级为急险坡的林地，属极瘠薄级林地，见表7-4。

表7-4 林地质量等级情况

统计单位	类别	合计	1级	2级	3级	3级	5级
现状	面积（公顷）	249495	54244	99867	76081	16818	2485
	比例（%）	100.00	21.74	40.03	30.49	6.74	1.00
规划	面积（公顷）	250686	54794	100563	76071	16785	2473
	比例（%）	100	21.86	40.12	30.35	6.7	0.99
**镇	现状						
	规划						

第四节 林地生态（空间）保护

一、概念

林地生态保护指的是通过生态区位确定林地保护等级，落实相应的保护、利用、管理措施。林地保护等级是实施林地差别化管控的基础，与林地用途管制、林地经营等政策措施紧密相关。应坚持全面保护与突出重点相结合的原则，根据生态脆弱性、生态区位重要性以及林地生产力等指标，对林地进行系统评价定级。林地保护分级的方法：①以乡（镇、场）为单位，在林地利用分类的基础上，以小班作为基本单元，按标准划分林地保护等级。②根据林地的保护等级，落实相应的保护管理措施。

二、保护与分级

上一轮林地保护利用规划和《国家林业和草原局关于印发〈新一轮林地保护利用规划工作方案〉和〈新一轮林地保护利用规划编制技术方案〉的通知》中均将林地保护等级从高等级向低等级，依次确定为Ⅰ级、Ⅱ级、Ⅲ级和Ⅳ级。林地保护等级分级情况对比见表7-5。

由表7-5可见，现行林地保护等级划分标准，是在国土空间规划统筹下，紧密结合生态保护红线、自然保护地整合优化、天然林保护修复、森林分类经营等涉及的重要林地生态空间，本着保护优先与合理利用相结合的准则，对原有林地保护等级划分标准进行了重大调整。

表 7-5　上一轮林保规划与现行规划林地保护等级分级标准对比

保护等级	涵义及划分标准	
	上一轮林保规划	现行规划
Ⅰ级	是我国重要生态功能区内予以特殊保护和严格控制生产活动的区域，以保护生物多样性、特有自然景观为主要目的。包括流程1000千米以上江河干流及其一级支流的源头汇水区、自然保护区的核心区和缓冲区、世界自然遗产地、重要水源涵养地、森林分布上限与高山植被上限之间的林地	我国重要生态功能区内予以特殊保护和禁止人为活动的区域。国家公园和自然保护区的核心保护区、饮用水水源一级保护区内的林地
Ⅱ级	是我国重要生态调节功能区内予以保护和限制经营利用的区域，以生态修复、生态治理、构建生态屏障为主要目的。包括除Ⅰ级保护林地外的国家级公益林地、军事禁区、自然保护区实验区、国家森林公园、沙化土地封禁保护区和沿海防护基干林带内的林地	我国重要生态调节功能区内予以严格保护和限制经营利用的区域。国家公园和自然保护区的一般控制区内的林地，Ⅰ级保护林地范围外的国家级公益林地、天然林保护重点区域的林地、生态保护红线范围内的林地
Ⅲ级	是维护区域生态平衡和保障主要林产品生产基地建设的重要区域。包括除Ⅰ、Ⅱ级保护林地以外的地方公益林地，以及国家、地方规划建设的丰产优质用材林、木本粮油林、生物质能源林培育基地	维护区域生态平衡和保障主要林产品生产基地建设的重要区域。Ⅰ级、Ⅱ级保护林地范围外的公益林林地、天然林林地、重点商品林林地
Ⅳ级	是需要予以保护并引导合理、适度利用的区域。包括未纳入上述Ⅰ、Ⅱ、Ⅲ级保护范围的各类林地	保障主要林产品供给、需予以保护并引导合理、适度利用的区域，及以上情况以外的林地。未纳入上述Ⅰ、Ⅱ、Ⅲ级保护范围的各类林地

对于Ⅰ级保护林地，流程1000千米以上江河干流及其一级支流的源头汇水区、世界自然遗产地、重要水源涵养地、森林分布上限与高山植被上限之间的林地不再作为限制条件纳入保护范围，而是将国家公园核心保护区和饮用水水源一级保护区内的林地纳入范畴。根据上期规划实施情况，原纳入保护范围的世界自然遗产地等由于实行全面封禁保护，禁止生产性经营活动，禁止改变林地用途，保护措施十分严格，而这些区域又往往与风景名胜区相重叠，极大地限制了政府对这些区域实施开发、保护、修复和管理。新标准根据当下自然保护地体系建设重点和《生态保护红线划定指南》，将国家公园核心保护区和饮用水水源一级保护区的林地纳入Ⅰ级保护，实行全面封禁保护，各类建设项目不得使用，使得划分标准更加科学合理。

对于Ⅱ级保护林地，军事禁区、国家森林公园、沙化土地封禁保护区和沿海防护基干林带内的林地不再纳入保护范围，国家公园一般控制区内的林地、天然林保护重点区域的林地和生态保护红线范围内的林地被纳入保护。为贯彻习近平生态文明思想，国家对以国家公园为主体的自然保护地体系建设、天然林保护修复、生态保护红线划定工作的重视程度与日俱增，对林地的保护重点也从某些特定区域转移到国家公园、生态保护红线范围以及天然林，对国家公园一般控制区内的林地、天然林保护重点区域的林地和生态保护红线范围内的林地实施局部封禁管护，鼓励和引导抚育性管理，改善林分质量和森林健康状况，确保生态功能不降低。

对于Ⅲ级保护林地，国家、地方规划建设的丰产优质用材林、木本粮油林、生物质能源林培育基地不再纳入保护范围，Ⅰ级、Ⅱ级保护林地范围外的天然林林地、重点商品林林地被纳入保护。上一轮规划对重要的商品林地划分过细，新标准将其重新归纳为重点商品林林地，并将Ⅰ级、Ⅱ级保护林地范围外的天然林林地纳入Ⅲ级保护，突出强调了天然林保护。

对于Ⅳ级保护林地，两者的划分标准是一致的。

三、林地分级管理

按照不同的林地保护等级对林地采取对应的保护措施，有利于更好地对林地进行管理。上一轮林地保护利用规划期间，为规范建设项目使用林地审核和审批，严格保护和合理利用林地，促进生态林业和民生林业发展，2015年国家林业局发布了《建设项目使用林地审核审批管理办法》，突出体现了如何保护林地的重要空间和如何在征占用林地时依据林地分级管理的规定限制林地使用，从而达到保护林地的目的，明确规定了占用和临时占用林地的建设项目应当遵守下列林地分级管理的规定：

（一）各类建设项目不得使用Ⅰ级保护林地。

（二）国务院批准、同意的建设项目，国务院有关部门和省级人民政府及其有关部门批准的基础设施、公共事业、民生建设项目，可以使用Ⅱ级及其以下保护林地。

（三）国防、外交建设项目，可以使用Ⅱ级及其以下保护林地。

（四）县（市、区）和设区的市、自治州人民政府及其有关部门批准的基础设施、公共事业、民生建设项目，可以使用Ⅱ级及其以下保护林地。

（五）战略性新兴产业项目、勘查项目、大中型矿山、符合相关旅游规划的生态旅游开发项目，可以使用Ⅱ级及其以下保护林地。其他工矿、仓储建设项目和符合规划的经营性项目，可以使用Ⅲ级及其以下保护林地。

（六）符合城镇规划的建设项目和符合乡村规划的建设项目，可以使用Ⅱ级及其以下保护林地。

（七）符合自然保护区、森林公园、湿地公园、风景名胜区等规划的建设项目，可以使用自然保护区、森林公园、湿地公园、风景名胜区范围内Ⅱ级及其以下保护林地。

（八）公路、铁路、通讯、电力、油气管线等线性工程和水利水电、航道工程等建设项目配套的采石（沙）场、取土场使用林地按照主体建设项目使用林地范围执行，但不得使用Ⅱ级保护林地中的有林地。其中，在国务院确定的国家所有的重点林区（以下简称重点国有林区）内，不得使用Ⅲ级以上保护林地中的有林地。

（九）上述建设项目以外的其他建设项目可以使用Ⅳ级保护林地。

本条第一款第（二）、（三）、（七）项以外的建设项目使用林地，不得使用一级国家级公益林地。

四、应用实例

某县根据生态脆弱性、生态区位置重要性以及林地生产力等指标，结合当地实际，按照相关标准，对林地保护等级进行系统评价定级。将全县林地划定Ⅰ级、Ⅱ级、Ⅲ级、

Ⅳ级 4 个保护等级。分级具体情况如下：

（一）现状分级保护林地面积

全县现状林地面积 249494.53 公顷。其中：Ⅰ级保护林地 9994.64 公顷，占现状林地面积的 4.01%；Ⅱ级保护林地 39270.82 公顷，占现状林地面积的 15.74%；Ⅲ级保护林地 95629.32 公顷，占现状林地面积的 38.33%；Ⅳ级保护林地 104599.75 公顷，占现状林地面积的 41.92%。

（二）规划分级保护林地面积

到规划期末，规划林地面积 250685.29 公顷。其中：Ⅰ级保护林地 10005.55 公顷，占规划林地面积的 3.99%；Ⅱ级保护林地 39411.15 公顷，占规划林地面积的 15.72%；Ⅲ级保护林地 95932.29 公顷，占规划林地面积的 38.27%；Ⅳ级保护林地 105336.30 公顷，占规划林地面积的 42.02%。

（三）分级保护措施

根据林地保护等级，制定相应的保护、利用和管理措施，确保林地资源稳定，提高林地利用效益。

1. Ⅰ级保护林地

主要是国家级自然保护区的核心区、缓冲区。

（1）对核心区采取禁止性保护措施。严格禁止在核心区内开展除管护、观察、监测之外的一切人为活动；严禁任何采集、采伐和狩猎行为；禁止非特许人员进入核心区；实行全面封育，使核心区尽可能地保持其自然原生状态，排除任何外来的影响和干扰；不得转为建设用地。

（2）对缓冲区采取限制性保护措施。严格限制缓冲区内的人为活动内容、范围和强度；限制进出缓冲区的人员和数量；可适当开展科学研究以及科普、教学、考察等活动；原则上不得转为建设用地。

2. Ⅱ级保护林地

主要是国家级自然保护区的实验区，国家补助的重点生态公益林地。

（1）对实验区采取控制性保护措施。可开展试验研究、科技开发、教学实习、参观考察、多种经营和生态旅游等活动。

（2）对国家级重点生态公益林地进行严格保护。采用普遍封管，严格控制森林抚育、更新采伐等生产性森林经营活动，一般情况不得转为建设用地；如需转为建设用地时，必须严格按照《占用征用林地审核审批管理规范》实行严格审核审批。

3. Ⅲ级保护林地

主要是除Ⅰ、Ⅱ级保护林地以外的地方公益林地，以及用材林中速生丰产林基地、毛竹林基地、短轮伐期用材林地等重点商品林地。

（1）除Ⅰ、Ⅱ级保护林地以外的地方公益林地，允许开展一些以提高森林生态系统稳定性和改善生态功能为主的森林抚育经营活动；如需转为建设用地时，必须严格按照

《占用征用林地审核审批管理规范》审核审批；在规划期内，可通过林地结构调整，使该区域生态公益林地面积平衡。

（2）对于丰产毛竹林基地、笋竹两用毛竹林基地和短轮伐期用材林地等重点商品林地，按商品林进行经营活动，并实行相关林地保护措施，严禁非法使用和毁林开垦等破坏行为；要加强集约经营水平，提高林地利用效率和效益；原则上不得用于非林建设；林种结构调整时，必须报林业主管部门审批。

4. Ⅳ级保护林地

主要是指需予以保护并引导合理、适度利用的区域，包括未纳入上述Ⅰ、Ⅱ、Ⅲ级保护范围的各类林地，多为一般商品林地。主要是在不破坏林地生态的前提下实现科学经营。

第五节 林地恢复规划

一、概念

林地恢复规划指的是摸清灾毁、退化、临时占用以及被毁林开垦林地的情况并实施恢复措施。例如，由于基础设施建设、采矿、非法占用、非法开垦等原因造成的退化土地，可通过逐步实施退化土地治理、林地恢复措施等将其恢复为林地。

二、灾毁林地恢复

应在摸清灾毁林地的数量与分布的基础上，提出符合当地实际的恢复措施，尽快恢复林业生产条件。

三、退化林地修复

应在摸清退化林地数量与分布的基础上，提出符合当地实际的修复和遏制林地退化措施，尽快恢复林业生产条件。

四、临时占用林地恢复

对临时占用林地期满后未恢复林业生产条件的，应查清数量与分布，制定规划，尽快恢复森林植被；对规划期内临时占用林地的，应提出森林植被恢复的监管措施。

五、毁林开垦林地恢复

应在摸清毁林开垦林地的数量与分布的基础上,制定限期还林规划,尽快恢复林业生产条件。

第八章 林地利用规划

第一节 概　述

林地利用规划是指对一定时期内林地利用的计划和安排，是规划期内合理利用林地的重要指南。具体而言，根据区域经济社会发展要求和当地自然、经济、社会条件，分析林地资源的利用现状与特点，对该区域内林地资源的利用进行时空上的总体安排和具体部署，包括利用规划宗旨、目标任务、内容构架、科学经营措施等与林地上的森林覆盖、生产力水平密切相关的内容。

一、宗旨

林地利用规划的宗旨是林地的合理利用，旨在寻求和选择林地资源的最佳用途、结构、利用方式和途径，本质是为提升林地上的森林数量和质量，从而挖掘林地资源的优势和潜力，能够最大程度地发挥森林的多种效益。包括对全域林地空间优化配置、调整结构、提升质量、综合利用等内容的规划。

二、目标与任务

按照林地保护利用规划的宗旨，林地利用规划的主要目标包括以下几方面内容：

一是尽可能增加林地上的森林覆盖，对应的规划目标是森林保有量。林地上的森林保有量越高，则林地上的森林覆盖率就越高，表明有效的林地利用率越高。具体任务包括：一方面要尽可能控制森林的灭失，主要是控制森林采伐和消耗、被毁森林的生态修复与更新；另一方面要补充森林来源，主要通过封山育林以及补充林地的造林绿化等措施。

二是尽可能提升林地上的森林质量，对应的规划目标是林地生产力。林地生产力越高，则林地上的森林质量就越高。具体任务包括：一方面是提升单位面积的森林蓄积量，主要通过控制采伐、营造和培育速生丰产林、中幼林抚育、森林抚育、低产低效林改造、集约经营等措施；另一方面优化林地（森林）结构，主要通过林相改造、改变树种结构等措施提高森林质量。

根据经济社会发展对林地的多功能需求,优化林地利用结构与空间布局,统筹生产、生态、生活使用林地需求,分区明确林地利用方向和重点,合理配置林地资源。提高林地利用效益,为实现林地科学管理奠定基础,确保如期实现林业发展战略目标,促进区域生态文明建设,助力实现碳达峰、碳中和,推动县域经济社会可持续发展。

三、林地利用率的演变

随着社会经济的发展和人口的不断增加,人类社会对木材及林产品的需求呈日益增长趋势,而林地资源却呈不断缩减之势,木材及林产品的供需矛盾日益突出。另一方面,森林毁灭后使生态环境恶化的事实,已影响甚至威胁人类的生存和发展,世界各国都不同程度地认识到森林在保护环境方面具有不可替代的作用,而且社会经济的发展,人们的需求层次也不断提高,更加重视森林的生态需求。在这一背景下,世界各国对林地资源利用由单纯追求获取木材及林产品为主的经济效益,转为获取经济效益和生态效益并重。

第二节 内 容

林地利用规划的内容主要包括:森林保有量、林地结构、林地生产力与森林质量等与林地利用率和林地效益密切相关的规划内容。

一、森林保有量规划

森林面积在林地上的占比越大,表明林地的利用率越高。林地上也有其他的利用,如林地上的商品产出、林地上的碳储量、林地的生态效益等。森林保有量规划主要是通过严格保护森林,迹地更新,森林占补平衡,确保森林面积逐步增加;科学经营森林,改善森林质量,提高林地生产力。

(一)森林保有量基数

以生态文明建设对森林的需求为指引,依据区域内林地落界成果,结合区域实际情况,落实区域内的森林保有量,确定森林保有量基数。

(二)森林面积消长趋势

分析森林面积的消减量,为确定规划期末森林保有量提供依据,一是参考森林采伐量。根据上一轮规划期内年均森林面积的减少量以及社会经济发展趋势预测本次规划期内森林面积年均采伐量；二是征占用收林地数量，预测规划期内征占用林地总面积，并按照现有森林面积占林地面积的比例，考虑更新情况，确定减少的森林面积。

（三）补充森林来源

森林面积增加途径主要为毁林开垦的森林恢复和封山育林等。一是毁林开垦的林地修复，采取生物和工程措施，增加林地涵养水源、保持水土的能力，逐渐恢复地力，修复林地，确定可补充森林面积；二是封山育林，通过控制采伐，封山育林，预测可补充森林面积。

（四）实现森林保有量的目标、任务与措施

1. 森林保有量的目标

以森林保有量基数为参照，依据区域森林保有量的消长变化规律、区域生态文明建设的需求，合理确定规划期内不同时间节点的森林保有量规划目标。

2. 森林保有量的任务分解

围绕实现森林保有量目标，就"开源"与"节流"两大方面分解落实规划期内不同时间节点的森林面积的具体任务：

（1）增加森林面积的任务与措施。主要是通过补充林地的造林绿化、低质低效林地的森林修复两方面来实现增加森林面积的任务。增加森林面积主要措施：一是积极植树造林，拓展绿色空间；二是加强低质低效林的修复，通过补植补造。

（2）控制森林灭失的任务与措施。主要是通过严格控制森林采伐并及时更新、严格控制建设项目占用森林两方面来实现控制森林灭失的任务。控制森林灭失主要措施：一是通过严格控制占用林地，少占或不占森林；二是严格执行森林采伐限额制度，控制森林采伐量，迹地更新补充森林。

二、林地结构优化规划

优化林地结构主要是为了促进林地科学管理，提高林地生产力，为建设生态文明和推动科学发展奠定坚实的基础。林地结构的优化规划内容包括：森林类别、起源、树种、龄组结构等方面的优化。一要统筹规划公益林地与商品林地，强调国家级公益林地与省级公益林地的比率，在林地质量较好地块培育高效、丰产林，优化生态产品与物质产品生产用地结构；二要积极保护修复天然林资源，确保天然林地保有量；三要加强树种和龄组结构的优化，科学经营森林。

（一）林地结构现状

对区域内林地结构现状，包括森林类别、起源、龄组、树种等结构进行分析，摸清林地利用情况。合理调整林地结构，优化林地资源配置，促进充分发挥林地各种功能效益。

（二）林地结构变化的趋势

为统筹规划公益林地与商品林地，根据国家、区域生态建设和经济发展的需求，合理调整国家和地方公益林地结构和一般商品林、重点商品林等商品生产林地结构，优化林地资源配置，满足林地多功能作用的发挥。在对林地资源结构现状分析基础上，以发挥最大综合效益为目标，分别构建林地利用结构优化模型系统。如采用层次分析法分别设计公益林地（重点公益林地、一般公益林地）与商品林地（重点商品林地、一般商品林地）结构优化判断矩阵，分别得出结构优化配置方案。

（三）林地结构优化的目标、任务与措施

1. 林地结构优化的目标

以森林类别、起源、树种、龄组基数为参照，依据区域林地结构的变化规律，以林地结构优化为准则，合理确定规划期内不同时间节点的森林类别、起源、树种、龄组林地结构优化目标。

2. 林地结构优化的任务分解

围绕实现林地结构优化目标，分解落实规划期内不同时间节点的森林类别、起源、树种、龄组等四方面的具体任务。

（1）森林分类经营任务与措施。生态公益林在维护和改善生态环境，保持生态平衡，保护生物多样性等有重要作用。一是根据生态保护的需要，将森林生态区位重要或者生态状况脆弱，以发挥生态效益为主要目的的林地和林地上的森林划定为公益林，要确保国家级和省级公益林地的面积及占比，并保障其他地方公益林面积；二是在不破坏生态的前提下，适度发展商品林，采取集约化经营措施，合理利用森林、林木、林地，提高商品林地的经济效益。

保护公益林主要措施：一是严格控制各类建设征用占用生态公益林地，不得擅自变更、改变林地用途。如确需改变林地用途的，必须依法办理征占用林地审核审批手续。二是为确保生态公益林面积不因使用林地而减少，凡依法经批准的使用生态公益林地，必须按照等量置换的原则，实行生态公益林地面积的占补平衡，补划公益林的地块要落实到具体的山头、小班和位置。三是提高公益林补偿标准。针对生态屏障区，生态区位极其重要，在考虑生态公益林补偿时应设立特别补偿标准。

（2）保护修复天然林任务与措施。天然林是森林资源的主体和精华，是自然界中群落最稳定、生物多样性最丰富的陆地生态系统。全面保护天然林，对于建设生态文明和美丽中国、实现中华民族永续发展具有重大意义。我国实行了天然林全面保护制度，严格限制天然林采伐，加强天然林管护能力建设，保护和修复天然林资源，逐步提高天然林生态功能。要确保天然林地保有量不减少，特别是加强天然林保护重点区域的保护

保护天然林资源主要措施：一是全面禁止天然林的商业性采伐；二是根据要求划定天然林保护重点区域；三是控制建设项目少占或不占天然林；四是加强天然林的修复，努力培育复层、混交、异龄林，构建健康稳定的生态系统。

（3）树种结构优化任务与措施。合理调整树种结构，主要是调整树种组成比例，降

低单一树种（特别是针叶树种）所占比例，丰富树种种类，增加树种混交程度，使森林逐渐向阔叶混交林发展。明确规划期内不同时间节点的树种结构的组成比例。如南方集体林区应调整马尾松等单一树种的比例，积极培育珍稀、名贵阔叶树种，努力增加混交林的面积比重，提升其蓄积量，提高林地生产力。树种结构优化措施：一是推进粗放、传统的经营模式向集约、近自然经营模式转变，加强对人工林树种结构的调整。二是加快培育高效、丰产人工林，通过抽针补阔、间种珍贵树种等措施，努力培育复层、混交、异龄林，维持森林复杂性和整体性，增强森林生态功能。

（4）龄组结构优化任务。合理调整龄组结构，以提高森林质量及生态防护功能，积极调整龄组结构，最终实现龄组结构至法正林理论中幼、中、近成过熟林面积和蓄积量合理比例。龄组结构优化采取措施：一是通过植树造林、迹地更新等措施增加林地面积，提高中幼林地比例；二是对现有幼林进行抚育，主要是通过透光抚育、生长抚育、卫生抚育等抚育方式促进林木生长，增强森林生态系统的防护效能，稳定森林群落结构；三是保护好中幼林的生长，尽量用成、过熟林满足采伐需求，促进森林系统更新，优化龄组结构。

三、林地生产力与森林质量提升规划

提升林地生产力与森林质量是维护国家生态安全的迫切需要、促进经济社会可持续发展的必然要求，也是应对气候变化的战略选择、增进民生福祉的有效途径。

（一）现状

以提升林地和森林质量为主要目的，客观分析区域内乔木林地单位面积蓄积量、森林总蓄积量以及林地上的高保护价值的森林，提升林地生产力的主要途径与潜力，确定林地生产力目标。

（二）变化趋势

分析各年度面积、蓄积量统计表的数据，统计分析森林小班各树种总蓄积量，单位面积蓄积量随年龄的变化规律，经整理后，列出建模用的基础数据。根据整理好的材料，分别树种（组）根据其年龄与蓄积量的相关关系，利用编制好的年龄—蓄积生长模型测算软件，由计算机分别对各树种（组）的数据进行拟合。以相关系数最大、剩余标准差最小，能满足精度要求的模型作为森林蓄积量生长的最佳模型；根据以上拟合的生长模型，计算各树种的平均年生长量。

（三）提升途径

提升林地生产力与森林质量的目的就是为了实现林地的可持续高质量利用。
主要任务包含以下几个方面：
（1）森林抚育。主要是调整中幼龄林树种组成和密度，改善林分卫生环境状况，促进林木生长，科学培育森林资源，发挥森林多种功能，使森林资源得到可持续发展的一项重要措施。通过森林抚育，使现有林木分布均匀、林相整齐、郁闭度合理，林分生长环境良好，从而更好地发挥了森林生态效益、社会效益和经济效益。将枯枝及病死木清除，改善了林木的营养空间、光照条件和生长环境，抑制了病虫害的滋生，促进林木的健康生长，为充分发挥森林多效功能打下了良好基础。通过森林抚育，以形成更为合理的森林群落结构，实现森林群落在人为干预条件下的林木蓄积的最优化、林木质量的最好化、生态防护的最大化，取得生态效益、社会效益、经济效益的有机统一，同时做好林地清理工作，消除火灾隐患。

（2）低质低效林改造。其主要措施：一是充分利用自然力，采取人工促进等有效措施，有计划、有步骤地对低质低效林进行改造；二是对于退化防护林，采取小面积块状皆伐更新、带状更新、林（冠）下造林、补植更新等方式进行修复，配置形成混交林，促进生态系统正向演替；三是对于低产用材林，采取更替改造、抚育间伐、补植补造等措施，增加珍贵树种、优质高效用材树种，不断优化林分结构，提高林地生产力；四是对于低产经济林，进行品种改良、土壤改良，加强水肥管理，及时整枝修剪、疏花疏果，促进增产。

（3）林相改造。一是通过营造混交林，增强生物多样性，培肥地力，促进中下层灌木及草类的生长，提高抵御外界不良环境的能力；二是针对林相改造小班内空地林窗，补植适宜生长、与原有林分相匹配的乡土和彩叶树种，使其与保留木相得益彰，对于新栽植的树木，要进行打桩固定，确保其成活率；三是割灌除草，对妨碍树木生长的灌木、藤条和杂草进行清除，可采取机割、人割等方式。为了利于调整林分密度和结构，注意保护珍稀濒危树木以及有生长潜力的幼树、幼苗。

第三节　应用实例

现以某县林地利用规划为例，就森林保有量相关的森林面积消减量、补充森林面积、净增森林面积，以及林地结构相关的起源、林种、树种、龄组等结构优化，就提升林地生产力和森林质量等具体内容进行规划。

一、森林保有量目标

该县森林保有量基数为 84648 公顷，规划期目标 85229 公顷，规划期内需净增森林面积 581 公顷。

（一）森林面积消减量

该县森林面积消减主要是采伐和占用征收林地等原因而灭失。一是采伐森林，年均森林面积（2011—2020 年）减少量合计为 2856 公顷；"十三五"森林采伐限额总量 85.43

万立方米，测算规划期内全县森林面积年均采伐量约2500公顷；二是占用征收，预测规划期内全县占用征收林地面积2699公顷，按照现有森林面积占林地面积的比例，并考虑更新情况，约减少森林面积199公顷。规划期内全县森林面积年均减少量约为19.9公顷。

（二）补充森林面积

森林面积增加途径主要为国土绿化和封山育林等。一是通过国土绿化，植树造林林地，可补充森林面积760公顷；二是封山育林，通过控制采伐，封山育林，可补充森林面积2887公顷。通过这两种最主要的方式共可补充森林面积3647公顷。

（三）净增森林面积

在考虑造林保存、灾毁等情况下，实际可净增森林面积2688公顷。

二、林地结构优化

（一）起源结构

1. 起源结构现状

2020年，全县天然林地141378.20公顷，人工林地（含其他林地）108116.33公顷，结构比为56.7∶43.3。

2. 起源结构规划任务

到2035年，努力保证全县现有141378.20公顷天然林地面积不减少，同时通过其他林地的造林更新，使人工林地面积和比重逐渐增加。到规划期末，全县人工林面积增加1190.76公顷。

（二）树种结构

1. 树种结构现状

乔木林171787.57公顷，其中，针叶林92298.62公顷，占全部乔木林的53.73%；阔叶林79488.95公顷，占46.27%。从现状看，该县树种结构不尽合理，针阔混交林面积太少。

2. 树种结构优化任务

适当增加针阔混交林面积；调整树种组成比例，降低马尾松等针叶树种比例，丰富树种种类，规划期末，使针叶林与阔叶林的比例优化为60∶40；努力培育针阔混交林，提高林地生产力。

（三）龄组结构

1. 龄组结构现状

乔木林中，幼龄林14725.11公顷，中龄林31335.63公顷，近熟林30274.39公顷，成熟林72535.71公顷，过熟林22916.73公顷，结构比为8.6∶18.3∶17.6∶42.2∶13.3。森林尤其是用材林多处于成熟林，幼龄林和中龄林面积相对较小，龄组结构不尽合理。

2. 龄组结构优化目标

积极调整龄组结构，最终实现龄组结构至法正林理论中幼、中、近成过熟林面积和蓄积量合理比例1∶1∶1和2∶3∶5。

（四）林种结构

1. 林种结构现状

全县公益林地、商品林地现状结构比为21.3∶78.7，生态功能重要的区域基本已区划为生态公益林地；防护林、特用林、用材林、经济林、能源林、其他林地结构比为16.5∶4.5∶70.3∶3.2∶0.0∶5.5。结构较为合理。

2. 林种结构优化措施和调整目标

（1）防护林、特用林。加强自然保护区核心区和缓冲区的林地、风景区林地、水源涵养林、水土保持林等生态公益林抚育管护，采取封育、补植等措施，补充林地面积，到2020年，保持防护林面积41313.47公顷；特用林面积11397.51公顷。

（2）用材林。加强抚育管护，及时更新造林，积极营建速生丰产和丰产竹林等重点商品林基地，到2035年，稳定现有用材林面积176259.39公顷不减少。

（3）经济林。积极发展木本油料林、板栗等名特优经济林，增加林产品附加值，提高林地生产力。到2035年，稳定现有经济林面积8059.43公顷不减少。

（4）能源林。随着农村生活能源结构的改变，对薪炭林的需求维持不变。到2035年，稳定薪炭林面积为30.54公顷。

三、林地生产力和森林质量提升

科学经营森林，提升林地生产力，提升途径为控制采伐、幼林抚育、低产林改造、集约经营等。

（1）控制采伐。规划期末涉及乔木林面积54405.12公顷，乔木林蓄积量提升至405.2万立方米，林地生产力从期初的81.5立方米/公顷提升至102.2立方米/公顷。

（2）幼林抚育。分析规划基准年内现有的中幼林面积，规划期内涉及乔木林面积10593.3公顷，乔木林蓄积量提升至58.7万立方米，通过抚育间伐，林地生产力从期初的55.2立方米/公顷提升至66.2立方米/公顷。

（3）低产林改造。规划期末涉及乔木林面积3716.99公顷，乔木林蓄积量提升至6.1万立方米，林地生产力从期初的13.2立方米/公顷提升至15.2立方米/公顷。

（4）集约经营。规划期末涉及乔木林面积5940.35公顷，乔木林蓄积量提升至39.47万立方米，林地生产力从期初的44.3立方米/公顷提升至58.6立方米/公顷。

综上，到规划期末年，通过控制采伐、幼林抚育、低产林改造、集约经营分别使乔木林蓄积量增加86.2万立方米、8.55万立方米、0.84万立方米、5.42万立方米；林地生产力合计提高9.31立方米/公顷。到2035年，乔木林面积达到87368.67公顷，乔木林地蓄积量482.33万立方米，较2021年增长114.8万立方米，单位面积蓄积量达到102.6立方米/公顷。

第九章　林地保护利用能力建设

近年来，城市扩张、工业园区、低丘缓坡开发、工业和城镇上山、新农村建设等工业化和城镇化处于快速发展阶段，建设用地需求量日益增多，特别是耕地指标、土地整治、增减挂钩等耕地保护措施给林地保护带来了明显的转移压力，林地保护与利用的矛盾日趋突出，对提升林地治理能力的要求愈发迫切。

第一节　林地管理与林地治理

林地管理是指林地的相关组织（个人）管理者通过实施计划、组织、领导、协调、控制等职能来协调林地保护利用的行为。林地管理是林地治理体系中重要的组成部分，也是森林资源保护管理工作的核心和重点。林地治理实质上是政府对林地的管理行为，是政府对林地的治理工具，是政府通过林地主管部门用以调节政府对林地保护利用的一种行为机制。可以理解为国家为维护土地所有制，调整林地关系，合理地组织林地的保护、利用、开发和改造，而实施的行政、经济、法律和工程技术等一系列措施的总称。

一、林地治理的发展历程

（一）以林地权属管理为主的阶段（1985—1998年）

以《中华人民共和国森林法》及其实施细则颁布实施为主要标志。这一阶段的主要内容主要包括五个方面：一是颁发林权证，确认林地所有权和使用权；二是确立了不占或少占林地原则；三是征占用林地133.33公顷以上报国务院批准；四是林业生产内部使用林地按上级主管部门批准文件执行；五是占用国有林地要向森林经营单位补偿实际损失。

第一阶段特点：林地管理起步阶段，各项林地管理法律法规和政策不完善，不同部门各自管理。林业部门负责林地权属登记管理、内部使用林地管理，国土部门负责林地征占用管理。林业部门管理林地的意识不断增强，但这一阶段总体来说林地流失比较严重。

（二）林地用途管制确立阶段（1998—2000 年）

以国务院印发《关于保护森林资源制止毁林》《中华人民共和国森林法修正案》通过和 2000 年《中华人民共和国森林法实施条例》颁布实施为主要标志。这一阶段的主要内容有七个方面：

一是开始实施林地用途管制。国务院 1998 年印发的《开垦和乱占林地的通知》指出，"严格实施林地用途管制。"

二是林业部门审核林地征占用。《中华人民共和国森林法》第十八条规定："进行勘查、开采矿藏和各项建设工程，应当不占或者少占林地；必须占用或者征用林地的，经县级以上人民政府林业主管部门审核同意后，依照有关土地管理的法律、行政法规办理建设用地审批手续。"

三是林业部门审批临时占用林地。《中华人民共和国森林法实施条例》第十七条："需要临时占用林地的，应当经县级以上人民政府林业主管部门批准。"

四是征占用林地缴纳植被恢复费。《中华人民共和国森林法》第十八条规定："用地单位依照国务院有关规定缴纳森林植被恢复费。"

五是明确征占用林地审核审批权限。《中华人民共和国森林法实施条例》第十六条"勘查、开采矿藏和修建道路、水利、电力、通信等工程，需要占用或者征收、征用林地的，必须遵守下列规定：（一）用地单位应当向县级以上人民政府林业主管部门提出用地申请，经审核同意后，按照国家规定的标准预交森林植被恢复费，领取使用林地审核同意书。用地单位凭使用林地审核同意书依法办理建设用地审批手续。占用或者征收、征用林地未经林业主管部门审核同意的，土地行政主管部门不得受理建设用地申请。（二）占用或者征收、征用防护林林地或者特种用途林林地面积 10 公顷以上的，用材林、经济林、薪炭林林地及其采伐迹地面积 35 公顷以上的，其他林地面积 70 公顷以上的，由国务院林业主管部门审核；占用或者征收、征用林地面积低于上述规定数量的，由省、自治区、直辖市人民政府林业主管部门审核。占用或者征收、征用重点林区的林地的，由国务院林业主管部门审核。（三）用地单位需要采伐已经批准占用或者征收、征用的林地上的林木时，应当向林地所在地的县级以上地方人民政府林业主管部门或者国务院林业主管部门申请林木采伐许可证。（四）占用或者征收、征用林地未被批准的，有关林业主管部门应当自接到不予批准通知之日起 7 日内将收取的森林植被恢复费如数退还。"

六是明确林业内部使用林地的范围。《中华人民共和国森林法实施条例》第十八条"森林经营单位在所经营的林地范围内修筑直接为林业生产服务的工程设施，需要占用林地的，由县级以上人民政府林业主管部门批准；修筑其他工程设施，需要将林地转为非林业建设用地的，必须依法办理建设用地审批手续。"

七是确立违法征占用林地处罚制度。《中华人民共和国森林法实施条例》第四十三条"未经县级以上人民政府林业主管部门审核同意，擅自改变林地用途的，由县级以上人民政府林业主管部门责令限期恢复原状，并处非法改变用途林地每平方米 10 元至 30 元的罚款。临时占用林地，逾期不归还的，依照前款规定处罚。"

第二阶段特点：林地管理制度政策取得重大突破，确立了林业部门管理林地的法律地位，林地管理工作有了重大转折，转入林业与国土分工协作管理林地新阶段。林地管理正式进入法制化轨道，林地管理能力显著加强。

（三）逐步完善阶段（2001—2010 年）

此阶段以《中华人民共和国刑法修正案》、司法解释为主要标志。这一阶段主要包括两个方面：

一是以《占用征用林地审核审批管理办法》及相关配套规定、规范出台为手段，审核审批林地征收占用有章可循。

二是根据《最高人民法院关于审理破坏林地资源刑事案件具体应用法律若干问题的解释》，违法征占用林地和违法审核审批林地量罪入刑。

第三阶段特点：林地保护管理法律法规进一步完善，林地审核审批步入正轨，林地保护管理手段有法律政策依据，林地保护管理得到有效加强，较前一阶段效果明显。

（四）全面加强阶段（2010 年至今）

此阶段以国务院《同关于全国林地保护利用规划纲要（2010—2020 年）的批复》为标志。这一阶段主要包括六个方面：

一是实行有针对性的差别化保护利用政策和经济调控手段，建立林地质量评价定级制度，分区、分类、分级确定林地保护利用方向、重点、政策和主要措施。

二是严格实施林地用途管制，严禁擅自改变林地性质和范围。严格控制建设项目使用林地的规模，国家每 5 年编制或修订一次征占用林地总额，并按年度分解到省（自治区、直辖市）。实行森林面积占补平衡。

三是将森林保有量、征占用林地定额作为政府目标考核的重要内容，建立并落实考核体系和考核办法。

四是林地管理全面实现"以数管地、以图管地、以规管地"。从"被动式发现、运动式整治、抽样式检查"转变为"主动式发现、常态化整治、全覆盖检查"。

五是森林资源管理模式的转变，从"以数管地"向"以图管地"转变；从"以图管地"向"以规划管地"转变，林地保护利用规划的属性因子不得任意改变；从"以规划管地"向更加重视"林地用途管制"转变，实现有效监管。

六是对建设项目使用林地规范进行了完善，出台了《建设项目使用林地审核审批管理规范》。

第四阶段特点：林地保护管理法律法规更加完善，管理工作有规可依，林地审核审批更为规范，林地保护有了定额与门槛，林地执法检查手段更为有力，保护效果更加明显（图 9-1）。

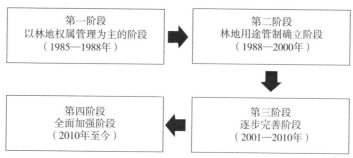

图9-1 林地治理的发展历程

二、林地治理的重要性

林业治理体系是建设生态文明和美丽中国的决定性因素。森林资源是核心，林地资源是根本。作为林业的重要物质基础，一方面离开了林地资源，林业就无立足之地。森林资源利用监管制度是推动林草事业发展的一项重要制度，完善林地治理体系和提升治理能力是完善和发展这项制度的有力措施。必须牢固树立绿水青山就是金山银山理念，坚持集约节约、合理高效利用林草资源，构建系统完备、科学规范、运行有效的林地管理制度，从思想观念、体制机制、政策措施等方面进行系统性变革，把我国林地管理的制度优势更好转化为治理效能，为实现林草事业高质量发展、建设生态文明和美丽中国提供有力保障。

加强林地保护管理，提高林地利用效率，提高森林资源承载能力，已经成为应对气候变化、发展现代林业的首要任务，对统筹人与自然和谐、保障国土生态安全、推进生态文明建设、实现经济社会可持续发展，具有下列重要而深远的意义。

（一）发挥林地多效益

要严格保护有林地和生态脆弱地区的灌木林地，严厉打击毁林开垦和违法占用林地，防止林地退化。通过生态自我修复和加大对石漠化沙化土地、工矿废弃地、生态重要区域的治理力度，有效补充林地数量。采取重点生态工程带动、激励社会力量广泛参与等措施，在宜林荒山（沙）荒地上造林绿化，恢复植被。充分发挥森林的生态、经济和社会效益，为经济社会可持续发展奠定坚实基础。

（二）实现林地永续利用

坚持严格保护、积极发展、科学经营、持续利用的方针，统筹协调林地保护与利用的关系，坚持优化结构、保障重点、科学经营、持续利用的方针，按照科学用地、因地制宜、适地适策、地尽其力的原则，大力推行节约集约利用林地，实现林地永续利用。

（三）全面保护林地

依据林地治理的相关法律法规和政策，既要保护好生态区位重要、生态脆弱、生态敏感区域的林地，防止造成生态破坏，又要尽可能地支持建设项目使用林地的需求；实行有针对性的差别化保护利用政策和经济调控手段，建立林地质量评价定级制度，分区、分类、分级确定林地保护利用方向、重点、政策和主要措施。引导节约利用林地，限制工矿开发占用林地，规范商业性经营使用林地，保障林业重点生态工程、重点公益林、木材及林产品生产基地的林地需求。

（四）提升调控能力

国务院关于《全国林地保护利用规划纲要（2010—2020年）》的批复明确要求：将森林保有量、征占用林地定额作为政府目标考核的重要内容，建立并落实考核体系和考核办法。加强林地林权管理，建立稳定的投入机制，加强基础建设，提高林地保护利用调控能力。

三、林地治理的必要性

（一）建设国家治理体系和治理能力的需要

党的十九届四中全会出台的《中共中央关于坚持和完善中国特色社会主义制度推进国家治理体系和治理能力现代化若干重大问题的决定》对我国制度优势转化为国家治理效能产生重大而深远的影响。面对生态文明体制改革的深入推进和林业全球化的深入发展，面对林业事业参与主体的多元化和利益诉求的多样化，推进林地治理体系和治理能力现代化是全面深化林业改革的重要内容，也是当前及今后全国林草系统的一项重大战略任务。建立全面的林地治理体系，是加强生态文明制度体系建设，坚持和完善中国特色社会主义制度、推进国家治理体系和治理能力现代化的切实需要。

（二）生态文明建设的需要

生态文明体系建设是一项庞大的系统工程，是现代国家治理体系建设的重要内容。基于生态文明理念的林地治理"四梁八柱"是一体化的林地治理建设战略，"四梁"分别是丰富林地治理的理论体系、形成严格的保护法律法规体系、建立严格监管的组织制度体系、构建提升林地资源质量的工作体系；"八柱"分别是林地资源资产产权制度、林地开发保护制度、林地保护利用规划体系、林地资源总量管理和节约制度、林地资源有偿使用和补偿制度、林地治理体系、林地治理和林地保护市场体系、绩效考核和责任追究制度。进一步推进林地资源保护利用，加快林地治理体系和治理能力建设，把制度优势更好地转化为治理能效，为生态文明建设提供坚实基础和保障（图9-2）。

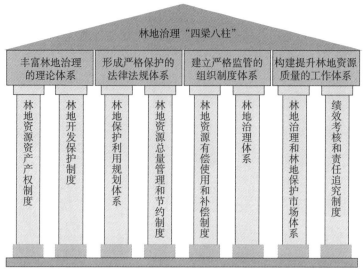

图9-2 基于生态文明理念的林地治理"四梁八柱"

（三）提升林地保护利用水平的需要

林地治理能力建设是维持林地可持续发展的需要，通过科学实施林地保护利用规划，全面加强组织保障能力建设，多部门协调治理模式，加强林地法治管理，有效提升林地保护和利用的水平。为进一步完善林地管理政策，明确林地管理边界、落实林地用途管制、提高林地保护利用效率，实现林业可持续发展战略目标提供有力支撑。

第二节　林地治理体系和治理能力建设内涵

一、林地治理体系和治理能力建设逻辑关系

林地治理能力是林地管理制度执行力的主要表现，是森林资源管理的核心和基础，与林地治理体系相辅相成。林地治理体系是治理运行过程中涉及有关的治理主体、治理内容、治理理念等因素构成的有机整体及其制度因素。治理体系侧重于治理的要素构成，是形成治理能力的前提和基础，基本逻辑是以林地管理问题导向为出发点，提出有针对性的治理理念，通过林地治理能力的建设，解决林地管理问题。近年来，林草主管部门认真贯彻习近平生态文明思想，通过协同管理、监测管理、监督管理、审批管理、定额管理、规划管理等管理手段，逐步完善林地治理体系建设。林地治理建设理念的关系如图9-3。

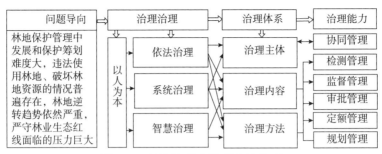

图9-3 林地治理建设理念的关系

二、林地治理体系和治理能力建设理念

（一）以人为本理念

林地保护与管理是保障国土生态安全、建设生态文明的基本要求，是满足人们对绿色生态空间和生态文化的需求，因此林地治理中的以人为本理念是治理体系中的根本体现和必然要求。以人为本的治理理念要求是为了人民利益，依靠人民参与管理，形成从政府到人民的为建设参与主体的林地治理体系和治理能力建设全过程，同样也是依法治理、系统治理、智慧治理理念的基础。

（二）依法治理理念

依法治理理念的核心是建立法治体系。根据《中华人民共和国森林法》和《中华人民共和国森林法实施条例》等法律条文和《建设项目使用林地审核审批管理办法》等规范类文件开展林地治理，林地治理的制度、体制、技术须符合法律规定，开展以森林督查为重要监管措施的有效手段，完善审核审批管理、监督管理等具体治理内容。

（三）系统治理理念

林地治理必须考虑其在国家治理、国土空间治理、林业行业治理等多层次治理中的地位和角色，必须考虑横向和纵向政府间关系对林地治理的意义，统筹考虑各种治理因素进行综合治理。通过林地保护利用规划的顶层设计，根据国土空间规划分区控制，统筹生产、生活、生态三大布局，统筹保护、利用、管理三大环节，统筹政府、林业部门、社会三大主体责任，体现系统治理理念。

（四）智慧治理理念

现代信息化是智慧治理的技术基础，智慧治理理念的本质在于依托新技术、汇集众智实现精细管理。林地治理通过建立林业智慧信息平台等信息化技术手段的建立和发展，加速推进林地治理绩效精益求精。

第三节 林地治理能力主要内容

林地治理能力建设主要表现为制度执行力，与林地治理体系相辅相成。随着近年来国家宏观调控和严把土地闸门等政策的执行，基本农田和耕地保护更加严格，林地保护难度、林地保护与发展任务和复杂多样的社会主体利益诉求日益繁重。各级林业主管部门运用专业的技术能力、多年管理的经验、集思广益的智慧和博大的胸怀，在创新林地治理体系的同时，提升林地治理的能力建设，确保把林地治理体系的制度优势转化为国家林草治理体系的重要组成部分，更好地推动生态文明建设。

要重视林地治理能力的"六力"建设：一是要对林地保护利用进行科学规划，提升规划力；二是全面加强组织保障能力建设，提升组织力；三是高效指挥，提升指挥力；四是多部门协调，实现合作治理模式，提升协调力；五是加强法治管理，提升法治力；六是监测林地动态变化，提升实时监测能力（图9-4）。

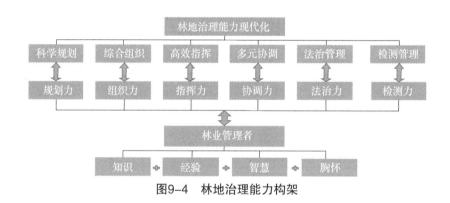

图9-4 林地治理能力构架

一、林地治理的规划力

规划力可以提升工作效率、灵活应变能力，实现有序管理，对林地治理也是如此，所以林地治理必须规划先行。林地保护利用规划是明确林地管理边界、落实林地用途管制、提高林地保护利用效率的重要依据。它划定了林地的范围、明确了林地用途规划布局以及林地保护利用的方向，尤其是通过林地保护等级等规划内容，明确了各类建设项目可使用林地的范围，各级林业主管部门坚持以规划引领，坚持分级管理，优化林地保护利用结构与空间布局，统筹生态、生产、建设使用林地需求，分区、分类、分级管理林地。为提高林地管理水平，国家林业局颁发实施了《林地审核审批管理办法》及林地管理的一系列文件，迫切要求抓好林地保护利用规划的编制与实施工作，建设项目应当不占或者少占林地，必须使用林地遵循符合林地保护利用规划的原则。林地管理不但要"以数管地""以图管地"，更要"以规划管地"，实现林地用途管制。

《全国林地保护利用规划纲要（2010—2020年）》，要求"完善规划体系，分级编制国家、省、县三级林地保护利用规划"。各地依法依规建立了林地管理的相关制度和措施，加大了对违法占用林地和擅自改变林地用途行为的打击力度，林地保护工作取得了积极成效。从总体来看，违法占用林地的情况仍然屡禁不止。《全国林地保护利用规划纲要（2010—2020年）》的规划内容2020年已经到期。为深入贯彻《中华人民共和国森林法》，进一步规范林地管理，确保林地总量，维持林地资源可持续发展，保护自然生态，实现林业可持续发展战略目标，严守生态红线、落实国土空间规划，促进林地科学管理，体现规划的延续性，新一轮林地保护利用规划编制就势在必行。新一轮林地保护利用规划的权威性要强于其他以指导性为主的文件，是指导县域范围内林地保护利用工作的发展方向，更偏向于规划期内林地管理的实际需求。按照空间规划的强制性内容，加强与其他规划专项的相互协同，并以最新林地落界成果为基础，通过科学合理规划，坚持底线思维，保护优先，有序统筹并协调林地保护与利用的关系。进一步明确在国土空间规划体系下林地管理边界，落实林地用途管制，明确各类建设项目可使用林地的范围，以"规划管地"整体提升全县林地保护利用的效率。增强规划刚性约束，落实重点建设任务，合理确定规划定位和目标，加强规划的统筹协调。按照新时期林草高质量发展要求，更新规划理念，运用科学方法，提升规划能力。各级新一轮林地保护利用规划颁布实施后，要维护其权威性与严肃性，不能擅自修改，不得随意变更。要建立健全规划质量审查机制和审批程序，保证各项林地发展指标和重点工程按照规划进行。强化林地科学管理，确保规划的刚性执行和全面实施。

二、林地治理的组织力

对林地治理而言，加强组织领导，压实各部门的工作责任，充分发挥各部门的优势和作用，切实转变政府职能，创新管理方式，以全新的思维方式和处理方式，充分调动社会组织力量，大力发展林业微观组织，为加快林地管理治理现代化，提升林地治理能力，提供坚实基础。一是健全各级林业行政机构，转变政府职能、创新管理方式，发挥事业单位功能，完善林业社会组织，完善基层林业治理机制。二是强大的组织保障能力，可以充分发挥各级组织机构的职能作用，提升公共管理水平，发挥服务公众作用，激发社会组织活力，大力支持公众参与林地管理。三是整合执法资源，组织执法队伍。森林公安与林业站技术人员组成林政执法队伍，保证涉林违法查处力度。

三、林地治理的指挥力

对林地治理而言，需充分融入和全面推进林长制的实践，以各级总林长为林地资源管理工作的总指挥，发挥林长制的指挥力。积极贯彻落实国家关于全面推行林长制的意见，建立六级林长架构，打造具有引领示范作用的各级林长制体系。明确落实各级林长对于本管辖区域内的森林资源保护管理职责，健全运行机制，确保各级林长规范履职到位，统筹开展山水林田湖草综合系统治理。推进林地保护共管长效机制改革，协调各部门和乡镇共同推进林长制工作，使林长制工作制度化、规范化、常态化。并制定科学合理的考核评价机制和监督办法，将长效管理与年终考评相结合，实施年度考核。将林长制考核结果纳入地方有关党政领导干部综合考核评价和自然资源资产离任审计的依据，把保护发展森林资源目标责任压紧压实，通过林长制建设平台上传下达给各级林长，综合提升林地治理的指挥力。

四、林地治理的协调力

对林地治理而言，政府、林业主管部门、社会和公众都是林地治理体系的组成，需要协调多部门和公众共同参与管理林地资源，建立起各部门的协同管理机制，实现合作治理模式。建立健全以党政领导负责制为核心的责任体系，加强各级林长制协作单位间信息沟通、联系会商、协调服务、督查问效，形成各司其职、各负其责、齐抓共管、运行高效的部门协作机制。一是信息沟通。以林长制为有效措施，建立林地管理工作交流平台，实现信息共享。按照决策公开、管理公开、服务公开、结果公开的要求，加强多部门之间的信息沟通，协同推进工作开展。二是协调服务。各协作单位要强化主动服务意识，结合自身职能，提前介入、及时指导、靠前服务。要加强合作联动，协调解决林地管理过程的重点难点问题。三是督查问效。林业主管部门作为监督执行机构，依法保障社会和公众在其中的参与权，形成良性有序的治理体系，协调解决多部门交叉管理问题，确保部门协作机制高效运行，提高管理能力。

五、林地治理的法治力

实施依法治理，是林地治理体系和治理能力现代化的集中体现，是加快林地保护利用可持续发展的根本需要，更是适应生态文明和美丽中国建设的根本保障。近年来，林地管理的模式逐步成熟，林地用途管制成效显著提升。管理手段从"被动式发现、运动式整治、抽样式检查"逐步转变为"主动式发现、常态化整治、全覆盖检查"，管理模式从"以数管地""以图管地""以规划管地"转变，严格实施林地用途管制，严禁擅自改变林地性质和范围。通过林地法治管理，确保各项工作依法合法，确保各级林业部门执法用法，确保人民群众懂法守法。

六、林地治理的监测力

对林地治理而言，林地监测力需要以森林资源管理"一张图"为基础，以智慧林业平台为支撑，通过卫星遥感监测、现场监测、航空遥感监测和远程视频监控等手段，经过资料收集处理、核实调查、成果生成，全面及时掌握森林资源年度变化情况，将林地落到山头地块，为林地用途管制提供最基础的数据支撑，为各级林业行政主管部门及时调整林业保护发展政策、提升林业管控水平提供技术支持，促进林地资源集约节约利用，推进林业生态文明建设。

第十章 林地保护利用规划实施监测

第一节 概　述

一、国内外研究进展

从国外的规划实施监测情况看，大部分发达国家城市保持着城市化和工业化水平的同时，仍然拥有优美适宜的自然生态空间和农业生产空间，与其构建了事权划分清晰、分层垂直传导空间规划体系和强调空间政策性规划运行体系有着密切关系。例如，美国的规划监测评估是一个包括规划方案、规划实施过程和规划实施成效的系统全面的评估体系，在编制方案阶段就对规划的外在有效性和内在有效性进行了评估，规划实施过程阶段定期对政策实施效果进行监测，直到实施完成阶段再次对规划的有效性进行评估，以年度报告的形式对实施过程进行定期评估。英国规划评估体系按照规划编制和实施的阶段，大致由可持续性评价、动态监测报告和规划检讨文件构成，分别对应规划方案编制、规划实施、规划编制或修改三个阶段。日本是亚洲最早开展空间规划的，国家空间规划内容的核心关注点是国家发展战略，突出发展目标与发展导向的重要性，尤其是进入 21 世纪以来国土增量建设进入瓶颈期以后，国土空间规划更加偏向于公共政策，因此，在空间规划的实施评估中，主要以规划发展目标为主要评估内容，注重规划效果的衡量与评价，总结现行规划实施与社会经济实际发展的契合程度。

从国内的规划实施监测情况看，我国现行的多种规划，均有针对其自身内容的监测评估。例如，《中华人民共和国土地管理法》第四十五条要求："相关建设活动应当符合国民经济和社会发展规划、土地利用总体规划、城乡规划和专项规划"。第二十九条规定国家建立全国土地管理信息系统，对土地利用状况进行动态监测。又如，《全国林地保护利用规划纲要（2010—2020 年）》的批复中明确要求：各地方和有关部门要高度重视、加强领导、密切配合，认真分解、落实《纲要》提出的各项任务和措施，加强监督检查，建立科学的监测、评估、统计机制，扎实推进各项工作，确保《纲要》顺利实施。2019 年，中共中央、国务院印发的《建立国土空间规划体系并监督实施的若干意见》中关于"监督规划实施"：依托国土空间基础信息平台，建立健全国土空间规划动态监测评估预警和实施监管机制。上级自然资源主管部门要会同有关部门组织对下级国土空间规划中各类管控边界、约束性指标等管控要求的落实情况进行监督检查,将国土空间规划执行情况纳入自然资源执法督察内容。健全资源环境承载能力监测预警长效机制,建立国土空间规划定期评估制度,结合国民经济社会发展实际和规划定期评估结果,对国土空间规划进行动态调整完善。

二、规划实施监测的目的及作用

林地保护利用规划监测的主要目的是通过卫星遥感监测、现场监测、航空遥感监测和远程视频监控等手段,对林地保护规划实施前、规划期、后评估监视监测,全面掌握林地范围内保护利用现状情况和发展情况,为各级林业行政主管部门及时调整林业保护发展政策、提升林业管控水平提供技术支持,促进林地资源集约节约利用,推进林业生态文明建设。

林地保护利用规划实施监测是在规划编制管理体系和规划实施(审批)管理体系的基础上,采用日常监控与定期监测相结合的方法,实现对规划编制、规划组织、规划执行、规划控制、规划协调、规划实施情况的反馈等全过程、全方位的监控管理,从而保证规划实施的全面性、合理性、准确性,引导规划既定目标和任务的规范实现(图10-1)。

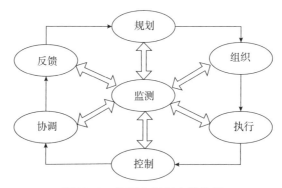

图10-1 监测在规划中的作用

三、规划实施监测的内容

林地保护利用规划实施监测内容是针对林地保护规划目标指标、任务内容、保障措施等进行逐项监测。其具体内容主要包括:①规划指标的变化情况监测;②林地保护等级的变化情况监测;③林地全面保护方面的变化情况监测;④林地合理利用方面的变化情况监测;⑤治理体系与重大工程方面的变化情况监测;⑥保障措施的实施效果监测。

四、调查与监测

监测与调查往往是相互关联的,但又有区别。对于全流程的林地保护利用规划实施情况而言，调查是为了获取和建立某一时间节点林地保护利用规划实施情况的"底图、底线、底板"等信息。确切的讲，第一次调查是调查，而针对同一调查对象在一定时间序列内的多次调查实质就是动态监测，因此调查与监测往往是难以机械割裂的，如森林、草地、湿地资源的一体化管理监测就是如此。为掌握规划期内不同时间节点林地保护利用规划的实施情况，需要有定期的监测（如年度监测），以便更好地掌控实施林地的"管制、监管、保护、修复""科学利用"等保护利用情况，解决规划实施过程中林地"怎么样变化、怎么样管理"的问题。

第二节　林地保护利用规划实施监测现状

一、实施现状

我国的林地保护利用规划实施情况监测始于林地保护利用规划林地变更调查。按照 2010 年批复的《全国林地保护利用规划纲要（2010—2020 年）》的要求，为落实《纲要》规定的各项目标任务，组织开展了林地保护利用规划林地"一张图"建设工作。作为加强森林资源动态监管，推动林地保护与利用工作的一项重大举措。为了保持全国林地"一张图"的时效性和准确性；从 2013 年起，以全国林地"一张图"为基础，各省份分批次开展林地变更调查；2016 年印发了《林地变更调查工作规则》，同年完成第一次全国各省（自治区、直辖市）的林地变更调查工作；从 2017 年开始，林地变更调查工作在全国以县为单位开展，同年颁布了《林地变更调查技术规程》（LY/T 2893—2017），明确了林地变更调查的目的：通过开展林地保护利用状况及其管理属性等变化情况的调查分析，及时掌握林地利用现状及其消长变化情况，保持林地调查数据和林地数据库的真实性、准确性和时效性，为林地保护管理和生态建设提供支撑。2018 年，林地"一张图"年度变更调查升级为全国森林资源管理"一张图"年度变更调查。这是我国首次形成全国统一标准、统一时点，服务于森林资源管理和生态建设的大数据库，包括地理信息库、解释标志库、影像数据库、林地数据库、专题数据库，成为推进森林资源管理创新、夯实森林资源管理基础的重要举措。

二、发展趋势

林地保护利用规划实施情况的监测发展趋势是利用数字化、信息化、智能化的技术手段，建立符合上级管控又符合地方管理需要监测体系，以数字展示、规则制定、算法研制、模型研究等技术为内核支撑，其代表性的特征主要为"天空地一体化"的运行模式、"数字平台化"的智能驱动、"生命周期"的生态闭环、"上下联动"的管理机制。

（1）"天空地一体化"的运行模式。林地保护和利用的监测模式是"天空地一体化"

的，涵盖垂直方向多层次的空间。天（遥感卫星影像）、空（无人机）、地（现地踏查、档案资料等）多层空间的一体化综合运用是基于林地边界划定基础上，从多个维度综合考虑林地指标、林地分等、分类、分起源及相关保护与利用内容，一体化监测预警。多方面照顾空间的发展需求、功能定位、控制要求以及相关因素提出的纵向监测，强调监测数据的全面、高效、多样、丰富、精准、动态和复合利用，可全面掌握区域林业资源状况、植被覆盖情况、生态格局动态。通过多期的监测也可以及时发现林业资源变化斑块，因此这既是监测手段，也是事后评估的依据和基础数据来源。

（2）"数字平台化"的智能驱动。林地保护利用规划规划充分利用全国林地"一张图"（森林资源管理"一张图"），依托国家和地方构建的信息平台，通过数据体系支撑构建规划底板，利用指标体系进行评价，利用科学模型辅助限定林地可使用的空间和建设项目可使用林地，实现对资源本底现状与态势感知，应用智能算法辅助国土空间规划编制，实现规划实施的动态监测和及时预警，全面提升林地空间保护、利用和治理能力，实现"一张图"与林地保护利用管理的协同。

（3）"生命周期"的生态闭环。基于数字平台化的智能驱动，林地规划破除过去"静态蓝图"的思维和做法，定期或实时接入规划管理等动态的数据，并落实"一年一变更"要求，持续对"一张图"进行跟踪定期评估和动态监测，识别隐患和风险，把握林地资源开发利用与保护的趋势，同时对问题进行及时预警，实现对从底图到蓝图实现的全过程的动态监控与纠正，从而实现从规划编制、审批实施、监测评估与预警的全生命周期生态闭环，为林地资源空间精准治理提供决策支持。

（4）"上下联动"的管理机制。林地保护利用规划监测为三级层次，包括国家级、省级、县级，其监测是一个庞大的系统，需要来自各级部门以及各个职能部门共同努力。在同一层级的规划编制中，以工作领导小组作为统筹带头，统筹小组、技术专责或支撑保障小组为技术实施单位，组建地方领导统筹管理，各分管领导直接督办，牵头科室抓落实的责任到人、分工明确的工作机制；在多层级空间规划工作中，上级政府需要加强同各地的联系和指导，下级在落实上级规划要求的同时及时总结经验，发现难题向上级报告请示，提高规划的可操作性和实施性。各级遵循务实、准确、时效的原则，明确各级林地保护利用规划监测重点，通过刚性与弹性相结合的策略，实现规划监测的上下联动，支撑林地保护利用规划监测下得去、上得来、能闭环。

从林地保护利用规划实施监测的需求看，新技术的应用程度仍有待提高。现代高新技术以电子信息技术为先导，以空间技术和生物技术为核心，形成了一大批相互关联的高新技术群落，它们正在逐步改变着传统的森林资源监测工作思维模式和技术方法。地理信息系统、遥感和物联网3项技术，作为国家重点推荐的高新技术目前被广泛高推广运用。目前，地理信息系统、遥感等在林地保护利用规划监测方面已经应用，但仍存在应用深度较浅、基层普及程度较差，以及应用不够全面，远远未达到预期效果。新技术改变低效率，希望在今后的林地保护利用规划的监测中，可以不断提高新技术的应用深度和广度，极大地提高监测效率。

第三节 规划实施监测技术

一、监测方法

　　林地保护利用规划实施监测主要方法是全国林地变更调查。全国林地变更调查是通过收集林业经营管理等原因导致林地变化的资料，利用遥感判读区划、现地调查核实等技术手段，掌握林地变化的空间分布与管理属性变化信息，产出林地变更调查成果，更新林地"一张图"（森林资源管理"一张图"）数据库。开展林地年度变更调查，能保持"一张图"的现势性，充分发挥"一张图"的作用，避免林地"一张图"变成一张"死图"。

　　林地变更调查的主要任务包括林地变化情况记载、遥感监测、林地变更调查、数据库变更、调查成果汇交等。以林地数据库为基础，将造林、采伐、更新等森林经营活动，建设项目使用林地、毁林开垦等非森林经营活动及自然灾害损害的范围及时划定边界，并记录有关信息，形成林地档案信息；采集当年或最新遥感影像数据，经加工处理制作正射遥感影像图，通过对照前期林地数据库或前期遥感影像，判读区划林地变化图斑，重点判读林地范围内新增的建设用地、耕地等图斑，形成以县级单位为调查基本单位的遥感判读成果；调查年度内经审批和未经审批的建设项目使用林地、毁林开垦，以及人工造林、森林采伐、人工更新等森林经营引起的地类和森林、林地权属等变化情况。重点清查本年度林地范围内出现的建设用地、耕地及新增林地情况；县级单位以叠加了林地档案信息的林地变更调查工作图为基础，辅以遥感判读结果和必要的现地核实，经检查合格后，形成年度林地现状数据库和林地变化数据库。以县级单位为调查基本单位形成林地现状数据库和林地变化数据库，编制县级林地变更调查说明和统计表；汇交县级林地现状数据库和林地变化数据库，形成省级林地现状数据库和林地变化数据库，编制省级林地变更调查报告和统计表；汇交省级林地现状数据库和林地变化数据库，形成全国林地现状数据库和林地变化数据库，编制全国林地变更调查报告。

　　林地变更调查技术主要有"三大"技术手段，分别是档案更新、遥感判读、核实调查。档案更新是林地变更调查的基本方法，通过综合利用植树造林、森林采伐、占用征收林地和森林灾害等林业经营管理档案，以及工程建设和其他规划调整等资料；遥感判读林地变更调查的辅助方法，借助变更期内的高分辨率遥感影像变化地块的判读分析结果，遥感仅是手段之一，在缺失情况下可依据档案和实地调查；核实调查是林地变更调查的补充方法，按年度开展的林地范围、林地保护利用以及林地管理属性等变化情况的实地调查分析。

二、监测流程

　　林地保护利用规划实施情况监测主要技术流程包括资料收集处理、核实调查、成果生成等三大部分（图10-2）。

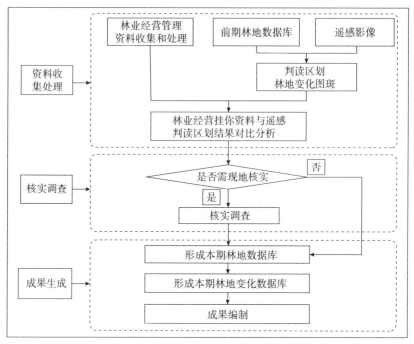

图10-2　林地保护利用规划的监测流程

林地变更基础资料的收集包括，林地变更调查基础数据和林业经营管理资料两大类。林地变更调查基础数据包括前期林地数据库、遥感影像图和本期遥感影像。林业经营管理资料包括勘察、开采矿藏、修建道路、水利、电力、通信以及商业开发等工程建设项目占用征收林地的可研报告以及相关审核审批资料和设计图，以及可能引起林地范围变化的其他规划实施的相关资料；森林分类区划界定成果（图）、林地权属发生变化的证明材料、林业工程建设项目实施资料等可能引起林地图斑管理属性变化的相关资料；人工造林、人工更新和飞播造林等造林设计（图）和验收资料，以及其他可能引起林地范围和林地利用状况（地类）变化的林业工程建设的设计（图）和验收资料；引起林地地类变化的森林主伐、低产（效）林改造和更新性采伐等森林采伐设计（图）和验收资料；引起林地利用状况（地类）变化的林政案件或刑事案件的卷宗和相关勘查资料；森林火灾、地质灾害、病虫害等灾害调查资料；其他能证明林地范围变化及林地利用状况和管理属性变化的材料。

林地变更基础资料的处理分为三大部分。对于纸质档案资料，需要进行电子化处理。可根据档案资料的管理方式及技术条件，采用不同方法，将林业经营管理纸质档案记录的图斑矢量化，形成图斑电子数据，并转录有关信息，形成林地变更调查工作图。对于电子档案资料，根据电子档案资料的地图投影和坐标系、比例尺和精度等情况，采用投影转换和坐标转换的方法统一到林地变更调查要求的投影坐标系下，形成统一标准的电子档案资料数据库。对遥感影像进行正射校正、波段融合、影像增强和裁切分幅等处理。

遥感影像处理执行《森林资源调查卫星遥感影像图制作技术规程》的标准和要求。各地采用航空遥感影像的，数据处理应符合国家统一标准。

遥感影像的判读需将本期遥感影像叠加到前期林地数据库及前期遥感影像上，对比分析，判读区划林地发生变化的图斑。一是将本期遥感影像特征对照林地数据库，按有林地、灌木林地、无立木林地、其他林地及非林地5种类型建立判读标志。二是对照两期遥感影像，判读区划出林地发生变化的图斑并记录，遥感判读区划图斑因子。三是感判读区划采取双轨制判读，1人判读区划后，由另1人结合第1人的判读结果再次判读，两人判读结果不一致的，根据遥感影像变化特征共同商定，最终形成遥感判读区划矢量图层。四是判读时遥感影像图的比例尺原则上不低于林地落界的遥感底图比例尺。五是图斑（小班）编号：无变化的图斑沿用原图斑号，有变化的图斑编号原则从本村（林班）的最大图斑（小班）号续编。

林地变化图斑核实调查可采用内业核实与现地核实两种方式，首先通过遥感影像与林业经营管理资料内业核实变化图斑及其属性因子，内业无法核实的再进行现地核实调查。一是与林业经营管理资料对应的判读变化图斑。根据林业经营管理资料、林地数据库、基础地理数据等资料可以确定的属性因子，可直接记载相关因子；根据有关资料无法确定的属性因子，应做必要的补充调查。二是与林业经营管理资料不对应的判读变化图斑。根据遥感判读以及林地数据库可确认的属性因子，可以直接填写；根据以上资料无法确定的属性因子，特别是林地转变为非林地的图斑，应到现地补充调查，记载相关属性因子。三是遥感影像未反映的变化图斑和没有遥感影像覆盖地区的变化图斑（包括因遥感影像时相与林地变更时点不一致而没有反映的变化图斑）。可以参照有关设计或验收资料，或者进行补充调查，记载图斑形状、位置及相关属性因子。根据核实情况，对变化图斑的位置、界线进行确认或修改，并转录或填写林地变化图斑核实调查属性记录。

成果生成则主要是根据调查结果进行林地范围、地类、属性因子的变更，形成本期林地数据库、本期林地变化数据库及其他相关的成果。

三、监测平台

林地保护利用规划的监测平台既要作为数据管理系统，对项目产出遥感底图、林地图斑、基础地理信息、林地专题图等数据进行统一集中、规范管理，提供数据支撑和服务；又要作为成果共享服务平台，在林业专网中，给各单位提供森林资源、林地资源信息，为其宏观决策使用。因此，目前对于监测平台其主要需求包括：标准化、规范化的数据格式，一体化的数据组织和管理，"数据库"的管理方式，全方位的展示系统以及利用地理信息系统数据库，三维渲染等技术，开发并实现对矢量数据、地形数据、影像数据、林地图斑数据、林地专题数据的高效组织管理、浏览查询、统计分析、专题制图、三维显示等功能，满足海量成果数据的建库、管理、综合分析和运行维护的需要。

"云臻森林"是国家林业和草原局华东调查规划院围绕华东地区的林地"一张图"落地应用开展大胆探索，利用"互联网+"思维开发部署了森林资源管理"一张图"平台，基于云平台一体化的"互联网+""一张图"系统，涉及移动端、Web端，解决了林地"一张图"的在线查询、及时更新难题,操作简单、可视性强、时效性强,基层或非专业人员都能够流畅使用(图10-3)。

图10-3　基于云平台一体化的"互联网+""一张图"系统——"云臻森林"

移动端主要应用在外业调查中。其角色权限分为县级用户、省市级用户、国家级用户。对于县级用户来说,主要功能包括加载图层、记录轨迹、定位、属性查看、属性编辑、绘制、搜索、查看进度等。省级用户的主要功能包括行政区选择、加载图层、定位、属性查看、属性编辑、批注、搜索、查看进度等(图10-4)。

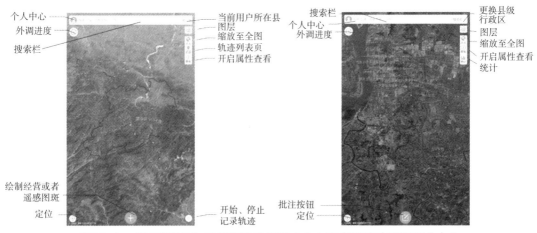

图10-4　"云臻森林"县级移动端界面(左)和省级移动端界面(右)

Web端系统由国家级、省级、市级、县级用户组成。每个级别对应的用户权限不同。县级用户主要注重森林督察和变更操作。市级、省级、国家级注重的是成果的查看,对县级用户调查成果进行批注，主要功能包括搜索、选择图层、绘制、属性编辑、删除、切割、合并、修边、导入、导出、质检等（图10-5）。

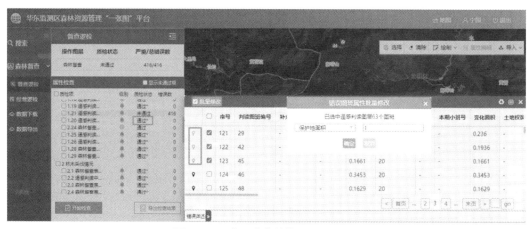

图10-5 "云臻森林"Web端界面

"云臻森林"主要特点：一是规范数据格式和各方力量分工协作流程；二是操作简单，基层用户和非专业人士都能尽快上手。根据在安徽和江苏省的实践经验，过去一个县更新一次林地"一张图"（森林资源管理"一张图"），仅野外调查核实就需要1~3个月甚至更久，用了"云臻森林"平台之后，最快的县只需要15天左右就能完成野外调查核实。以江苏省为例，从2019年7月1日全省开始外业调查，短短3个星期，全省外业调查进度为75%，89个县级调查单位中有61个县已经全面完成野外调查核实工作。"云臻森林"的探索对森林资源动态监测和有效管理意义重大。这种新的发展趋势将加快推进林草行业的现代化进程，同时为国土资源管理和国家宏观规划提供重要的决策参考。经过近几年试用，云臻森林功能更加完善，在今后林地保护和利用中将发挥更大作用。

第四节　规划实施监测实例

一、林地保有量

某县林地保有量的规划值（2020年）为136000公顷。

某县在过去10年间中的监测到林地保有量分别为2013年，134723公顷；2016年，134026公顷；2017年，134475公顷；2018年，135149公顷；2019年，135001公顷；2020年，135900公顷。

比对林地保有量目标与规划期历年的监测值，该县林地保有量呈现增长势头，但与规划目标指标值相比仍存在一定差距，总体未达到规划目标。说明监测过程发现的林地增量指标达不到要求的情况并没有得到有效的响应，控制林地的灭失与保障补充林地的工作有待加强。该县林地保有量监测情况如图10-6。

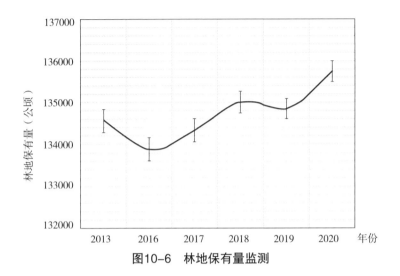

图10-6　林地保有量监测

二、森林保有量

某县森林保有量的规划值（2020年）为134245公顷。

某县在过去10年间中的监测到林地保有量分别为2013年，129038公顷；2016年，135020公顷；2017年，132150公顷；2018年，132250公顷；2019年，132425公顷；2020年，133045公顷。

总体来看，森林保有量在过去的10年里有所增加，但除2016年达到规划目标外，其他几个年份均未达到规划目标指标值。说明2016年之前的森林保护修复工作情况理想，但随后几年有所下降，森林面积减小。该县森林保有量监测情况如图10-7。

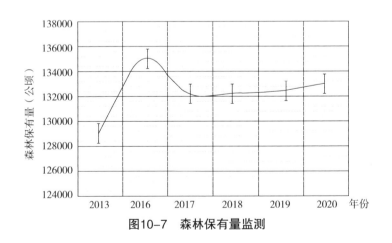

图10-7　森林保有量监测

三、林地生产力

某县林地生产力的规划值（2020 年）为 66.45 立方米/公顷。

某县在过去 10 年间中的监测到林地保有量分别为 2013 年，50.55 立方米/公顷；2016 年，60.75 立方米/公顷；2017 年，63.60 立方米/公顷；2018 年，69.60 立方米/公顷；2019 年，66.45 立方米/公顷；2020 年，76.80 立方米/公顷。

总体来看，林地生产力在过去的 10 年里不断增加，至 2018 年达到规划目标，表明规划期末林地生产力达到规划预期，林地质量稳步增强，至 2020 年有了巨大提升。该县林地生产力监测情况如图 10-8。

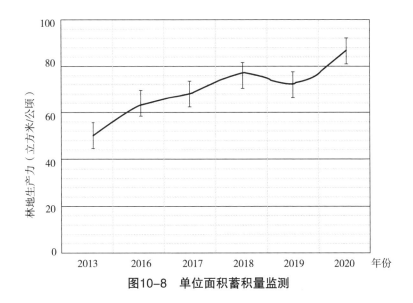

图 10-8　单位面积蓄积量监测

四、重点公益林地比率

某县重点公益林地的规划值（2020 年）为 41.60%。

某县在过去 10 年间中的监测到林地保有量分别为 2013 年，24.03%；2016 年，25.01%；2017 年，31.59%；2018 年，31.16%；2019 年，31.20%；2020 年，32.53%。

总体来看，各年度重点公益林地比率都未达到预期，且与目标值相差甚远。该县重点公益林地比率监测情况如图 10-9。

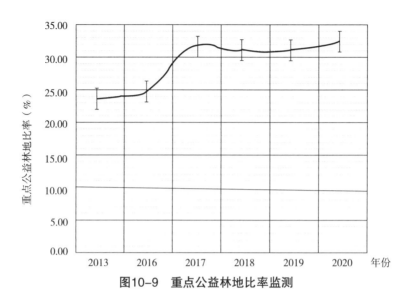

图10-9 重点公益林地比率监测

五、重点商品林地比率

某县重点商品林的规划目标为48.0%。

截至2019年10月,在过去10年间,监测得到分别是2013年,38.5%;2016年,42.8%;2017年,45.3%;2018年,46.8%;2019年,48.1%;2020年,48.5%。

总体来看,重点商品林地比率于2019年未达到预期值。该县林地重点商品林地比率监测情况如图10-10。

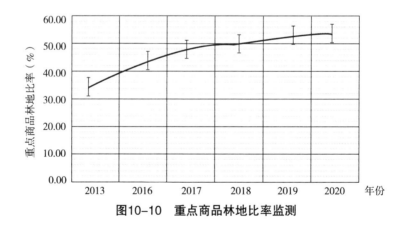

图10-10 重点商品林地比率监测

六、重点监测内容

下面以某镇为例,介绍对林地保护等级、重点公益林、天然林等重要地类和森林不同地类的动态变化的监测(表10-11)。

表 10-11　某镇重点项目监测

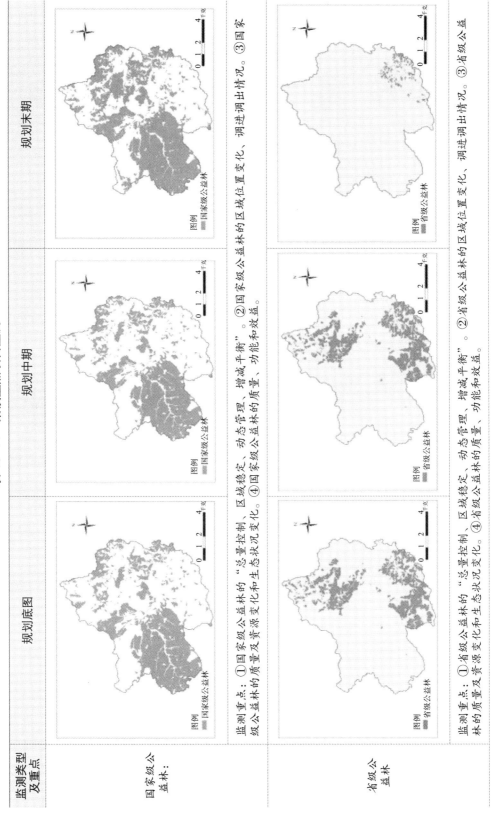

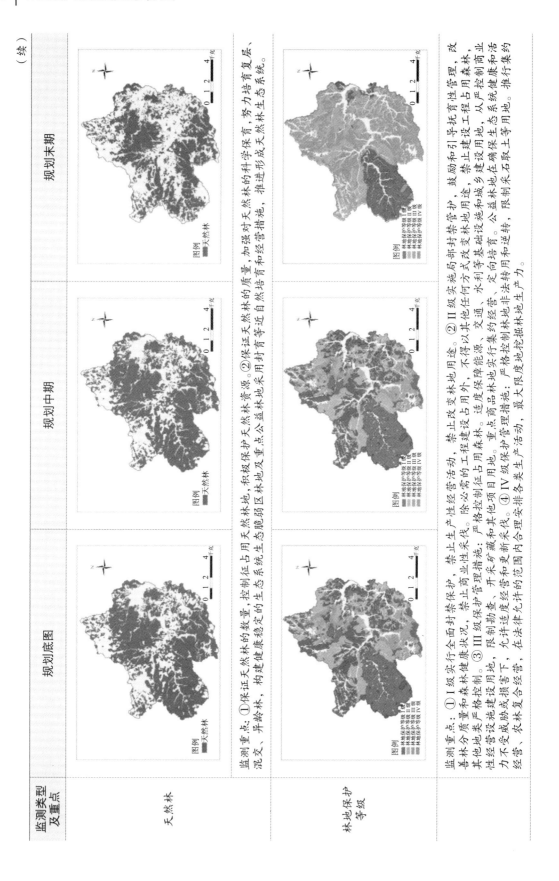

(续)

监测类型及重点	规划底图	规划中期	规划末期
天然林			
林地保护等级			

天然林 监测重点：①保证天然林的数量，控制征占用天然林地，积极保护天然林地，禁止生产性经营活动，禁止商业性采伐。②保证天然林的质量，加强对天然林的科学保育，鼓励和引导抚育性管理，盖林分质量和原有森林健康状况。③保护管理措施：严格控制征占用天然林。除必需的工程建设占用外，不得以其他任何方式改变林地用途。禁止建设工程占用森林、改其他经营类严格控制；严格控制征占用目的地；适度保育、交通、水利等基础设施和城乡建设用地，从严控制商业性经营设施建设用地，重点商品林实行集约经营。公益林地在确保生态系统健康和活力不受威胁或损害下，开采矿藏和其他采伐、更新采伐。严格控制林地非法转用和逆转，限制采石取土等用地，推行集约经营，农林复合经营，允许适度经营，在法律允许的范围内合理安排各类生产活动，最大限度地挖掘林地生产力。

林地保护等级 监测重点：①I级实行全面封禁保护，禁止生产性经营活动，禁止改变林地用途。②II级实施局部封禁管护，鼓励和引导抚育性管理，改善林分质量和原有森林健康状况。③III级保护管理措施：严格控制征占用林地。除必需的工程建设占用外，不得以其他任何方式改变林地用途，禁止建设工程占用森林、改其他经营类严格控制；严格控制征占用目的地；适度保育、交通、水利等基础设施和城乡建设用地，从严控制商业性经营设施建设用地，重点商品林实行集约经营。公益林地在确保生态系统健康和活力不受威胁或损害下，开采矿藏和其他采伐、更新采伐。④IV级保护管理措施：严格控制林地非法转用和逆转，限制采石取土等用地，推行集约经营，农林复合经营，允许适度经营，在法律允许的范围内合理安排各类生产活动，最大限度地挖掘林地生产力。

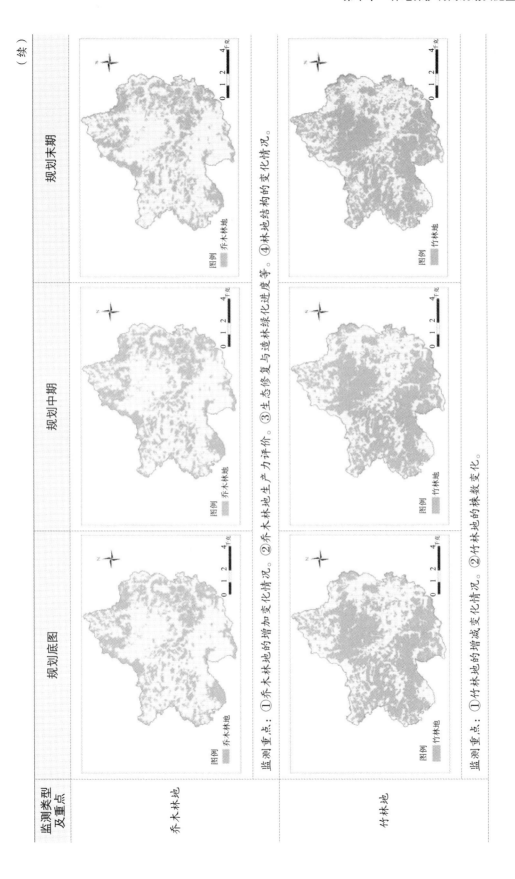

（续）

监测类型及重点	规划底图	规划中期	规划末期
国家规定特别灌木林地	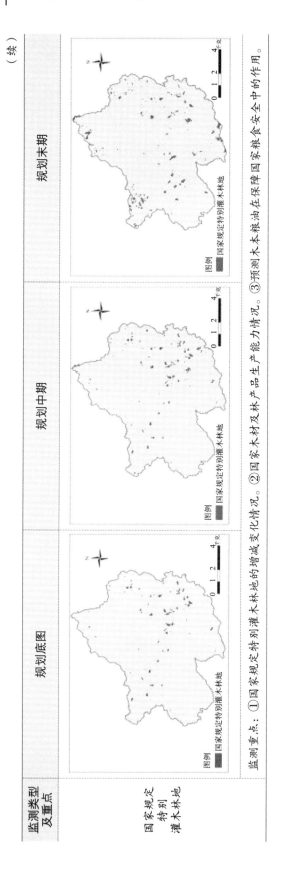		

监测重点：①国家规定特别灌木林地的增减变化情况。②国家木材及林产品生产能力情况。③预测木本粮油在保障国家粮食安全中的作用。

第二篇 专题篇

本篇在分析林地保护利用规划编制、实施、审批、修编、监督及制度建设等管理的现状及问题的基础上，选择林地保护利用规划基准数据、林地落界、数据库与平台建设、林地质量评价、林地保护分级、林地用途管制、林地定额管理、规划实施管理、规划专题图制作、公众参与式规划等难点、疑点和重点问题作为专题内容，在专题调研的基础上，结合实例就上述专题进行全面深入的论述。

第十一章　林地保护利用规划管理

第一节　概　述

一、概念

林地管理，国家维护土地所有制，调整林地关系，合理地组织林地的保护、利用、开发和改造，而实施的行政、经济、法律和工程技术等一系列措施的总称。

林地管理主要包括以下八个方面的内容：

1. 林地政策管理

加强林地保护管理是法律法规赋予林业主管部门的法定职能。林地政策管理，是研究制订林地保护利用管理方针政策，是林业主管部门通过法律和行政手段以及其他措施，对保护、改善和合理利用林地资源进行经常性的监督和科学管理。目前，关于林地管理的法律法规和政策规定，已经较为健全和完善。为依法依规管理好林地，保护林地资源，加强生态建设提供了强有力的法律法规和制度保障。

2. 林地数量管理

林地数量管理是指林地调查监测、年度变更和登记。林地年度变更调查是以林地保护利用规划林地落界形成的林地"一张图"为本底，综合利用植树造林、森林采伐、占用征收林地和森林灾害等林业经营管理资料，通过最新遥感影像图判读分析和现地核实调查，进行林地变化信息更新，实现林地"一张图"数据库年度更新。林地年度变更调查，是在林地"一张图"的基础上，按年度开展的林地范围和林地保护利用等变化情况的调查分析，建立国家与地方上下联动、职责明确、高效运转的林地变更调查工作机制，是提升林地动态监测水平，提高林地监管能力，加强林地保护利用，深化国家和地方政府宏观决策管理的重要基础和支撑。

3. 林地质量管理

林地质量评价是研究、掌握森林生长环境以及经济环境对林地生产力影响的一个重要手段，是实现科学造林以及经营森林的关键，可作为林业指导生产、实行科学管理的重要依据和手段。林地质量评价是合理利用土地的基础，是避免盲目造林的有效措施。

正确的评价结果能够为当地的造林、绿化、适地适树、提升森林质量提供科学依据，能够做到选择最具生产力的造林树种，并提出适宜的育林措施，对充分挖掘地力，树木生产潜力，促进林业向高产、优质、高效益发展有着重要的现实意义。另外，林地质量评价还可以作为当地林业部门指导生产，实行科学管理的重要依据和手段，有利于建立合理的经营结构，从而为区域长远的造林目标提供可靠依据。

4. 林地权属管理

林地权属管理包括林地所有权和使用权的确定以及权属管理。林地所有权是指林地所有者对林地的占有、使用、收益和处分的权利。林地使用权，中国用益物权的一种，公民、法人或其他组织依法对国家或集体所有的林地进行占有、使用、经营和收益的权利。具体包括种植林木、利用林地资源从事采集、种植或养殖以及森林景观开发等权利。林地权属管理的基本内容主要包括基础管理、权属管理和开发利用、监督等部分。首先对于基础管理主要涉及对林地的调查、面积统计和分析、林权权属的登记证明，相关证明书发生及档案建设和管理等内容；其次，开发利用和监督。这个内容中主要包括了对林地保护利用的规划、实施等内容的审查，国家和地方建设用地，占用林地的审核和批准等，同时还涉及对林地变化情况的审查和监督等工作。

5. 林地审核管理

林地审核管理包括林地管理政策、林地用途管制和定额管理。自2015年起国家林业局修订出台了《建设项目使用林地审核审批管理办法》《建设项目使用林地审核审批管理规范》等文件，进一步规范了建设项目使用林地审核审批管理，简政放权，提高服务水平，加强监管，并提出了使用和临时使用林地的建设项目应当遵守林地分级管理的规定，实现了向依据林地保护利用规划和林地"一张图"审核审批建设项目使用林地的转变。严禁擅自改变林地性质和范围是林地用途管制的核心，也是林地保护管理的核心工作，主要包含"3+3"方面的内容：严格限制林地转为建设用地、严格控制林地转为其他农用地、临时用地期满后恢复林业生产条件、严格控制公益林地转为商品林地、严格控制高保护等级林地转为低保护等级林地、严格控制天然林地转为人工林地。坚持定额管理，优先保障基础设施、公共事业和民生项目使用林地，坚决抵制破坏生态的开发性项目，严格限制林地转为建设用地，减少林地流失，保障森林资源发展空间的林地总量。明确建立占用征收林地定额管理制度，实现了占用征收林地行政许可由无数量限制向定额限制的转变，进一步加强林地资源有效保护管理，优先保障重大项目建设林地定额，引导建设项目节约集约使用林地，严格控制林地转为建设用地。

6. 林地规划管理

林地保护利用规划是《中华人民共和国森林法》对县级以上人民政府的要求，是国土空间规划的专项规划，规划融入整个森林资源管理活动之中，以及各省级、县级林地保护利用规划，以期顺利实现期间林地资源保护的目标。国务院批复的《全国林地保护利用规划总体纲要（2010—2020年）》已经实施完成，各地依法依规建立了林地管理的相关制度和措施，加大了对违法占用林地和擅自改变林地用途行为的打击力度，林地保护工作取得了积极成效。林地保护利用规划进一步规范了林地管理，确保林地总量，维持林地资源可持续发展，保护自然生态，实现林业可持续发展战略目标，是林地保护利用的政策和总纲。规划是明确林地管理边界、落实林地用途管制、实现林地科学管理、提高林地保护利用效率的重要依据，具有战略性、协调性和操作性。

7. 林地税费管理

林地有偿使用的根本目标是理顺林地产权关系，实施林地资产化管理，利用经济手段控制林地的减少。主要内容为完善林地所有权与使用权分离制度、建立林地有偿使用机制、培育并规范林地有偿使用市场，具体包括：林地使用权登记、变更审批和管理办法；林地规划、评估标准、程序和方法；林地利用效益核算办法；林地公益效能补偿办法；林地损失补偿办法；林地保护基金设立和管理办法；林地资产化管理相关法规等。按现行法律规定，建设单位征占用林地缴纳森林植被恢复费、林地补偿费、林木补偿费和安置补助费四项费用，它标志着中国初步实现了依法有偿使用林地的林地管理体制。《中华人民共和国森林法实施细则》相关条款规定，"占用林地单位应当向森林经营单位补偿实际损失"。据此，国家物价局规定："各省、自治区、直辖市物价部门应根据本地区实际情况，会同有关部门制定森林植被恢复费和林地、林木补偿费。"《中华人民共和国森林法》第二次修正时从法律上新增了必须缴纳森林植被恢复费和有关的使用、监督规定，还明确了森林植被恢复费征收标准由国务院规定。2002年，国家林业局与财政部两部门联合下发了《森林植被恢复费征收、使用管理暂行办法》，在全国范围内统一并大幅度提高了森林植被恢复费的征收标准。

8. 林地督查管理

近年来，随着违法违规破坏森林资源案件居高不下，保护压力前所未有。根据《中华人民共和国森林法》第六十六条"县级以上人民政府林业主管部门依照本法规定，对森林资源的保护、修复、利用、更新等进行监督检查，依法查处破坏森林资源等违法行为。"国家林业和草原局通过林地专项检查和专项打击相互补充、相互支撑，形成了制度化、系统化的森林资源执法监督检查体系框架。构建了"国家组织、省负总责、上下联动、分级负责、齐抓共管"的常态化的森林资源监管执法体系。通过遥感判读森林资源变化情况，开展地方全面自查与国家抽查复核，依法开展违法问题查处整改，进一步健全完善森林资源监测监管机制，进一步健全专项行动依托森林督查平台，包括依托其组织体系、技术体系、管理体系，强调全面的重点打击和清理排查。

林地的规划管理是林地管理实现以数管地、以图管地、以规划管地的重要途径。既是管数量、管空间，又是管属性，这是当今林地管理的发展趋势。

二、内容

林地的规划主要包括保护和利用两个方面的内容，故林地规划通常成为林地保护利用规划。林地保护利用规划属于国土空间规划中的专项规划，是指导林地保护和利用工作的纲领性文件，是明确林地管理边界、落实林地用途管制，实现林地科学管理、提高林地保护利用效率的重要依据。林地保护利用规划管理是为了合理利用和保护林地资源，维护林地利用的社会整体利益，组织编制、审查、实施、监测、调整及修编，并依据规划对各项林地利用进行控制、引导和监督的行政管理活动，是林地管理工作的一个不可或缺的重要组成部分。

林地保护利用规划管理有广义概念和狭义概念之分。从广义上说，就是国家从宏观层面上就林地资源保护、使用林地的原则等重大指导方针、政策做出决策。林地保护利用规划管理体系是一项全方位的工作，从狭义上说，包括从编制、审查、实施、监测及调整、修编、监督检查等一系列的环节。林地保护利用规划管理是各级人民政府的重要工作之一。

林地保护利用规划管理的根本目的是为规范林地保护利用规划的编制、审查、实施、监测、调整及修编等工作，通过法制和行政的各种科学管理手段和方法，提高林地保护利用规划的科学性、严谨性和可操作性，对林地的保护和利用活动进行控制、引导和监督，使之纳入有序轨道。其管理贯穿于林地保护利用规划全过程中，是林地管理的重要内容。规划是管理的前提和依据，管理是规划依法科学制定和有效实施的保证。

三、重要性

林地保护利用规划是指导林地保护和利用工作的纲领性文件，是落实林地用途管制，优化林地结构、布局，统筹各项林地利用活动的重要依据。林地保护利用规划是林地管理的重要手段，林地保护利用规划管理更是落实好规划的重要抓手。俗话说"三分规划，七分管理"，说明了林地保护利用规划管理在林地管理中的地位与作用。林地规划管理贯穿于规划的编制和规划实施的全过程，它是林地保护利用规划编制与实施的主要保证。

（一）林地保护利用规划管理是规划落地的过程

林地保护利用规划是对未来林地保护和利用的发展蓝图，规划管理是把蓝图变成现实的手段。从宏观层面来看，通过规划管理才能保证林地保护利用规划适应社会发展的需要，加强生态文明建设，保证林地面积与质量，发挥森林生态功能，实现林地管理现代化。因此，林地保护利用规划管理是规划的完善、深化和具体化的过程。

（二）林地保护利用规划管理是发展的方向标

规划管理是保护利用林地的方向标，具有法律效力。经由规划编制和规划信息的管理，对保护利用林地的规模和布局予以规范引导。林地保护利用规划实施同时受到各种因素的制约，规划管理需要协调各部门、各方面的关系和处理各种各样的问题，必要时还要对规划进行允许范围内的修编、调整、补充、优化。

（三）林地保护规划管理是主管部门的基本职能

林业主管部门代表了公众的意志，具有维护公共利益、保障林农的合法权益、促进林地保护发展的职能。要大力加强城市规划的实施管理。经过批准的林地保护利用规划具有法律效力，要严格实施。规划涉及各方面的问题和要求，在规划管理中依法妥善处理相关问题，确保实现林地保有量指标，做到保护与利用相协调。通过规划管理对各项建设项目使用林地给予必要的制约和监督。因此，林地保护利用规划与规划管理都应当摆在林草部门资源管理工作的重要位置上,这也是新时期生态文明建设的客观要求。

四、原则

(一)依法行政原则

林地保护利用规划管理实行依法行政的原则,是其职能特点和工作性质决定的。林地保护利用规划是落实新《中华人民共和国森林法》中相关内容的必然要求,是国家加强林地宏观调控、规范林地利用行为,是平衡新时期林地保护与利用关系的重要手段,经依法批准的林地保护利用规划,应当严格执行,未经法定程序不得修改,确保规划管理有效实施。

(二)民主管理原则

民主管理原则与依法行政原则相辅相成,最根本的是实行参与式管理,即规划管理的公众参与。在规划管理决策过程中,对涉及个别单位、个人利益的,也要听取受影响单位代表、个人的意见,注重维护林农及其他森林经营者的合法权益。

(三)集中统一原则

林地保护利用规划管理实行集中统一管理的原则,是林地集中统一管理的重要体现,是长期实践经验的总结。林地资源涉及国家的长远利益和整体利益,必须实行集中统一管理,首先是集中统一规划管理。林地保护利用规划的编制,必须符合法律、法规,必须认真贯彻国家的方针、政策,符合国土空间规划的内容。林地保护利用规划管理与空间规划管理充分衔接,统筹生态建设和经济社会发展使用林地的需求。对林地保护利用规划进行修编,必须符合相关法律、法规的规定,并报原批准规划的人民政府批准,不得下放规划审批权限。

(四)社会公开原则

林地保护利用规划社会公开是各级林业主管部门推进依法行政和民主化决策、加强勤政廉政建设、改善部门形象的一项改革措施,有利于增强林地治理能力建设,完善监督机制。林地保护利用规划管理中的社会公开,包括编制规划的公开(公众参与)、规划成果的公开(规划公告)和规划实施管理中有关办事的程序、规划、标准和结果的公开等。

五、管理方法

为建立全国统一、责权清晰、科学高效的林地保护利用规划体系,提升对林地保护利用规划的编制审批实施监管,林地保护利用规划管理的方法采取多种方式结合的形式,其中主要有行政方法、法治方法、社会方法和科技方法。

（一）行政方法

依靠行政组织，运用权威性的行政手段，采用命令、指示、规定、制度、计划、标准等行政方式来组织、指挥、监督林地保护利用规划管理的一项基本方法，便于集中统一管理和及时贯彻执行，是实施其他方法的必要手段。行政管理权的存在与行使必须依据法律、符合法律，在法律法规比较模糊的情况下，按照客观、适度的标准或对法律的合理解释采取必要的措施。

林地保护利用规划的行政方法依靠一套现有的林地管理制度。一是实行林地年度定额管理制度，即将林地保护利用规划确定的占用林地指标按年度分解实施，通过林地定额的执行保证规划的有效实施。二是实行建设项目使用林地审核审批制度。根据《建设项目使用林地审核审批管理办法》等法律法规和林地保护利用规划的内容，既要保护好生态区位重要、生态脆弱、生态敏感区域的林地，防止造成生态破坏，又要支持符合要求的建设项目使用林地的需求。凡不符合法律法规及规划内容的，林业主管部门不予受理使用林地行政许可，从根本上制止违法使用林地。

（二）法治方法

通过法律、法规和规章制度、标准规范，规范林地保护利用规划制定和实施的行为，进行有效的管理。从各国管理经验来看，法治方法是规划管理最有效也是最基本的手段方法。在当前依法治国的大背景下，必须把规划法制建设作为加强林地保护利用规划管理的首要任务和根本措施。目前，林地保护利用规划的法治文件仅有《建设项目使用林地审核审批管理办法》《林地保护利用规划编制审查办法》。

（三）社会方法

公众参与规划的制定、监督、维护和实施是规划管理的一项基础方法。林地保护利用规划是一个复杂的系统工程，涉及多种因素，需要处理多方面的各种关系。通过公众参与，可以集思广益，比较准确地表达社会需求，减少决策失误。规划实施中也需要运用社会公众的方法，通过规划的公布和管理内容的公开，帮助促进林业主管部门公正执法，对违法规划的行为及时制止，确保规划实施的准确性。

（四）科技方法

在森林资源监测中运用较多的科学技术是森林资源管理"一张图"，通过全国年度的监测出数，能够对规划的实施情况和林地资源的现状进行快速跟踪监测和及时管理，为行政执法提供依据。特别是在规划编制过程中对林地管控分区规划、林地保护等级规划和林地质量等级规划起到重要的作用。运用森林资源管理"一张图"地理信息系统技术，是编制林地保护利用规划的基础，同时也丰富了林地保护利用规划的管理手段，提高了规划管理的科技水平，也拓宽了林地保护利用规划的功能和作用。

六、管理任务

林地保护利用规划管理包括编制与审批管理、实施管理和修编调整管理等管理制度，以及各项相应的保障措施。具体来说，林地保护利用管理的主要任务：

（一）林地保护利用规划的组织编制和审批管理

林地保护利用规划的组织编制管理，主要任务是由县级以上人民政府组织编制规划方案、专家论证和社会公众参与意见，并协调各部门。林草主管部门具体承担编制任务，对上一轮林地保护利用规划实施情况进行总结评估，提出新一轮规划的目标和任务。林地保护利用规划的审批管理，主要任务是将规划成果专家评审，修改和通过，依照法定程序逐级申报，由县级以上人民政府审核并批准实施。

（二）林地保护利用规划的审查报批管理

林草主管部门依据相关法律、法规、技术规定和有关成果对林地保护利用规划进行审查，审查管理的主要任务包括林草主管部门应当对下一级林地保护利用规划进行全面审查，包括省级实施方案和操作细则，审查通过后，各省林草部门组织制订规划大纲，有关林草部门应当依据审查通过的规划大纲，组织编制林地保护利用规划。规划报批的任务是省级规划经国家林业和草原局审查同意后，由省级人民政府批准实施。县级规划经省级林草主管部门审查同意后，由县级人民政府批准实施。

（三）林地保护利用规划的实施保障管理

规划实施管理的主要任务是根据规划确定林地保有量和林地空间管控措施实施林地用途管制，进行规划实施情况评估、规划信息平台对数据实时监测，规划实施检查监督和规划内容公开等措施、这些有效的措施不仅影响当前各项规划工作的正常开展，而且对规划的长远发展具有重要保障作用。

（四）林地保护利用规划的修编和调整管理

规划修编的主要任务：一是针对林地保护利用规划期限到期，由国务院林业主管部门统一组织修编国家、省级、县级林地保护利用规划。二是针对未到期的修编，根据实际确需修改林地保护利用规划的，规划编制机关可以依法组织修改规划，报原规划审批机关批准。

第二节　管理流程

目前，我国林草部门在做好各级林地保护规划编制和实施工作的同时，积极开展了各项林地保护利用规划管理的基础工作建设,逐步建立和完善了有关林地保护利用规划管理的规章制度。从林地保护利用规划的内容看,主要包括编制管理、实施管理、监督管理、调整管理、修编管理、协调管理等。现将编制管理、实施管理、监督管理的主要内容分述如下:

一、规划组织编制管理

林地保护利用规划组织编制管理,是指依据有关的法律、法规和方针政策,明确林地保护利用的编制主体,规定林地利用规划编制的内容要求,设定林地保护利用规划编制和实施程序,从而保证林地保护利用规划依法依规编制。

按照《中华人民共和国森林法》第二十四、二十六条要求:"县级以上人民政府应当落实国土空间开发保护要求,合理规划森林资源保护利用结构和布局,制定森林资源保护发展目标,提高森林覆盖率、森林蓄积量,提升森林生态系统质量和稳定性。""县级以上人民政府林业主管部门可以结合本地实际,编制林地保护利用、造林绿化、森林经营、天然林保护等相关专项规划。"

规划编制需参照《县级林地保护利用规划编制技术规程》(LY/T 1956—2011)林地保护规划编制管理的内容包括明确规划编制主体、要求规划资质、规范成果要求、加强审核报批。

二、规划实施管理

林地保护利用规划的实施管理的内容包括规划实施中的用途管制、补充林地与林地占补平衡、规划实施评估等内容。

(一)用途管制

林地保护利用规划是实施林地用途管制的重要依据。建设项目使用林地审核审批、林地占补平衡、公益林、天然林区划调整等任何林地保护利用活动,必须符合林地保护利用规划确定的林地用途,不得突破林地保护利用规划确定的用地规模和总体布局安排,确保规划目标的落实。为更好地实施林地用途管制,建设项目使用林地中需遵循如下原则:一是建设项目应当不占或者少占林地,必须使用林地的,应当符合林地保护利用规划,合理和节约集约利用林地。二是建设项目使用林地实行总量控制和定额管理。三是建设项目限制使用生态区位重要和生态脆弱地区的林地,限制使用天然林和单位面积蓄积量高的林地,限制经营性建设项目使用林地。

(二)林地占补平衡

按照《中华人民共和国森林法》三十六条:"国家保护林地,严格控制林地转为非林地,实行占用林地总量控制,确保林地保有量不减少。"该内容实际上隐含着"林地占补平衡"的要求,因此在林地保护利用规划实施过程中,要求建设项目占用林地过程中实施占补平衡的要求，如要求实现"先补后占""边占边补"，建立"补充林地库"等管理内容，确保补充林地的数量与质量，并积极探索开展跨区域林地占补平衡机制。

（三）规划实施评估

林地保护利用规划经批准实施后，县级以上林业主管部门应当定期组织对规划实施情况进行全面评估，分析规划实施取得的成效、存在的问题及原因，提出促进规划有效实施的建议和措施。可适时开展林地保护利用规划实施的评估，评估的主要内容包括规划目标落实情况；规划实施措施执行情况；重大工程与重点建设项目实施情况；规划背景重大变化情况；评估结论。

三、规划监督管理

规划监督也是实施规划不可替代的重要手段。监督的主要方式之一是执法检查，定期或不定期对林地保护利用规划的执行情况进行检查，对违反规划的行为依法严格予以处罚，构成犯罪，依法追究当事人的刑事责任。各级林草主管部门应当采用卫星遥感、信息化等技术手段，通过森林督查、土地遥感执法、专项检查、随机抽查等形式，对林地保护利用规划确定的约束性指标等强制性内容进行检查，及时发现、制止和纠正违反林地保护利用规划的行为。

（一）规划成果的公开

林地保护利用规划经批准后，规划的组织编制机关应当依法予以公布。但是法律、行政法规规定不得公开的内容除外。

（二）规划实施的行政检查

林地保护利用规划实施的行政检查是指林业主管部门依法对单位或个人是否依法按林地保护利用规划确定的用途管制和使用林地的事实所作的强制性检查的具体行政行为。

（三）成果备案和档案管理

经人民政府批准的县级以上林地保护利用规划成果应当报国家林业和草原局备案。包括规划文本、规划说明、图件以及专题研究。上报的规划文本和规划图件需加盖主管部门的公章。

四、规划管理制度建设

目前，我国在做好林地保护利用规划编制和实施工作的同时，积极开展了林地保护利用规划管理的基础工作建设，逐步建立和完善了有关林地保护利用规划管理的规章制度。除了《新一轮林地保护利用规划编制管理办法》等规章建设外，还应加强三方面的制度建设。

（一）实行全过程记录制度

县级以上林业主管部门应当建立林地保护利用规划编制、审批、修改、实施和监管全过程留痕制度，在规划编制组织、规划内容修改、规划许可变更或撤销、公开征求意见等环节中，应当将提出、论证、审查的过程及参与人员意见等记录归档，确保规划管理行为全过程可追溯、可查询。各地应建立林地保护利用规划实施监督信息系统，并具备自动强制留痕功能。

（二）推行公众参与制度

一般来说，在公共政策形成过程中，公众参与是确保政策符合民意及政策合法化的根本途径。公众参与政策制定的方式和程序多种多样，除了立法机关代表制度外，民意调查、信息公开制度、听证会制度、协商谈判制度、公民请愿和公民投票制度都是实现政策制定的民主化与科学化的基本制度。公众参与政策制定有利于加强政策合法化，减少官僚主义和腐败现象，也有利于改善经济增长的质量，提高贫困人口的生活水平。

具体可以采用公众参与方式中的名义调查制度、信息公开制度、公示制度、听证会制度等。对林地保护利用规划编制中的重大问题，可以向社会公众征询解决方案。对直接涉及林农和其他森林经营者合法利益的规划内容，应当充分听取利益相关人的意见。必要时可以依法举行听证会或者网络等多种方式征求专家和公众的意见。公告的时间、地点以及公众提交意见的期限、方式，应当在政府信息网站以及当地主要新闻媒体上公布。

（三）建立规划监测和实施评价制度

林地保护利用规划运行的整个过程是一个信息系统的运行过程，而林地保护利用规划实施评价的一个重要作用就是提供既定林地保护利用规划的信息。在信息运行过程中，与林地保护规划优劣成败相关的信息是通过评价这一手段发现的，也是通过这一手段反馈到林地保护利用规划制定者和决策者那里。在林地保护利用规划实施管理中，建立健全林地保护利用规划监测体系及林地保护规划实施评价制度，是实施林地保护利用规划的重要技术手段，通过这一监测体系和反馈机制可以及时监控林地用途管制成效和林地数量、质量及生态区位的变化，从而反映林地保护利用规划的执行程度和结果，使各级政府及社会公众都能及时了解林地利用变化信息，及时发现和解决规划实施中存在的问题，保证规划能够顺利实施。建立林地保护利用规划实施评价体系，由自然资源部门、发改部门、司法部门、金融部门、新闻媒介部门、社会团体部门以及非执政党部门组成的评价者对林地保护利用规划的实施效果进行外部评价，由林草管理部门组成的评价者对林地保护利用规划的实施进行内部评价，将有利于林地保护利用规划的修编和调整。

第十二章 林地保护利用规划基准数据

第一节 基准数据来源

一、基准年与基准数据

（一）规划基准年

规划基准年即规划基期年、现状水平年，是规划相关指标、现状参数选取的年份，一般为规划开始时能收集到最完整的资料的年份。选取规划基准年的目的是为了将各种基准参数统一到一个水平上。基准年一般为规划期限的前一年，如上一轮林地保护利用规划，规划期限为2010—2020年，以2009年为规划基准年；新一轮林地保护利用规划为国土空间规划框架下的专项规划，规划期限与国土空间规划一致，为2020—2035年，为保证规划间的衔接性，其规划基准年也应保持一致，均为规划期前一年，即2019年。

（二）规划基准数据

规划基准数据指规划编制时，能够充分反映规划基准年相关指标、参数情况的基础数据。规划基准数据一方面需要为规划基准年的数据，体现的是规划期限初期的水平；另一方面要满足规划编制需要，规划编制所体现的各类现状参数、指标均能够从数据中获取。规划基础数据一般情况下为一系列数据，在整理、汇总各类数据的基础上，在数据结构、字段、数据字典等方面按照特定的要求、标准、规范建立的成套数据。

二、非基准数据的转化

在规划编制时，经常会遇到无合适基准数据的情况。包括数据时间不满足要求，为非基期年的数据，或者基期年的数据在结构、分类等方面不满足规划编制需要，或无法产出规划需要指标、参数。这时就需要进行非基准数据的转化，按照相应的规则将非基准数据转化为基准数据。

（一）数据时间不满足需求的转化

当数据时间不符合要求时，可采用最接近年份的数据，并结合实际情况，通过补充调查、举证、审查、确认等一定程序，以及采用数学模型等方法，依法依规科学合理地将非基准年数据变更到基准年。

如某地区缺少2020年的森林面积，现有2019年森林面积数据与近10年森林面积年均增长量，则可通过2019年数据与估算增长量求算2020年的森林资源情况；若有该地区2010—2019年各年度的森林资源面积，也可通过构建森林面积的时间序列，利用数学模型进行预测，得到2020年森林面积的预测值。

（二）数据内容不满足需求的转化

当数据内容不太符合规划编制要求时，可参照预先规定的转化标准，由其他相关数据转化而来。包括按照一定的转化规则直接进行转换、开展细化补充调查和佐证材料更新等。

三、林地保护利用规划基准数据

规划基础数据是指在林地保护利用规划编制中，能够充分反映规划基期年各类林业用地情况，体现林保规划中各项约束性和预期性指标的基础数据。从所包含的内容来看，林保规划基准数据应该能够反映出林地的空间分布情况，即什么是林地，以此确定林地的数量；以及林地的属性因子，即是什么样的林地，包括林地的植被覆盖类型、森林类别、权属、保护等级、质量等级、起源等信息，以此确定林地保护与利用的具体内容。

规划基准数据确定的过程，即林地落界的过程。林地落界是编制林地保护利用规划的一项十分重要基础性工作。"先落界，再规划"，是编制县级林地保护利用规划的基本要求，其目的是将林地及其保护利用状况和规划期可用于发展林业的土地，落实到山头地块（小班），为各级林地保护利用规划提供基础数据。

（一）林地的空间范围

林地的空间范围是林地在空间上的分布，体现了林地的数量与布局。林地空间范围确定了哪些是林地，有多少林地，这与新一轮林地保护利用规划中林地保有量这一约束性指标密切相关。确定林地空间范围是产出林地保护利用规划基准数据最首要的任务，只有确定了林地的范围，才能有林地的属性因子，林地保护利用规划的规划内容也才有落脚点。

（二）林地的属性内容

林保规划基准数据需要落界的林地属性内容主要有林地的分类、分源、分级、分等，以及林地的植被覆盖类型等。其中，林地的分类、分源、分等，需要由公益林区划界定成果、天然林保护重点区域、林地质量分等定级成果等专项成果确定；由于确定林地保护等级的标准发生变化，在新一轮林地保护利用规划中需要重新划定林地保护等级。

林地的植被覆盖类型反映了林地地表附着的植被的情况，可以说是按照林业地类的划分标准，对林地进行了进一步的细分。林地的植被覆盖类型分为有林地（含乔木林、竹林和红树林）、灌木林（含国家特别规定灌木林和其他灌木林）、未成林地（含未成林造林地、未成林封育地）、苗圃地、无立木林地和宜林地等。

第二节　基准数据产出

一、规划基础数据要求

林地保护利用规划的编制，最重要的基础工作是基准数据的确定。如何合理、准确地产出规划基础数据，关键在于科学界定林地与土地的关系、做好林地与土地利用现状数据源的无缝对接。因此，在国土空间规划框架下，新一轮林地保护利用规划基准数据的产出又有了新的要求。

（一）融合"三调"成果数据，确保数据底板统一

充分发挥国土"三调"成果在国土空间规划管理中的"统一底板"作用，新一轮林地保护利用规划基准数据应该融合"三调"成果数据，厘清林地的现状范围界线，解决地类交叉重叠问题，确保数据底板统一。

（二）紧扣国土空间规划，确保空间功能统一

新一轮林地保护利用规划是建立在国土空间规划框架的背景下，其基础数据的产出应基于国土空间规划，林地空间功能也应满足国土空间规划中对应的功能分区。此外，相关规划目标、技术标准、用地分类也需与国土空间规划进行充分衔接，使产出的数据为符合空间规划统一框架下的法定数据，以确保数据的有效性。

（三）沿用林业专项成果，实现指标延续性

新一轮林地保护利用规划是上一轮的发展与延续，因此规划基础数据需要与上一轮具有同口径的可比性，规划指标也需要具有一定的延续性。上一轮林地保护利用规划以一类连清数据为基准，不断发展中形成了森林资源管理"一张图"成果，因此在新一轮林地保护利用规划仍需将森林资源管理"一张图"成果和最新的森林资源连续清查成果作为基础，各指标因子也能从基准数据中获取，并与上一轮延续可比。

（四）衔接各类空间数据，保证因子准确性

新一轮林地保护利用规划属于空间上的规划，因此需要与其他各类空间数据相衔接，

在与生态保护红线、自然保护地整合优化成果、公益林区划界定成果、天然林保护重点区等成果数据进行空间叠加后，按照特定的标准规范，来来综合确定规划基准数据中林地功能分区、林地保护等级、林地用途管制等管理因子，确保各专项因子的准确性。

二、规划基础数据产出

林地保护利用规划是相关各领域规划叠加分析、冲突差异解决后的专项规划。为实现统一的基础数据源，使林地保护利用规划在国土空间规划整体工作中发挥应有作用，规划基础数据的产出需解决林业专项数据与国土空间规划在技术标准、用地分类、规划分区及目标等多方面的对接。这就要求在掌握国土空间规划体系的背景下，正确理解林地内涵，科学进行基础数据的对接与转换，实现林地保护利用规划与国土空间规划的衔接统一。

从新一轮林地保护利用规划工作的总体流程看，基础数据的产出需要经过数据融合、补充调查、基数转换、林地落界等工作（图12-1）。

图12-1　规划基础数据产出过程

（一）基础数据产出的流程

1. 地类标准衔接——定标准

包括对国土"三调"的土地利用现状分类、国土空间规划的规划用途分类和森林资源管理"一张图"地类划分的对应、细分、归并和转化。建立以国土空间规划用途分类为基础的，含林业用途细分地类的林地保护利用规划地类划分标准。

2. 现状数据融合——确空间

将国土"三调"现状数据与森林资源管理"一张图"现状数据进行叠加融合，开展地类一致性分析。同时，按照国土空间规划分区及其管控类型、管控措施及地类构成，明确林地的具体空间功能特点。

对于国土"三调"与森林资源管理"一张图"地类不存在差异的部分，可直接划入林地空间范围，并按照建立的地类划分标准，进行地类归并、细分和转化，确定林地功能后，直接进入初步基准数据库。

对于国土"三调"与森林资源管理"一张图"地类存在差异的部分，需要进行必要的现地核实与补充调查。经实地验证后，确定补充林地范围与林分因子，进入初步基础数据库。

3. 核实补充调查——补因子

充分利用最新遥感影像、林地管理档案资料、公益林区划界定成果、生态红线、自然保护地整合优化成果等资料，核实国土"三调"与森林资源管理"一张图"成果存在差异的部分，特别是违法违规使用林地、未及时变更、批而未占等漏划错划情况和重点公益林、天然林、退耕还林地等重点林业工程与国土"三调"成果的矛盾冲突。分类提出各种情况的处理意见，补充并完善林分因子和管理因子。对于非基准年的数据，通过补充调查、举证、审查、确认等程序，依法依规转换到基准年。

4. 开展林地落界——定基数

对形成的初步基础数据库进行必要的空间拓扑与属性逻辑数据质检，得到现状基础数据库。并根据相关要求确定与审查各类基数。

（二）数据融合

数据融合是新一轮林地保护利用规划中最基础性工作，事关森林资源管理"一张图"与国土"三调"数据、国土空间规划的无缝衔接，以及现状数据与规划数据间的协调处理。能够初步解决国土"三调"和森林资源管理"一张图"在调查精度、时间和分类标准上的差异。数据融合（图12-2）的主要任务如下：

一是统一地类标准，做好与国土"三调"成果的对接。各级行政界线、林地的地类和图斑界线直接按照国土"三调"数据，不作界线和地类修改，并采用国土"三调"图斑面积计算及控制方法，林业经营单位界线原则上沿用森林资源管理"一张图"界线。

二是摸清林地空间范围及功能属性。根据《国土空间总体规划基数转换及审定办法（试行）》，依据国土空间规划中地类的对应、归并、细分和数据转化等的结果，摸清"林地"基数，作为林地保护利用规划的基数。同时，按照国土空间规划林地的管控分区、管控类型、管控措施，明确林地的空间功能属性。

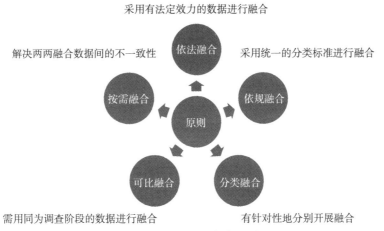

图12-2 数据融合的原则

将国土"三调"基础数据与基准年森林资源管理"一张图"成果相叠加，进行融合处理，在确定行政界线、经营界线等边界范围的基础上，确定地类图斑和专项成果界线，经过对地类一致性分析，筛选补充调查图斑，形成初步融合数据库（图12-3）。

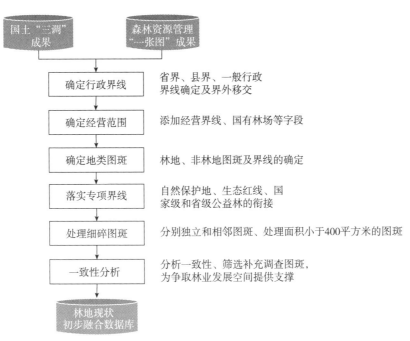

图12-3 数据的初步融合

1. 边界优化处理

通过对国土空间规划、国土"三调"成果与基准年森林资源管理"一张图"成果进行空间叠加后，按国土"三调"图斑界线融合还原。

行政界线应以国土"三调"行政界线保持一致。按照国土"三调"行政界线对森林资源管理"一张图"小班数据进行修正和调整，保证规划基准数据行政界线与国土"三调"的统一。

图斑界线应以国土"三调"成果保持一致。由于区划时选取影像质量精度不同，不同数据叠加会产生的大量破碎图斑。按照国土"三调"对于最小图斑面积的规定，将小于最小面积的碎斑统一按照原国土"三调"成果界线，进行自动融合处理；对于面积介于国土"三调"与森林资源管理"一张图"最小图斑面积规定之间的破碎图斑，有明确规程规范可以合并的，按照国土"三调"图斑界线融合还原；其余破碎图斑经人工核对后处理。

2. 地类融合与基础数据转化

（1）对应与归并。由于林地保护利用规划是国土空间规划的专项规划，重点关注林地部分，其余地类可只划分到一级地类即可。如国土空间规划用途分类中耕地、种植园用地、牧草地保留不变，作为林地保护利用规划中一级地类"非林地"的二级子地类。国土空间规划用途分类中其他农用地、居住用地、公共管理与公共服务设施用地、商服用地、工业用地、物流仓储用地、道路与交通设施用地、公用设施用地、绿地与广场用地、留白用地、区域基础设施用地、特殊用地、采矿盐田用地、湿地、其他自然保留地、陆地水域、渔业用海、工业与矿产能源用海、交通运输用海、旅游娱乐用海、特殊用海、可利用无居民海岛、保护海域海岛、保留海域海岛等一级地类，归并作为林地保护利用规划中一级地类"非林地"的二级子地类"其他非林地"。国土空间规划用途分类一级地类"林地"中的"乔木林地""竹林地"二级子地类保留不变，作为林地保护利用规划中对应的二级子地类。

（2）地类细分。将国土空间规划用途分类中二级地类"灌木林地"细分为"国家特别规定灌木林地"和"其他灌木林地"，将二级地类"其他林地"细分为"疏林地""未成林地""迹地""苗圃地"和"其他"。细分后的地类具体含义，参照有关森林资源调查技术规定。

（3）转化。因建设项目临时使用林地、毁林开垦以及地震、塌方、泥石流造成的林地变化、未经审核审批建设项目使用林地等原因，国土"三调"以现状调查为非林地的，需要依据相关证明材料，转换为对应的林地地类（表12-1）。

表 12-1　国土地类与"一张图"地类中林地的对比

名称	二级类编码	国土地类名称	"一张图"地类		
			名称	代码	含义
林地					指生长乔木、竹类、灌木的土地。包括迹地，不包括沿海生长红树林的土地、森林沼泽、灌丛沼泽，城镇、村庄范围内的绿化林木用地，铁路、公路征地范围内的林木，以及河流、沟渠的护堤林
林地	301	乔木林地	乔木林地	30100	指乔木郁闭度≥0.2的林地
	302	竹林地	竹林地	30200	指生长竹类植物，郁闭度≥0.2的林地
	305	灌木林地	国家特别规定灌木林地	30510	
			其他灌木林地	30520	
	307	其他林地			包括疏林地（树木郁闭度≥0.1、<0.2的林地）、未成林地、迹地、苗圃等林地
			疏林地	30710	
			未成林地 未成林造林地	30721	
			未成林地 未成林封育地	30722	
			迹地 采伐迹地	30731	
			迹地 火烧迹地	30732	
			苗圃地	30740	
			其他无立木林地	30750	
			其他无立木林地 前期无立木林地	30751	
	307	其他林地	其他无立木林地 建设项目临时使用	30752	
			其他无立木林地 毁林开垦	30753	
			其他无立木林地 地震、塌方、泥石流	30754	
			其他无立木林地 未经审核审批建设项目使用林地	30755	
			其他无立木林地 林业辅助生产用地	30756	

3. 补充调查

新一轮林保规划基础数据确定需要开展补充调查，主要是由于如下几方面的原因：一是国土"三调"为现状调查数据，不能真正反映林地的法定属性，同时由于调查精度和调查质量的原因，国土"三调"对林地范围的认定也会存在一定系统性和偶然性的错误；二是国土"三调"成果和国土空间总体规划确定的林地属性因子中缺乏"森林覆被"方面的属性因子，难以满足林地保护利用规划的要求；三是一些地方最近的"森林资源规划设计调查"已是10年前的，虽然近年来开展了"森林资源管理'一张图'年度更新"，但由于间隔期太长，"森林覆被"方面的属性因子难免与现地存在不一致的情况。因此开展补充调查，明确林地的真正范围，同时摸清林地上的森林植被覆盖情况及其他相关属性，特别是重大不一致的调查举证，是十分有必要的。

对于国土"三调"林地的甄别，需要从"排雷""搜宝""拓源"等几方面开展。

（1）"排雷"即排除国土"三调"林地中，无法作为真正林地的部分。如国土"三调"林地中的永久基本农田；现状为林地，但属于即可恢复与工程恢复为耕地的部分；在农用地转建设用地中已经出让的地块；受水位、自然灾害等自然因素影响而难保有的国土"三调"林地；在国土空间规划成果中为非林地的国土"三调"等。对这部分"非林地"，应该依照相关文件规定，实事求是的开展差异分析，不纳入林地规划基数和林地保有量。

（2）"搜宝"即对国土"三调"为非林地，但确属林地的部分，应纳入林地范围。如国有林场（区）范围内的"非林地"，原则上应全部纳入林地范围；虽然列入永久基本农田，但实际为非耕地，或者属于公益林、天然林、退耕还林等重点林业工程的林地；因仅凭"现状"调查，错误划入林地的林业辅助生产用地；被非法占用，且国土"三调"为非林地的地块等。

（3）"拓源"即可以划入补充林地的地块，作为规划林地的重要来源。如国土"三调"和森林资源管理"一张图"成果存在不一致的重点林业工程用地；生态修复用地中的"适林""宜林"地；国土绿化新增的林地等。对这部分"林地"，应该明确对象及来源，对接国土空间规划，进而落实相关基数。

第十三章　林地保护利用规划数据库与平台建设

第一节　概　述

一、概念

在我国信息时代高速运行的环境下，在林业与森林资源管理中科学有效的应用现代信息技术是一项重大的突破，为了有效提高我国林业资源的利用率就需要注重对林业信息化建设与森林资源管理模式的转变，同时注重对林业资源的保护，并且针对当前我国林业发展中出现的一系列问题进行深入分析，从而找到合理的解决模式，加强林业信息化建设，提高森林资源管理效率，并在此基础上积极探索切实可行的应对策略。林地保护利用规划最基础的工作是将本行政区域内政府规划用于林业发展的土地落实到山头地块，建立林地地籍档案，林地的可视化管理。为实现各地顺利开展林地保护利用规划，以地理信息系统技术和数据库技术为依托，开发林地保护利用规划信息系统，才能更加高效实现规划编制、规划成果管理、规划实施等规划工作的信息化、规范化管理。

随着"互联网＋林业"时代的崛起和发展，林业与信息化逐步结合，作为林地管理最核心的林地保护利用规划也应该运用现代化技术手段来实现可视化、科学化、规范化、自动化、网络化和实时化的管理。根据相关文件精神，为落实国家林业和草原局部署，促进林业信息化发展全面融入林业工作全局，实现新一轮林地保护利用规划工作有序开展和高效运转，需搭建林保规划信息系统。

林地保护利用规划信息系统是以"森林资源管理'一张图'"为基础，按照"规划＋大数据＋信息化"的总体思路，建设林地保护利用规划专业平台，实现可查询、可分析、可共享、可产出、可决策，辅助完成林地落界工作，其目的是实现林地保护利用规划编制各关键环节的信息化、工具化、智能化，提升规划编制的精准性、科学性，提高规划编制工作效率，增强林地管理决策支持，提升林地管理水平。

二、目标

林地保护利用规划信息系统的总体目标按照"规划+大数据+信息化"的总体思路，建设国内领先的林地保护利用规划专业平台，实现互联网思维、大数据决策、智能型产出、云信息服务、系统化管理。在梳理林地保护利用规划技术流程的基础上，将规划编制各关键环节信息化、工具化、智能化；采用大数据与智能模型相结合的定量评估、精准预测方法，提升林地保护利用规划编制的精准性、科学性，提高规划编制工作效率，增强林地管理决策支持，提升林地管理水平。

（一）扎实开展林地落界工作

以第三次国土调查、森林资源管理"一张图"等成果为基础，以遥感卫星影像图、档案数据辅助开展林地落界工作。从基础分析、数据产出、成果质检、统计汇总、展示应用等方面，完善林地落界工作流程，提高成果质量，拓展应用空间。

（二）精准提升基准数据质量

以第三次国土调查、森林资源管理"一张图"等成果为基础，对林地落界数据进行属性检查和拓扑检查。从顶层上规范成果标准，在技术上提供优化手段，通过对不符合标准的数据退回修改，保证林地落界数据与林保规划的需求的统一，精准提升林地落界数据的准确性。

（三）高效产出主要指标数据

以基准数据为基础，统计包括林地保有量、森林保有量、天然林保有量、重点公益林林地比率、林地生产力等主要规划指标现状数量，产出相关指标的现状值；根据当地社会经济文化发展状况，结合国土空间总体规划，测算上述指标的规划数量，产出相关指标的规划值。

平台能够对林地现状与规划数据、社会经济等数据进行组织，并以规划编制人员视角，提供资源浏览功能。另外，利用提供的多种计算模块，开展空间数据处理、基本空间分析和简单的统计分析功能，并在平台可视化表达。

（四）辅助生成规划成果资料

根据基准数据统计结果，依据《县级林地保护利用规划编制技术规程》及林地保护利用规划内容的需求，生成和展示相关表格和图件。针对现状分析与评价、目标与布局、全面保护林地、合理利用林地等方面，生成相关专题报告。平台支持传统的单值、分段填充、气泡图等多种可视化表达方式，开展多样化专题制图，提升批量制图的统一性，提高工作效率。

（五）全面对接关联专业平台

实现专用平台和森林资源管理"一张图"相关平台功能的对接，从而保证专用平台的时效性和全面性。

（六）智慧演示多彩规划成果

通过在线规划成果演示平台，使得规划编制人员能够分门别类展示数据和规划成果，充分发挥规划智慧。力求使规划人员和成果使用者都能够全面掌握数据总体情况，更科学地使用数据。

三、建设流程

按照工程软件的要求，可将林地保护利用规划信息系统建设的一般过程分为以下几个阶段：

1. 准备工作

成立系统建设领导小组和项目组，经费预算与落实、制订系统建设工作方案、编写立项报告、下达项目任务书或签订项目合同等。

2. 需求分析

调查规划部门及其他相关业务部门对林地保护利用规划信息系统的需求，在此基础上综合分析业务工作现状和现行系统运行情况，编写需求分析报告。

3. 分析与设计

在系统初步分析和可行性研究的基础上按照先总体后详细的原则，逐步设计系统的总体结构和划分模块，形成系统软件设计说明书。

4. 系统实现

按照系统软件设计报告的要求，编写程序代码，并按照土地利用规划数据库建库规范的要求，完成数据库建库任务。

5. 集成与测试

对各模块、各子系统、数据库与软件系统运行环境进行综合集成和配置并进行测试，生成可实际运行的系统编写用户使用手册。

6. 系统验收

由主管部门组织专家组对系统功能，数据和系统的可靠性、安全性、可操作性，运行效率，系统材料的完整性进行测试和验收，确保整个系统达到预期目标。

7. 系统运行与维护

包括健全组织、完善制度、搞好培训、做好记录、检查、维护等，确保系统正常、可靠安全地运行，不断地评价、改进完善系统，在系统建设的各个阶段形成的方案，设计、说明、报告、手册要形成正式的文档，作为要工作成果加以累善保存。

第二节　信息系统数据库

一、数据库主要内容

林地保护利用规划信息系统的数据库就是林地落界数据库，其建设主要是围绕林地落界形成的数据库展开，包括国土空间规划确定的林地现状基数、森林资源管理"一张图"更新、森林资源规划设计调查、公益林区划界定、林草生态综合监测评价等，以DOM 为基础，通过遥感判读核实，辅以现地调查，按照林地落界基本条件和精度要求，落实林地和依法可用于林业发展的其他土地的边界和图斑。

林地保护利用规划信息系统的数据库的建设方式主要以国土空间规划林地现状基数为基础，叠加数字正射影像（DOM）制作工作底图；利用最新林草资源图、森林资源规划设计调查、公益林区划界定、林草生态综合监测评价等成果，综合运用遥感、地理信息、数据库等技术，结合森林经营活动档案等资料，辅以必要的补充调查，按照林地落界条件和精度要求，将林地及森林界线范围落实到工作底图上，确定林地边界、记载属性因子。

林地保护利用规划信息系统的数据库分为三大类，分别是基础数据库、过程数据库基础、成果数据库。基础数据库包括国土"三调"数据库、森林资源管理"一张图"数据库；国土空间规划成果数据库、永久基本农田矢量数据库、林地征占用矢量数据库、生态保护红线评估调整成果数据库、自然保护地优化调整后数据库等；成果数据库为林地落界数据库。

二、建库流程

林地保护利用规划数据融合主要目的是充分发挥国土"三调"数据在国土空间管理中的"统一底版"作用，依据国土"三调"数据，叠加森林资源管理"一张图"数据，形成与国土"三调"无缝衔接的林地初步落界数据库，分析国土"三调"数据与森林资源管理"一张图"在行政界线、经营界线、地类、重点关注地类、典型地类等方面的不一致情况，落实"三下三上"规划编制制度模式，解决规划基础数据问题，提高规划编制针对性、科学性和可操作性，所形成的数据库并需与国土空间规划成果数据对接形成最终林地落界数据库，作为林地保护利用规划的基础数据。

林地保护利用规划数据库建分为三部分，分别是数据初步融合、一致性分析、数据再融合。

（1）数据初步融合技术流程主要包括数据准备、确定行政界线、确定经营范围、确定地类图斑、落实专项界线、处理细碎图斑以构建林地现状初步融合数据库。

（2）一致性分析主要流程是通过建立一致性分析代码表和一致性分析统计表对不一

致内容进行统计分析，主要流程包括行政界线一致性分析、地类一致性分析、重点关注地类一致性分析、典型地类一致性分析等，利用一致性分析结果筛选补充调查图斑，完善界线、属性。

（3）数据再融合利用完善后的初步融合数据与国土空间规划成果数据再融合，建立林地终极融合数据库。

数据融合分析技术路线图如图13-1。

（一）数据初步融合

1. 数据准备

（1）收集数据。包括国土"三调"成果数据、森林资源管理"一张图"数据、国土空间规划成果数据、生态保护红线划定成果数据、自然保护地成果数据以及其他相关档案资料数据。

（2）数据预处理。依据《林地落界县级技术规程》的相关内容，处理（保留、去除、增加）字段，形成初步融合数据库字段表模板，初步融合后的初步融合数据库字段见表13-1。

2. 确定行政界线

包含县域范围所涉及的省界、县界及县内一般行政界线（镇、村）的确定，进而明确林地保护利用规划的规划范围。原则上应采用国土"三调"的行政界线，对于在省界与县界上，森林资源管理"一张图"和国土"三调"存在的差异情况，需要明确处理对策，按程序移交。

3. 确定经营范围

明确县域内国有林场等经营界线，包括添加土地权属、国有林区、国有林场等经营界线字段。原则上以森林资源管理"一张图"的经营界线为参考，对国土"三调"的林地图斑进行剖分。

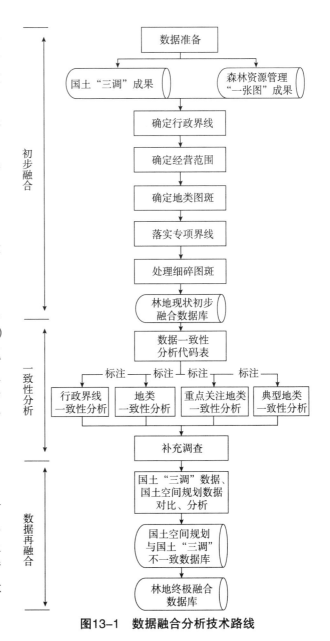

图13-1 数据融合分析技术路线

4. 确定地类图斑

包括林地与非林地图斑间的界线确定。原则上按照国土"三调"图斑界线，林地图斑界线可按照林业地类进行对应细分。同时需要根据森林资源管理"一张图"成果标注植被覆盖类型。对于国土"三调"为林地，而森林资源管理"一张图"为非林地的图斑需进行标注，作为补充调查图斑，完善相关属性因子。

5. 落实专项界线及图斑

包括自然保护地、生态保护红线等专项界线的衔接融合。需要依据有效的自然保护地界线和生态保护红线界线，进一步剖分图斑。

6. 处理细碎图斑

优化地类边界。分别独立和相邻图斑，处理面积小于400平方米的图斑。其中，独立于国土"三调"非林地中的林地图斑，不论图斑面积大小均予以保留；国土"三调"林地周边面积小于400平方米的林地图斑，均属不合理图斑，应按照自然保护地和生态保护红线优先、国土"三调"地类优先于森林资源管理"一张图"地类、就近及属性相同等原则进行归并。

（二）一致性分析

首先，构建国土三调与森林资源管理"一张图"不一致图斑类型对比表；其次，分析林地的一致与不一致情况；最后是筛选需要补充调查的图斑，分别按地类、森林类别、起源等统计林地范围的不一致情况。

1. 行政界线一致性分析

以国土"三调"数据行政界线为基准，分省、县域分析融合后森林资源管理"一张图"数据在其界内缺失、界外剩余的面积和空间位置。

2. 地类一致性分析

融合后的所有不一致情况分为四大类：①国土"三调"数据对应"一张图"数据同为林地，其中，国土林地地类又细分成乔木林地、竹林地、灌木林地、其他林地；"一张图"数据林地细分为乔木林地、竹林地、灌木林地、疏林地、未成林地、无立木林地、苗圃地、宜林地、林业辅助生产用地；②国土数据为林地对应"一张图"数据为非林地；③国土数据为非林地"一张图"数据为林地，其中国土数据为非林地又细分为耕地、种植园地（果园、茶园、其他园地）、草地、湿地、水域、未利用地、建设用地（公园与绿地、交通运输用地、水工建筑用地、其他建设用地）、其他用地；④国土"三调"数据对应非林地"一张图"数据同为非林地。根据上述分类，进行地类一致性数据统计分析。

3. 重点关注地类一致性分析

重点关注地类主要是对国家级、省级公益林地、天然林地、国有林场林地进行的不一致分析。国家级、省级公益林地分防护林、特用林及其他林地进行统计；天然林分天然林保护区、非天然林保护区进行统计。

4. 典型地类一致性分析

典型地类分析主要包括对经济林与园地的差异性统计分析；灌木林地的差异性统计分析；宜林地与未利用地的差异性统计分析等。

5. 筛选补充调查图斑

根据一致性分析结果，筛选不一致图斑，以遥感影像、档案资料、现地调查为手段，选取以下不一致图斑进行核实：①国土"三调"数据为林地对应"一张图"数据为非林地图斑；②国土"三调"数据为非林地对应"一张图"数据为公益林；③国土"三调"数据为非林地对应"一张图"数据为天然林；④其他需要补充调查重大不一致情况。

（三）数据再融合

叠加国土空间规划成果数据与国土"三调"数据，找出国土空间规划林地与国土"三调"林地不一致的图斑，形成再融合变化数据库，与林地现状初步融合数据库进行再融合，形成林地终极融合数据库。

三、数据库基本要求

针对林地保护利用规划的相关要求，数据库的基本要求主要包括基本单位、林地分类系统、数据基础、投影方式、高程基准、最小上图面积、精度要求、面积求算、计量单位、区划体系等，最终形成标准的林地落界数据库，数据库结构标准见表13-1。

（1）基本单位。以县级行政区为落界基本单位。

（2）林地分类系统。参照《国土空间调查、规划、用途管制用地用海分类指南（试行）》的基础上，对其他林地地类进行细分。

（3）数学基础。平面坐标系统采用"2000国家大地坐标系"。

（4）投影方式。地图投影方式采用高斯—克吕格投影。其中，1：2000、1：5000、1：10000标准分幅图或数据，按3°分带；1：50000标准分幅图或数据，按6°分带。

（5）高程基准。采用"1985国家高程基准"。

（6）最小上图面积。最小上图图斑面积400平方米。林地范围内面积大于200平方米的建设用地和设施农用地应区划并予以扣除。

（7）精度要求。采用优于2米分辨率覆盖全国的遥感影像资料。在相应遥感底图的比例尺上，明显界线与DOM上同名地物的偏移不得大于图上0.3毫米，不明显界线不得大于图上0.5毫米。

（8）面积求算。按照《第三次全国国土调查技术规程》（TD/T 1055—2019）执行。

（9）计量单位。面积计量单位采用公顷，保留4位小数。胸径计量单位采用厘米，保留1位小数。每公顷蓄积量计量单位采用立方米/公顷，保留2位小数。森林蓄积量计量单位采用立方米，保留1位小数。

（10）区划体系。县级行政单位区划系统为县→乡→村。

（11）森林经营单位区划系统。林业局（场）区划系统－林业（管理）局→林场（管理站）→林班、林业（管理）局→林场（管理站）→营林区（作业区、工区、功能区）→林班、林场（管理站）→林班。

（12）自然保护地区划系统。管理局（处）→管理站（所）→功能区（景区）→林班。

表 13-1　落界数据库数据结构表

序号	字段名	中文名	数据类型	长度	小数位
1	BSM	标识码[a]	字符串	18	
2	SHENG	省（自治区、直辖市）[b]	字符串	2	
3	XIAN	县（市、旗）[b]	字符串	6	
4	XIANG	乡[b]	字符串	3	
5	CUN	村[b]	字符串	3	
6	LIN_YE_JU	林业局（场）[c]	字符串	6	
7	LIN_CHANG	林场（分场）[c]	字符串	3	
8	ZUO_YE_QU	作业区	字符串	6	
9	LIN_BAN	林班[d]	字符串	4	
10	XIAO_BAN	图斑（小班）号[d]	字符串	5	
11	MIAN_JI	面积	双精度	18	4
12	HAI_BA	海拔	整型	4	
13	DI_MAO	地貌	字符串	1	
14	PO_XIANG	坡向	字符串	1	
15	PO_WEI	坡位	字符串	1	
16	PO_DU	坡度[e]	整型	2	
17	TU_RANG_LX	土壤类型（名称）	字符串	20	
18	TU_CENG_HD	土层厚度	整型	3	
19	TD_TH_LX	土地退化类型	字符串	1	
20	KE_JI_DU	交通区位	字符串	1	
21	DLBM	地类	字符串	5	
22	ZBFGLX	植被覆盖类型	字符串	4	
23	LD_QS	土地权属	字符串	2	
24	LMSYQS	林木权属	字符型	2	
25	YOU_SHI_SZ	优势树种	字符串	6	
26	QI_YUAN	起源	字符串	2	
27	LING_ZU	龄组	字符串	1	
28	YU_BI_DU	郁闭度/覆盖度	浮点型	6	2
29	PINGJUN_XJ	平均胸径	浮点型	6	1
30	HUO_LMGQXJ	公顷蓄积（活立木）	双精度	12	1

（续）

序号	字段名	中文名	数据类型	长度	小数位
31	MEI_GQ_ZS	每公顷株数	整型	5	
32	LIN_ZHONG	林种	字符串	3	
33	SEN_LIN_LB	森林类别	字符串	3	
34	SHI_QUAN_D	事权等级	字符串	2	
35	GYL_BHDJ	公益林保护等级	字符串	1	
36	BH_DJ	林地保护等级	字符串	1	

第三节 规划平台设计与实现

一、系统架构体系

信息系统从概念上讲，在计算机问世之前就已经存在，但它的加速发展和被人重视却是在计算机和网络广泛应用之后。自20世纪初泰罗创立科学管理理论以来，管理科学与方法技术得到迅速发展。在与统计理论和方法、计算机技术、通信技术等相互渗透、相互促进的发展过程中，信息系统作为一个专门领域迅速形成。信息系统在结构上包括基础设施层、资源管理、业务逻辑层、应用表现层。

林地保护利用规划信息系统架构则根据自己的特点进行了衍生，主要有基础层、数据层、支撑层、应用层、用户层（图13-2）。

（1）基础层是由支持计算机信息系统运行的硬件、系统软件和网络组成。在林地保护利用规划信息系统中就包括存储设备、网络环境、服务器、安全设备。

（2）数据层包括各类结构化、半结构化和非结构化的数据信息，以及实现信息采集、存储、传输、存取和管理的各种资源管理系统，主要有数据库管理系统、目录服务系统、内容管理系统等。对于在林地保护利用规划信息系统则对应了大量的相关数据库，包括现状数据、规划数据、社会经济数据等。

（3）支撑层由实现各种业务功能、流程、规则、策略等应用业务的一组信息处理代码与相关的开发软件构成。当前我们的支撑层只要包括开发平台与数据交换，即ArcGIS开发平台、云服务等平台与空间数据引擎、数据库驱动等数据交换方面的服务。

（4）应用层：是通过人机交互等方式，将业务逻辑和资源紧密结合在一起，并以多媒体等丰富的形式向用户展现信息处理的结果。体现在林地保护利用规划信息系统与林地落界入库、基础数据产出、规划辅助决策、报告附图生成、成果数据质检、重大专题分析、规划表数产出、成果展示应用等功能模块的逻辑对应和操作应用。

（5）用户层：林地保护利用规划信息系统主要面向的是规划编制人员和规划应用人员。因此主要价值在于林地保护规划的编制与林地保护利用规划的管理。

图13-2 林地保护利用规划信息系统架构

二、系统功能模块

系统共划分为数据处理、决策支持、成果产出三个子系统，涉及数据落界、数据检查、数据分析、表数产出、规划出图、报告编制和展示应用7个功能模块（图13-3）。

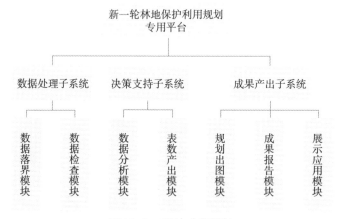

图13-3 系统功能模块

（一）林地落界模块

林地落界模块主要是依据国土空间规划与国土"三调"成果，叠加森林资源管理"一张图"成果，以 DOM 为基础，结合遥感判读和补充调查结果，进行融合处理，完善林分因子，按照规定的条件和精度要求，将国土空间规划数据、生态保护红线、自然保护地整合优化结果等相关属性与上述结果再次进行叠加，落实林地范围，形成林地落界成果，包括林地落界数据库、落界成果统计表及落界成果报告。

依据现有国土空间规划国土"三调"数据、森林资源管理"一张图"、公益林区划界定成果等相关成果，结合国土空间规划分区及管制类型、森林经营活动档案、最新遥感影像等资料，并按照林地落界基本条件和精度要求，开展必要的补充调查，确定林地边界，完善属性因子，形成林地落界成果数据库。

（二）数据检查模块

数据检查模块主要包含：齐备性检查、规范性检查、林地范围和功能检查、重点区域检查、数据拓扑检查、属性检查、质检报告输出。

1. 齐备性检查

主要包括成果及相关数据完备性检查、文件组织与命名方式检查、行政界线等相关数据完备性检查等。

2. 规范性检查

主要数据库成果的数学基础检查、字段及值域检查（含表格及字段结构、数据字典、属性域检查）。

3. 林地范围和功能检查

通过将初步落界数据库中林地范围与国土空间规划中林地空间相对比，开展林地范围检查；通过将林地功能分区与国土空间规划分区比对，开展林地功能分区的合理性检查。

4. 重点区域检查

主要开展生态红线、国家级和省级公益林、自然保护地、天然林保护重点区域等重点区域一致性检查。

5. 数据拓扑检查

主要开展数据拓扑层面检查，包括图斑拓扑（缝隙、重叠、多部件）检查、破碎图斑（小于最小面积）检查、超界线检查等。

6. 属性检查

主要包括结构符合性、值符合性、属性正确性检查，主要检查重要因子（森林类别、起源、权属等）与参考数据的一致性；其他因子单项值域和前后逻辑关系检查。

7. 质检报告输出

将各项质检情况以表格形式导出。

（三）数据分析模块

建立数据统计分析的模块。利用数据落界成果数据，自动完成数据的相关计算，快速生产报表、图件。

1. 现状数据分析

明确现状林地资源分布特点，识别生态保护红线、自然保护地等重要生态空间，分析包括林地保有量、森林保有量、使用林地使用情况、天然林保有量、重点公益林林地比率、林地生产力等在内的现状指标情况，分析当前各林地分区、分类、分源、分龄、分等、分级等内容的数量、质量、布局、结构、效率等。

2. 规划数据分析

在现状分析的基础上，结合国土空间规划、林业发展规划等相关内容，确定规划数据，并落实到各小班，初步拟定包括林地保有量、森林保有量、占用林地需求量、天然林保有量、重点公益林林地比率、林地生产力等在内的规划指标，确定规划期各林地分级、分类、分起源、分区等内容的数量、质量、布局、结构、效率等。

（四）表数产出模块

以完善的落界数据为基础，在充分分析现有数据的基础上，产出规划基准年的基准数据。并结合国土空间规划和其他相关规划、社会经济发展需求等，产出规划近期与末期各指标体系目标值。具体约束性指标有林地保有量、森林保有量、天然林保有量、重点公益林林地比率、林地生产力。

另外依据县级技术规程，自动产出相关表格。主要包括：

1. 现状统计表

主要包括上一轮完成情况统计表；林地现状统计表；林地结构现状统计表；森林面积蓄积量及林地生产力现状统计表；林地利用方向现状统计表；林地保护等级现状统计表；树种结构现状统计表；林种结构现状统计表；国家级和省级公益林地现状统计表；天然林现状统计表；林地质量等级现状统计表；自然保护地林地现状统计表；生态红线林地现状统计表；国土规划分区按林地保护等级现状统计表；国土空间规划分区按地类现状统计表。

2. 规划统计表

主要包括林地面积规划统计表；森林面积蓄积规划统计表；林地利用方向规划统计表；林地保护等级规划统计表；林地生产力规划统计表；树种结构规划统计表；林种结构规划统计表；国家级和省级公益林规划统计表；天然林规划统计表；林地功能分区规划统计表；国家级公益林林地规划统计表；国土规划分区按林地保护等级规划统计表；国土空间规划分区按地类规划统计表；重点林业生态工程规划统计表；重点林业产业工程规划统计表。

（五）规划出图模块

建立规划出图模块，通过可定制图面要素的形式，实现各类专题图制作与批量导出。形成各类林地现状和规划的布局、分布情况图。

（1）林地现状图。包括林地地类现状图；林地质量等级图；林地结构现状图（包括公益林地和商品林地分布图、天然林和人工林分布图）等。

（2）林地规划图。包括林地规划图（包括现状林地和补充林地）；林地保护等级分布图；林地功能分区图等。

（六）规划文字报告模块

建立成果报告模块，自动生成林地保护利用规划报告。报告包括上一轮实施情况分析、本轮规划目标、规划任务、区域布局与分区规划、林地保护规划、林地利用规划、林业重点工程规划、林地治理能力规划和保障措施等。此外，还可生成相关规划衔接研究（区域空间规划的融合研究、与生态保护红线的衔接研究、与自然保护地的衔接研究、与其它相关规划的衔接研究）、经济社会发展对林地的需求研究、重要林业工程用地规模与补充林地来源分析研究、林地规划基数及目标指标专项研究、林地管理情况专项评价研究、提升林地治理能力研究等专题研究报告。

（七）展示及应用模块

建立展示及应用模块，提供数据可视化所需的数据创建、探索分析、可视化效果设计、内容终端展示等一系列功能，包含常规在线浏览、图层控制、标注、专题信息渲染和多种可视化图表等方式展示，并可以进行空间和属性查询、统计功能。建立简洁大方、操作简单易用、探索性趣味高、兼容性好的平台界面。

此外，可拓展规划应用服务和行政审批服务等成果应用服务。规划应用服务包含基本规划数据叠加分析、重点区域控制线检测、缓冲区分析、项目合规性分析、智能选址分析等服务。行政审批服务则可从地类占用分析、重复报批审查、重点区域审查、植被恢复费测算、占用情况统计等方面，为政府行政审批提供决策支持。

三、系统实现

在系统设计完成后，就开始进入对系统实现的工作。

（一）系统设计的评价

首先要对系统的设计成果进行全面评价。采用的方式是召开开发系统在小组成员与林地保护利用专班的讨论会。

（二）代码编写工作的组织和管理

系统设计的评价通过之后，由开发小组制订系统实施计划、制定编码规范、制定代码管制、组织开发小组人员培训等，为编码工作做准备。

（三）数据库建库

数据库建库按空间数据和属性数据分别进行，但不管以何种方式建库，都要先进行源数据的获取和整理以及数据的规范化处理。

(四)功能实现

包括系统界面的绘制以及功能的编码实现。

(五)系统的调试安装

在系统开发结束之后,需要将不同开发人员开发的功能模块组装配置起来,进行整个系统正确性和可靠性的检验,系统检验的手段有多种,测试是其中一种,这种方式是使系统有控制地运行,并从多种角度观测系统运行的行为,以发现系统开发中存在的问题并加以改正。这个过程有可能重复多次直到系统运行状态令人满意为止。

在本系统中,系统的调试包括两部分:一是图形功能的调试,选取一个区域作为调试的目标区域,对系统的各项图形功能进行操作,保证其正常的运行;二是办公自动化功能的调试,采用的方法是利用多个林保规划编制试点案例,将其作为系统试运行的目标案例,在系统中流转,监测案例的执行情况处理过程以及最后的结果是否符合要求。

(六)系统维护

在系统运行过程中,还需要对系统进行定期的维护,以保证系统的正常运行。

第十四章 林地质量评价

第一节 概 述

一、国内外研究进展

（一）国外研究进展

早在19世纪，德国首先开始划分地位质量的工作。20世纪初，曾先后用土壤、环境因子或指示植物划分地位级，属于定性描述。苏联林型学说是以指示植物作为划分林地质量的指标，在我国东北林区开发时期得到广泛应用，如大兴安岭林区在林业生产中仍沿用这种立地质量评价体系，在芬兰北部和加拿大东部森林中也曾使用指示植物来确定林地质量，即使目前，英国在区域可持续发展计划中仍采用指示植物评价爱丁堡区和洛锡安区内的林地生物多样性质量（Final report, 2007），美国仍采用植物质量评价法确定自然保护区内林地的保护等级（floristic quality assessment and mitigation recommendations），但在我国低纬度地区，单用指示植物来划分林型几乎是不可能的（詹昭宁，1980）。20世纪初用林木本身生长因子如单位面积上的材积、材积生长量和树高划分地位级。20世纪20年代，美国采用地位指数来表示地位质量的高低。在森林经营中常用于预估林地生产潜力，其中地位级表、地位指数表用以评价有林地，特别是用材林生产潜力；随着计算机技术的应用，多元地位指数表、地位级数量化得分表可以评价无立木林地的生产潜力。

1945年，在联合国粮食及农业组织（FAO）成立之时，土地质量评价和土地评价就已经是FAO开展的重要项目，1976年，FAO提出了土地评价框架。1990年，在新德里召开的首次国际土地持续利用系统研讨会上正式确认。1991年9月，在泰国清迈举行的"发展中国家持续土地管理"，1992年世界环境与发展大会发表了《21世纪议程》以来，地球系统的人口承载力是可持续发展最重要的基础理论之一，也是土地科学的核心问题。1993年6月，在加拿大举行的"21世纪持续土地管理"起，FAO、联合国开发计划署（UNDP）、联合国环境规划署（UNEP）和世界银行联合开展了土地质量指标体系研究。1995年，《土地质量指标》报告出版，展示了土地质量指标的一个概念框架（Turner et al., 2004）。20世纪50年代，波兰为征收农村土地税进行了土地等级划分（波兰华人资讯网，2008）。

（二）国内研究进展

我国系统的林地质量评价研究总体起步相对较晚，自20世纪50年代末起国内众多学者普遍采用地位级作为林地质量评价指标，开展了第二代人工经营所引发的林地质量下降、衰退问题和天然林分主要树种的立地质量的评价与分类研究，研究主要对象集中于杉木人工林、马尾松、杨树、长白落叶松和华山松等树种（林业部调查设计局，1954.1955.1963；俞新妥，1988；俞新妥，1989；杨承栋，1996；孙武，2000；叶充，2005；郭旭东，2005；刘占锋，2006；许宁，2008）。1958年，林业部造林设计局、北京林学院（现北京林业大学）等单位应用苏联波格来勃涅克林型的学说，对我国造林地区开展了立地条件类型的划分研究，并编制了立地条件类型表。20世纪60年代，中国科学院辽宁林业土壤研究所，在湖南开展了杉木人工林地力下降和长期保持机制的研究。盛炜彤等联合福建林学院、南京林业大学等单位在国家"七五"攻关期间开展了"提高与维护杉木林地土壤肥力"研究。20世纪70年代，由于我国造林发展的需要，众多学者在吸收国外先进经验的基础上，结合主要造林树种，开展了林地立地质量的地位指数测定研究，广泛地将地位指数应用于评价林地质量状况。20世纪70年代中期至80年代，国家自然资源综合考察委员会开展《中国1：100万土地资源图》编制及一系列土地质量评价理论与方法的探讨。"八五"期间，中国林业科学研究院、福建林学院、南京林业大学、中国科学院应用生态研究所、浙江林学院（现浙江农林大学）和浙江省林科所（现浙江省林业科学研究院）等单位围绕杉木人工林地力下降的问题研究，设置了大量的调查样地。"九五"期间以来，林思祖、杨玉盛、杜国坚、楼一平、方升佐、马祥庆、林开敏等从杉木根际、土壤腐殖质特性出发研究了杉木人工林林地生产力下降问题（陈楚莹，1990；马祥庆，1997，2000，2001；杨玉盛，1999；俞元春，2000；盛炜彤，2005）。20世纪80年代，南方14省份（杉协组，1981，1983）组织协作开展了杉木产区区划、立地分类与评价研究，同时开展了马尾松、落叶松等重要造林树种地位指数的研究，建立了局部的森林立地分类系统，并编制了杉木、落叶松和马尾松等地位指数表（张铁砚，1980；南方14省份杉协组，1981，1983）。

20世纪90年代以来，随着数学理论的发展及其在林业中的应用，众多研究学者开始采用数量化理论模型和相关数学方法相结合的研究方法，从自然环境条件、土壤肥力等方面开展林地质量的定量化评价和立地条件的区划研究（曾秋麟，1990；储燕宁，2003）。盛炜彤、范少辉等开展了国家自然科学基金项目"杉木、桉树人工林长期生产力保持机制的研究"，俞新妥等对20世纪90年代以来的杉木人工林连栽生产力水平下降的基础研究及造林经营方面的研究进行了详细论述（林协，1992；范少辉，1996，2000；吴蔚东，2001；陈龙池，2004；盛炜彤，2003，2005；俞新妥，2000，2006；沈芳芳，2012）。潘湘海（2000）运用主分量R分析方法，筛选塞罕坝机械林场立地类型划分的主导因子的基础上，划分研究区的立地质量类型；杨双保（2000）采用"数量化理论I方法"，对小陇山林区林地进行了立地类型划分与评价；赖挺（2005）根据巨桉在四川的分布情况，选择指标因子，通过主成分分析、聚类分析等方法，对所选择的林地生产力影响因子进行分析，实现巨桉的立地条件分类研究；庄晨辉等（2006）构建福建省用材林林地等级评价指标体系，采用灰色系统理论确定各评价指标因子的权重，以县域为评价单元，采用聚类分析法，将全省各县（市、市辖区）划分为3个等级（庄晨辉，2006）。

二、林地质量的概念及内涵

林地是土地利用方式之一，是森林赖以生存和发展的根基，也是土地的重要组成部分，土壤是林木的载体，土壤质量是林地质量的基础。土壤质量定义为土壤在生态系统的范围内，维持生物的生产力、保护环境质量以及促进动植物健康的能力（赵其国等，1997）。因此，林地质量也可定义为在生态系统中，林地维持森林生产力、促进生态平衡、改善环境的能力。同时，林地既是地貌、气候、土壤、水文和植被等自然要素组成的综合体，又与社会发展条件关系密切，因此，另一方面讲林地质量是林地资源内部各要素物质和能量特征及其外部形态的综合反映，是各要素综合作用的结果。

林地质量是林地管理、科学经营与利用的基础。林地质量好坏，直接关系到林业生产的生物生产力高低。影响林地质量等级高低因素主要有两个方面：第一是林地的生态环境质量，即立地质量。它是在一定的自然生态条件下林地所能生产生物产品的潜在能力，这种生产潜力指林地实际生产可能达到的最高产量，是反映林地潜在的、理论的自然质量。林地自然生产力大小主要取决于立地条件，影响立地质量的因子包括地形、地势、海拔、气候、土壤条件等非生物因子，它们直接或间接影响林木生长的光、热、水、气、土等条件，从而影响立地质量。第二是林地的经济质量。反映林地的单位面积的收获量、运输条件等。它体现了不同林地的地利条件，反映了林地的经济属性。林地生态质量和经济质量的综合作用，共同反映了所处林地质量差异。这两个方面不是孤立的，而是相互联系、相互影响的。林地的生态环境质量可以说是林地质量的基础，只有在保证林地自身健康的前提下，人类通过科学合理的经营管理和利用，才能取得较好的经济价值，而人类的介入有可能降低或提高林地质量，这就要求在林地的经济质量之间找到一个平衡点。如果单纯追求经济利益最大化，不考虑人—地系统的综合发展，林地的生态环境质量必然退化，林地利用不可持续，最后人类也得不到所追求的经济利益。只有在林地的生态环境质量和经济质量水平都比较高时，才能说林地的综合质量比较高；反之，林地质量水平不高，林地经营管理需要改善或者调整。

三、林地质量评价与分等的概念

（一）林地质量评价

林地质量评价是研究、掌握森林生长环境以及经济环境对林地生产力影响的一个重要手段，是实现科学造林以及经营森林的关键。可以作为林业指导生产、实行科学管理的重要依据和手段。林地质量评价是在调查的基础上进行的，即对该立地条件下的立地因子进行详细调查，分析各因子同植被生长之间的关系，确定其可利用的潜力，也可以将林地评价理解为对林地性能的认识。反映出来就是适地适树。因此，林地质量评价是合理利用土地的基础，是避免盲目造林的有效措施。正确的评价结果能够为当地的造林、绿化、适地适树、提升森林质量提供科学依据，能够做到选择最具生产力的造林树种，并提出适宜的育林措施，对充分挖掘地力、树木生产潜力，促进林业向高产、优质、高效益发展有着重要的现实意义。另外，林地质量评价还可以作为当地林业部门指导生产、实行科学管理的重要依据和手段，可以依据当地生产潜力，确定合理的经营模式，从而为区域长远的造林目标提供可靠依据。

（二）林地质量分等

林地质量等级是林地质量的定量化表示，是林地质量评价的重要指标。

林地质量分等，是指以林地生产性能、生产力高低为依据，按其生产的适宜性、限制性、生产潜力高低，可以把林地划分为不同的等级（闫志平等，2006；张三焕等，2001）。

林地的适宜性是指某一特定地块的土地对发展林业的适宜程度，适宜性程度差异取决于收益和林地改造成本之间实际与预期的关系。一般说来，在相同投入情况下，适宜性好的林地与适宜性差的林地相比，可获得较高的经济、生态、社会收益。当然，林地的适宜性也能间接地反映出林地土壤的肥沃程度、环境优劣、经营水平等，适宜性是植物与环境长期适应的结果。对于林地而言，林地的适宜性就是实现"适地适树、高产优质或改善环境、维护生态安全"的基本条件。

林地的限制性是指某一特定林地对发展林业的不利性影响因素，或不利于林木生长、发育及其综合效益发挥的障碍条件。有些因素既是林木生长的必要条件，也是其限制条件，如年平均降水量、生长季、干燥度、有效积温、土层厚度等。一般情况下，某一地区自然条件、经济条件对林木生长、发育的限制性因素少，可以认为该地区是林业重点发展区域，但有的也适宜发展农牧业，应取决于当地土地利用方式，如近年来山东、安徽等省份由于木材市场价格较好，农地营造杨树为主的速生丰产林收益远高于农业收入，有些农民违反《土地管理法》和《基本农田保护条例》的规定，占用基本农田进行造林。

林地生产潜力是指土地用于发展林业的潜在能力，它是林地自然要素相互作用所表现出来的潜在生产力。林地生产力取决于气候条件和土壤条件，在土地潜力评价中通常包括气候生产潜力、土壤生产潜力及其他要素的生产潜力。

在上一轮编制县级林地保护利用规划的过程中，引入了林地质量等级的概念，并采用层次分析法制订了林地质量评价的基本方法，在林地保护利用规划的林地质量评价方案中，选取了林地土壤厚度、土壤类型、坡度、坡向、坡位和交通区位6项因子，对这6个因子的指标进行打分，根据其林地宜林程度差异，确定权重，加权平均，计算林地质量综合评分值（EEQ），根据EEQ值，确定林地质量的5个等级。

四、林地质量评价的作用

（一）为科学管理林地提供依据

以林地的自然属性为主要依据，实行林地质量等级综合评价，建立林地质量评价定级制度，强化建设项目节约使用林地的价格调节机制，实行有针对性的差别化保护利用政策和经济调控手段，分等确定林地保护利用方向、重点、政策和主要措施，是林地宏观调控管理的重要内容。林地的立地质量，反映了林地质量的基本面。在立地质量分等基础上，建立林地质量评价定级制度，制定差别化的林地价格标准体系，强化建设项目节约使用林地的价格调节机制，实行林地优质优价、不同林地利用方向差别化经济调控制度，引导建设项目尽量不占、少占林地，尤其要少占有林地、优质林地和天然林，这些对于提高林地监管水平，确保林地数量和质量红线不突破，保障实现森林资源保护发展目标，推进生态文明和美丽中国建设均具有重要现实意义。

（二）为科学营造森林提供指导

林地的质量评价，也是营林和造林的重要理论基础，是营造林设计中一项最重要的基础工作。造林时必须按不同立地条件，坚持适地适树原则，对不同的立地条件和生产潜力的林地，分别进行科学分类和设计，选择适宜树种达到理想造林效果，并根据立地类型差别，制定有效的营造林措施，使之达到最大林地生产力。因此，林地的立地质量评价，对于研究、掌握森林生长环境以及环境对于森林类型和生产力影响规律，实现适地适树地科学造林、育林、营林具有重要指导作用。

第二节　林地质量评价方法

土地评价是指在特定的目的下，对土地的质量和使用效益及其在土地空间上的分布差异状况的评定，并用等级序列表示其差异或优劣程度的过程。与土地质量评价一样，林地质量评价实质上就是对林地适宜性、生产潜力、限制性的综合评价，土地质量评价方法基本上都适用于林地质量评价，但评价指标与林地的特点、发展林业的基本条件有着密切关系。

由于各个国家在自然地理环境、历史背景、经营目标以及研究学者的经历上都存在着差异，因而形成了多种有关林地质量评价的方法，总体归纳起来可划分为直接评价法和间接评价法。

一、直接评价法

直接法包括以林分蓄积量为指标的定期收获量法、以林分平均高为指标的地位级法和以林分优势木高为指标的地位指数法（郑勇平等，1993）等。

（一）地位级法

树高可以反映某一生境内生产树木的能力大小，受林分密度的影响较小，在东欧国家以及原苏联的林业生产中广泛使用地位级作为立地分类的尺度标准，地位级的定义是一定年龄的林分按其平均高的数值划分的等级，通过它可以反映出林地生产潜力的大小。鲍威尔采用平均树高代替原来的蓄积量来进行生产力的评价，他也是使用地位级的第一人。20世纪中叶，我国利用立地级表的方式编制了南方杉木、西北地区天山云杉的立地级表，东北小兴安岭红松，以及西南地区的云南松、冷杉和云杉林的立地级表。他们的共同点是只限于天然林为主要树种，任何的人为或者其他的外界干扰都可能对这种相关性造成破坏，平均树高确能很好地反映那里土壤生产力的高低和立地条件的好坏的原因就是那里人为的干扰少。

（二）地位指数法

19世纪20年代，布鲁斯在对南方松的收货表进行编制的过程中，放弃了传统的地位级的概念，即根据一定年龄的林分按其平均树高划分的若干等级来评定林分或林木的立地相对生产力。而采用立地指数，即衡量立地的指标是以50年优势木平均所能达到的高度作为根本标准，与地位级相比，立地指数以一定年龄的优势木树高的数值来表述，能给人对立地质量产生更直观的概念。19世纪30年代，Buul发现了树高曲线在不同的立地条件下有多形的性质，发展到后来的多形立地指数曲线（根据大量解析木资料建立），它的出现提高了立地指数的预测精度，取代了传统的立地指数方法，即同形导向曲线编制的立地指数表。

地位级表和立地指数表尽管各有缺点，但都是可用来鉴定立地质量的测树数表。任何一个国家选用何种数表，主要应考虑与该国整个森林经营、调查和管理工作协调一致。林分平均高和林分平均年龄在我国是必备调查因子（二类调查之中），因此在采用地位级表无需增加额外调查工作就可定出林分林地质量。

（三）定期收获量法

林分蓄积量是（一定面积内林分林木的材积总量，即林分总面积与单位面积平均蓄积量的乘积。蓄积量的测定通常采用典型抽样调查和随机抽样调查两种方法。前者是在调查的林分内选取标准地，先测定和计算出标准地的单位面积平均蓄积量，然后乘以林分面积即得林分的蓄积量；后者是在调查林分内，根据每一单位面积都有同等机会被抽选的原则，按一定的距离或方位选取样地测定和计算出样地面积平均蓄积量，再与林分面积数相乘即得林分的蓄积量，是反映森林状况的主要数量指标，直接利用林分蓄积量评定林地质量方便、简单又实用。同时，由于蓄积量可以作为社会和经济效益评价直接的依据，研究和测定蓄积量目的在于改善森林的经营管理，进行合理采伐利用，并揭示森林的生长发育规律，是用材林经营中最关心的指标之一。材积生长量是立地质量的主要量度方法和尺度。1989年，骆期邦等建立了立地指数和年龄为解释变量的杉木多形标准蓄积量收获模型，蓄积量一般会受到经营措施和林分密度影响，采用这种模型可以克服这种缺点，而且方便于在树种间的正确比较和选择，所以仍然是有用的评价林地生产力的一种重要指标。

二、间接评价法

间接法有立地因子法、指示植物法等（殷有等，2007；滕维超等，2009）。

（一）立地因子法

利用环境因子与林木生长之间的关系，采用多元回归、主成分分析等方法，以林木生长指标为因变量，环境因子为自变量构建模型用以评价立地质量。立地因子主要包括气候、地形和土壤。随着遥感与地理信息技术的发展，在评价立地质量时，常利用遥感中的土壤图、DEM 与遥感数据提取环境因子对立地质量进行评价。立地因子评价林地质量，可以较好地解决有林地和无林地统一评价的问题，然而评价指数和立地因子间的关系存在争议，天然混交林中立地因子太多，且受其他因素的影响较大，所以此方法应用到天然林中需进一步研究。

（二）指示植物法

在人为干扰少，天然林分布面积广的国家，常应用指示植物来评价立地质量。Daubenmire 在研究中得出某种特定的原生植物是评价立地质量的最佳指标。指示植物可选用乔木、灌木、草木、蕨类和苔藓，适宜于地貌、地势变化不大的林区，其野外调查数据不易获取，对调查人员专业素质要求比较高。Schonau 发现指示植物法更适用于物种较少的地方，不能应用到天然林。因此，这种方法应用有局限性，不能推广使用。

第三节　林地质量评价与等级划分

一、评价基本思路

林地质量评价以采用定量分析为主，定性加权打分为辅助，原则上应对不同立地类型区的各个立地类型进行质量评价和分等。林地质量共可分五个等级，根据立地的主导环境因子，综合评价各立地类型的光、热、水、气、土等立地条件。各等别之间含义为一等地立地质量好，二等地立地质量较好，三等地立地质量中等，四等地立地质量较差，五等地立地质量差。

山地丘陵和平原，采用不同的评价方法，但不同评价方法评价的立地质量同一等别应具有可比性。山地丘陵根据主导立地因子与年生产量建立回归关系，采用数量化方法 I 对各种主导因子的组合情况即不同立地类型的年生产量进行预测。平原采用项目赋权重，类目赋分值，根据项目类目加权求和的分值作为立地质量分等依据进行立地质量评价。

二、立地因子确定

分类和评价，是以研究森林生长和环境关系为基础，探索不同树种生长和环境中气候、地形、土壤以及生物因素和人类活动之间的关系。林木生长实际是综合了环境各因子的函数，从理论上讲，综合的因子愈多，反映的立地特征愈接近实际。然而，对一个局部地区来说，由于其大气候条件基本一致，影响立地状况的关键因子显然是地形和土壤，特别是在丘陵山地。地形的影响显得更为突出。

地形包括海拔、坡向、坡度、坡位、坡形、小地形等。地形主要影响与林木生长直接有关的水热因子和土壤条件，最好的立地通常位于排水良好的低平原东北坡、下坡、北坡、东坡以及凹形缓坡；反之，不良的立地，通常是在狭窄的脊坡、陡坡、西南坡、西坡以及凸形坡等。还应当指出的是，地形各特征对林木生长的影响是相互关联的。例如树种按坡向分布就并非是固定不变的，随着海拔高度的变化或地区的不同，温度和湿度产生变化，树种坡向分布也随之发生变化，如侧柏在海拔 2200 米以上多分布于阳坡，而在海拔 800 米以下，则出现于阴坡；即使是在同一海拔范围内（海拔 1000 米左右），位于干燥的灌木草原区，刺槐在阴坡生长良好，而在湿润的森林草原区，刺槐则在阳坡生长良好。坡向在不同地区显示的作用不一。例如在沿海或高海拔的湿润地带，坡向对立地质量影响不明显；而在内陆或低海拔的干燥地带，坡向影响则明显；在高纬度地带，由于接受的是斜射日光，坡向影响明显。而在低纬度地带，由于日光几乎直射，坡向影响就显得不明显。在赤道，坡向在立地分类和评价之中作为一个因子，已失去意义。在丘陵山地，坡向通常是十分重要的立地特征，立地指数与坡向之间的关系，常常由正弦波变换（首先由 gaiser 在 1951 年使用）表示。对于那些立地指数和坡向呈对称相关的树种，可使用余弦变换，或正弦转换和余弦转换一起使用，表示立地指数和坡向之间的关系。海拔高度、坡位、坡度、纬度可以看作是温度、生长季节长度、蒸发蒸腾以及土壤有效水分的指示指标。随着海拔高度的变化，气温、湿度条件、土壤类型也发生相应的变化，这样就形成不同适合树种的垂直分布。坡位常与小气候、土壤湿度以及土壤物理性质相关，坡度与土层厚度、含石量及水分含量相关。

土壤包括土壤种类、土层厚度、土壤质地、土壤结构、土壤养分、土壤腐殖质、土壤酸碱度、土壤侵蚀度、各土壤层次的石砾含量、土壤含盐量、成土母岩和母质的种类等。随着表土层厚度的增加，立地质量通常随着提高，在表土层很薄地区，表土厚度少量增加，会导致立地质量的大幅度提高。反之，在表土层较厚地区，若表土层厚度类似地增加，并不引起立地质量的显著提高。土壤质地和含石量和土壤有效水分贮量、养分含量、土壤排水和土壤通气等理化性质有关，因此与立地质量关系密切。通常是以中等质地的土壤，如壤土，其立地质量最好，石质和粗质地土壤，通常是不良的立地，因为其中有效水分和养分都少，当含水量达到 70% 时，就不能用作造林用地。在平原地区，地形条件基本一致，影响林木生长的主导因子，通常是土壤中的地下水位高低、地下水的性质（主要是化学性质）、土壤质地和土体构型等。这些也是在一定的大气候范围内开展平原地区立地分类和评价应抓住的主要因素。如华北黄泛平原区，土壤质地和土体构型（夹层有无和出现的厚度）则是影响林木生长的关键因子，也是对该地区进行立地分类和评价应抓住的主导因素。质地黏重土壤虽然其保水保肥能力强，但其透气性能差，砂土透气性能好，但其保水保肥能力差；夹层的出现则明显地影响到土壤的通气。影响土壤的生物化学活性，其夹层愈厚，影响的程度愈明显；黄泛平原区地下水位一般均在3米以下。已不是影响林木生长的制约因子，在立地类型划分和评价中它不是主导因子。在江汉平原地区，其地下水位一般在70厘米以上，显然是偏高，是很多不耐水树种生长的制约因子，也是该区开展立地类型划分和评价的主要因子。

三、研究方法

（一）数量化理论 I

这是一种直接从多元线性回归发展起来的数量化模型，它通过把非数量化因子化为数量化因子，从而掌握它们同其他因子之间的定量关系，使许多定性的问题可以提高到定量的问题研究。地位指数间接评价立地质量的研究中经常使用这种方法，主要应用于数量化地位指数得分表的编制。

$$Y=\sum_{i=1}^{m}\sum_{k=1}^{r_j}\sigma_i(j,k)\,b_{jk}$$

式中：Y 为因变量，代表立地质量，一般采用树高；b_{jk} 为第 j 个项目中第 k 个类目的得分值；i 代表因子数，共 m 个；k 代表每个因子划分的类目；$\sigma_i(j,k)$ 为第 i 个样本在第 j 个项目中第 k 个类目的反应即得分值，当所研究单元的因子 x_j 取第 k 类时，值为 1，否则，值为 0。此模型的含义：m 个 b_{jk} 值之和即为因变量的一个估计值，具体到立地评价中表示各个因子的取值和，表示立地质量的高低。故值的求算是解决数量化问题的关键。在实际应用中，为了提高精度，常常根据具体情况在式中加上一个常数项，不改变公式整体含义。

因变量的预测问题解决后，模型精度的检验采用以下两种方法：

剩余标准差法：

$$S_Y=\sqrt{\frac{Q}{n-m-1}}=\sqrt{\frac{\sum_{t=1}^{m}(Y_i-\hat{Y}_i)^2}{n-m-1}}$$

式中：Q 为剩余平方和；Y_i 为实测值；$\hat{Y}_i$ 为估计值；n 为样本数；m 为项目数。剩余标准差是衡量对 Y_i 估计效果的一个重要指标，其值越小，估计精度越高。

复相关系数（$R_{y\cdot n}$）及 t 检验：

$$R_{y\cdot n}= \sqrt{1-\frac{Q}{L_{YY}}} = \sqrt{1-\frac{1-\sum_{i=1}^{n}(Y_i-\hat{Y}_i)^2}{n\sum_{i=1}^{n}Y_i^2-\left[\sum_{i=1}^{n}Y_i\right]^2}}$$

$$t=\frac{R_{y\cdot n}\sqrt{n-(m+1)-1}}{\sqrt{1-R_{y\cdot n}}}$$

复相关系数是衡量地位指数估计值与立地因子自变量之间线性关系程度的重要指标，值越接近1，表明相关越紧密。对其有效性可采用 t 检验。

通过这种方法编制的立地质量数量化表详细、准确，因此，使用这种方法评价立地质量的结果一般精确度较高，因而被广泛采用，但前期资料必须充分，相应的工作量也很大。

（二）立地指数导向曲线法

利用地位指数直接评价立地质量时首先要得出树木的地位指数表，选择适合的立地指数导向曲线，常用的拟合曲线方程：

$$\log H=a+bA;\ \log H=a+b\log A;\ H=a+bA+cA^2$$
$$H=a+bA\ c\log A;\ H=a+b\log A+c\log A^2$$

式中：A 为林分年龄；H 为林分树高；a、b、c 为待定参数。

应用时根据实测值带入方程，比较后选择拟合程度较高的作为最终导向曲线。为了最大程度地接近林木的现实生长状况，在绘制地位指数曲线之前，还应对曲线进行修正，较多采用的标准差修正模型：

$$S=a+b\log A;\ \log S=a+b/A$$

经过修正后的模型可用作为依据编制立地指数表（即某一树种不同年龄和树高的关系）。编制立地指数表之前首先要确定基准年龄，依不同树种、不同地区而定。笔者认为这种方法不但需要建立在大量调查资料的基础上才可行，而且只适用于有林地，因此单独使用具有一定的限制。从众多研究来看，最初使用这种方法单独依据地位指数评价某树种的立地质量，后出现同数量化理论结合着使用树高—年龄曲线是建立立地指数导向曲线应用最为普遍的一种方法，这是因为除林分优势高外其他林分因子受经营活动（例如择伐、抚育间伐等）的影响较大。但是对一些年龄难以确定的树种来说，建立模型时仍需要确定其他自变量。陈永富等（2000）研究海南岛山地热带雨林的立地质量，选择胸径作为自变量，在众多树高—胸径函数中模拟选出精度最高的逻辑斯蒂曲线，得出该地立地指数表。

四、县级林地质量落界技术规程

《林地保护利用规划林地落界技术规程》提出了林地质量等级的评定方法，并作为资料性附录供各地参考。现将其摘录介绍如下：

（一）评定方法

根据与森林植被生长密切相关的地形特征、土壤等自然环境因素和相关经营条件，对林地质量进行综合评定。选取林地土壤厚度、土壤类型、坡度、坡向、坡位和运输距离等6项因子，采用层次分析法，按下式计算林地质量综合评分值。

$$EEQ = 0.9V_i + 0.1T_i \; (i=1, 2, ..., n) \qquad (6-1)$$

式中：EEQ 为林地质量综合评分值（0~10）；V_i 为各项指标评分值（0~10）；W_i 为因子的权重（0~1）。

根据林地质量综合评分值，划分为Ⅰ级（好，分值≤2）、Ⅱ级（较好，分值2~4）、Ⅲ级（中等，分值4~6）、Ⅳ级（较差，分值6~8）和Ⅴ级（差，分值8~10）5个等级。

（二）相关因子数量化等级值

相关因子数量化等级值见表14-1。

表14-1 相关因子数量化等级值

等级值 因子	2	4	6	8	10
土层厚度（厘米）	>100	51~100	31~50	16~30	≤15
土壤类型	黑土、棕色针叶林土、棕壤、黑钙土、黑毡土、褐土、暗棕壤	黑垆土、潮土、灰色森林土、灰褐土、草甸土、燥红土、黄褐土	漂灰土、棕壤性土、栗钙土、栗褐土、绵红壤、紫色土、黄棕壤	酸性硫酸盐土、风沙土、新积土、沼泽土、寒钙土、灰漠土、灌漠土、砖姜黑土、石灰（岩）土、水稻土、泥炭土、灰化土、紫色土、红壤、灰钙土、粗骨土、碱土	白浆土、棕漠土、棕钙土、滨海盐土、冷棕钙土、冷钙土、冷漠土、灌淤土、漠境盐土、草毡土、寒漠土、寒冻土、寒原盐土、灰棕漠土、石质土、草甸盐土、山地草甸土、磷质石灰土、红黏土、林灌草甸土、龟裂土
坡度	平	缓	斜	陡	急、险
坡向	无	阴坡	半阴坡	半阳坡	阳坡
坡位	平地、全坡	谷、下	中	上	脊
运输距离（千米）	≤20	21~40	41~60	61~80	>81

注：1.土层厚度：参照《全国耕地类型区、耕地地力等级划分》（NY/T 309—1996）腐殖质层（含泥碳层）厚度、熟化层厚度、耕层厚度、土体厚度指标进行分等；2.土壤类型：按《中国土壤数据库》的土壤类型分布，根据各种类型土壤pH值、有机质、全N、全P、全K的含量及其分布特点和宜林程度等进行分等；3.坡度、坡向、坡位：按照2004年颁布实行的《国家森林资源连续清查技术规定》划分标准，并结合各坡度级、坡向、坡位的宜林程度进行分等；4.运输距离：参照《森林经营管理学导论》（朗奎建等，2005）运材距离等级进行分等。

（三）相关因子权重系数

根据土壤厚度、土壤类型、坡度、坡向、坡位和运输距离等 6 项因子的林地宜林程度差异，确定各自权重分别为土层厚度 0.30、土壤类型 0.20、坡度 0.20、坡向 0.10、坡位 0.10、运输距离 0.10。

（四）方法分析

林地质量评价因子中，除运输距离外，其余 5 项因子均为立地质量评价主导因子。因此，可根据前述立地质量分等评价方法，利用表中相关因子数量化等级值和权重，首先计算立地质量乘以权重的评分值，再和运输距离因子权重评分值相加，计算得林地质量综合评分值。最后根据计算的林地质量综合评分值，划分林地质量等级。

第四节 林地质量保护

一、科学经营森林，防止林地退化

制定森林经营规范，科学经营森林，充分运用先进的营造林技术和生态工程技术，维护地力水平，避免土壤肥力下降，保持林地质量稳定。基于林地质量等级，实行与林地质量等级对应的森林经营模式和利用方式，确定适宜的森林经营目标和经营利用程度，做到适地适树，选好经营方式，充分发挥林地潜力，并制定差别化的林地林木指导价格体系，指导科学经营。

严格保护生态公益林地。对生态公益林和所有天然林资源进行严格保护，除在局部有条件的区域开展适度规模的旅游开发和非木材生产性经营活动外，禁止一切商业性采伐经营利用活动。同时，充分发挥部分省份水、热条件好，森林自然修复能力强的优势，严格遵循森林动态演替规律，加强封山育林和人工促进天然更新，促进森林群落正向演替，并逐步趋于稳定的、健康的森林群落结构，恢复和提高林地质量。

科学经营利用商品林地。引导市场主体运用先进的营造林技术和生态工程技术，维护林地地力水平。一是尽量避免全垦整地方式，并实施必要的水土保持措施，防止表土流失；二是要采取合理的林地清理方式，尽量保留原有植被和地表枯枝落叶层，以保证营养元素的循环利用；三是严禁炼山造林，以保护区域生物多样性；四是根据林地的土壤肥力情况和培育树种的生长规律，科学施肥，或种植绿肥，避免盲目施用农药、化肥，以持续维持林地土壤肥力，提高植被覆盖；五是尽量减少纯林规模，尽可能营造多树种混交林或乔灌草相结合的复层林；六是建立合理的轮作制度，防止地力退化。

二、按质论价，建立林地价格调节机制

规范林地使用权流转行为，建立按质论价的林权流转制度。利用林地质量分等定级成果，根据林地质量的差异，合理确定林地使用权的承包、租赁、拍卖、招标、转让或担保、入股和作为合资、合作的出资价格，做到以质论价、优质优价，从而保证林地使用权流转的公平、公开、公正竞争，为合理利用林地和保护林地质量提供经济保障，充分调动林农对林地投入和维护林地质量的积极性。林地流转后，不得改变林地用途，不得将林地改变为非林地。

强化建设项目节约使用林地的价格调节机制。根据林地质量分等评级结果，健全征占用林地补偿和安置机制，制定补偿政策，实行林地优质优价、不同林地利用方向差别化经济调控制度。收缴森林植被恢复费应根据项目性质、林地的区位、质量和用途等制定不同的标准，促进建设项目科学、节约用地。

三、加强林地保护管理，完善森林资源监测体系

加强林地质量保护管理，强化林地保护管理队伍建设，提高队伍素质和能力。将林地质量管理纳入到林地保护管理内容中，通过完善制度，加强和完善森林资源调查监测网络，定期组织开展林地调查和动态监测，建立全省性的林地资源数据库和信息管理系统，做好年度林地变更调查，及时更新林地档案，全面掌握林地变化状况。各类非林业建设项目经批准同意占用林地的，建设单位必须补充数量、质量相当的林地。补充林地的数量、质量实行按等级折算，使补充林地在质量上不低于被征收占用林地，确保林地数量和质量的动态平衡，防止占多补少、占优补劣。

第十五章 林地保护评级

第一节 概 述

一、概念

　　林地保护是人类为了自身的生存与发展保护林地资源，恢复和改善林地资源的物质生产能力，防治林地资源的环境污染，使林地资源能够持续地利用所采取的必要措施和行动。随着城市化、工业化的快速发展，林地不可避免的遭到侵占和破坏，转变成为建设用地，这会对人类赖以生存的生态环境造成着不利的影响，威胁生态安全。这就要求协调好生态用地保护与经济社会发展的关系。协调这种关系的有效措施就是对林地保护进行不同等级的划分。林地保护等级是实施林地差别化管控的基础，与林地用途管制、林地经营等政策措施紧密相关。

　　邱尧荣等（2006）在全国10个县级林地保护利用规划试点的基础上首次提出林地分等评级的概念，根据生态脆弱性、生态区位重要性以及林地生产力等指标，规定了"林地保护等级分级及保护管理措施"，进行"林地分级"，将"林地保护等级"划分为Ⅰ、Ⅱ、Ⅲ、Ⅳ等4个保护等级，实施林地分级保护。

二、评定

　　大部分林地往往具有独特的自然景观和人文景观，生物的多样性较为丰富，生态区位非常重要。同时，部分地区高差大、坡度陡、土层薄，降雨也比较集中，对外界的环境变化较为敏感，是生态环境脆弱的地区，容易受到破坏。越是脆弱的区域，越要对其进行保护，保护等级也就越高。因此，森林脆弱性强度、生态区位重要性应作为生态用地保护等级划分的依据之一。另外，林地生产力衡量指标包括林业用地利用率、有林地生产力、经济产出率等，林地生产力越高的林地，林地保护价值越高。

　　综上所述，林地要以森林生态脆弱性、生态区位重要性和林地生产力为依据进行林地保护等级划分。同时充分利用我国现有国家和地方公益林区划界定成果，结合国家生物质能源林基地、速生丰产林基地、木本粮油基地建设等科学划分林地保护等级。

（一）森林生态脆弱性

森林生态脆弱性是指森林生态环境被破坏后恢复的难易程度或生态环境因自然条件的改变而造成偶发或多发性自然灾害，用生态脆弱性等级指标表示。具体可用坡度、侵蚀模数、植被盖度、地质结构、土壤厚度、土壤质地、沙地类型、常风或台风主方向、农田分布特点等指标衡量。

生态环境脆弱性评价涉及生态学、生物学、土壤学等学科领域，具有较强的综合性。目前对生态环境脆弱性研究仍未形成一套完整的评价指标体系，国内外学者在构建森林生态系统脆弱性评价指标体系方面的研究相对较少，刘利、张丽谦等（2011）研究了北京典型山地森林生态系统脆弱性，提出山地森林脆弱性指标体系的建立应基于3个层次，即山地环境脆弱因子、森林结构和功能脆弱因子、干扰脆弱因子，选取了土壤质地、枯落物厚度、坡度、海拔、群落结构、群落更新、涵养水源、固碳释氧、病虫害侵袭等22个指标，构建了指标体系。赵曦琳（2012）以射洪县为例，基于GIS技术对森林生态环境脆弱性进行评价，从土壤、地形地貌、水分、森林结构及人为活动等5个方面构建了评价指标体系。于法展等（2012）采用层次分析法研究了苏北低山丘陵森林生态系统，选取土壤厚度、坡位、群落多样性、郁闭度、净化大气、砍伐采挖、土壤侵蚀等14个指标，构建了4个层次的评价指标体系。孙道玮等（2005）通过植被、物种、气候、土壤、灾害及旅游活动和管理等方面构建了山岳型旅游风景区脆弱性评价指标体系。

（二）生态区位重要性

生态区位重要性是指具有重点生态价值及需要提供森林保护的森林生态系统、濒危动植物种类和各类社会设施的重要程度，用生态重要性等级指标来表示，具体可用河流流程、水库湖泊面积、水体主要用途、公路铁路等级、自然保护区（保护小区）级别、森林公园等级、风景名胜区级别、动植物和森林生态类型代表性及其保护级别等指标衡量。

其中，河流流程包括流程1000千米以上江河干流及其一级支流的源头汇水区林地；水库湖泊包括库容6亿立方米以上的水库周边2千米以内从林缘起，为平地的向外延伸2千米、为山地的向外延伸至第一重山脊的林地，水库湖泊包括库容1亿立方米以上的水库周边1千米以内从林缘起，为平地的向外延伸1千米、为山地的向外延伸至第一重山脊的林地；自然保护区（保护小区）包括国家级自然保护区、省级自然保护区、自然保护小区内的林地，自然保护区分核心区、试验区和缓冲区；森林公园包括国家级森林公园和省级森林公园；水源保护区指省政府批准划定的饮用水水源保护区的林地；重要交通干线包括国铁、国道、高速公路两旁100米以内从林缘起，为平地的向外延伸100米，为山地的向外延伸至第一重山脊的林地。

（三）林地生产力

林地生产力是指林业用地或有林地的总体生产能力，是一个综合评价森林资源生产力的概念，可用林业用地利用率、有林地生产力、经济产出率等指标衡量。

三、划定结果

林地保护等级的划分和评定是在《县级林地保护利用规划编制技术规程》(LY/T 1956—2011)首次提出的,考虑到林地的生态脆弱性、生态区位重要性和林地生产力等因素,在《全国林地保护利用规划(2010—2020年)》中将林地保护等级划分为Ⅰ、Ⅱ、Ⅲ、Ⅳ 4个保护等级,实施林地分级保护。其中:

Ⅰ级保护林地是我国重要生态功能区内予以特殊保护和严格控制生产活动的区域,以保护生物多样性、特有自然景观为主要目的。包括流程1000千米以上江河干流及其一级支流的源头汇水区、自然保护区的核心区和缓冲区、世界自然遗产地、重要水源涵养地、森林分布上限与高山植被上限之间的林地。

Ⅱ级保护林地是我国重要生态调节功能区内予以保护和限制经营利用的区域,以生态修复、生态治理、构建生态屏障为主要目的。包括除Ⅰ级保护林地外的国家级公益林地、军事禁区、自然保护区实验区、国家森林公园、沙化土地封禁保护区和沿海防护基干林带内的林地。

Ⅲ级保护林地是维护区域生态平衡和保障主要林产品生产基地建设的重要区域。包括除Ⅰ、Ⅱ级保护林地以外的地方公益林地,以及国家、地方规划建设的丰产优质用材林、木本粮油林、生物质能源林培育基地。

Ⅳ级保护林地是需要予以保护并引导合理、适度利用的区域,包括未纳入上述Ⅰ、Ⅱ、Ⅲ级保护范围的各类林地。

根据《全国林地保护利用规划纲要(2009—2020年)》,规划期初划定了Ⅰ级保护林地1385.82万公顷,Ⅱ级保护林地9131.99万公顷,Ⅲ级保护林地9204.20万公顷,Ⅳ级保护林地10656.18万公顷

同时根据林地的保护等级,分别制定相应的保护、利用和管理措施。

Ⅰ级保护管理措施:实行全面封禁保护,禁止生产性经营活动,禁止改变林地用途。

Ⅱ级保护管理措施:实施局部封禁管护,鼓励和引导抚育性管理,改善林分质量和森林健康状况,禁止商业性采伐。除必需的工程建设占用外,不得以其他任何方式改变林地用途,禁止建设工程占用森林,其他地类严格控制。

Ⅲ级保护管理措施:严格控制征占用森林。适度保障能源、交通、水利等基础设施和城乡建设用地,从严控制商业性经营设施建设用地,限制勘查、开采矿藏和其他项目用地。重点商品林地实行集约经营、定向培育。公益林地在确保生态系统健康和活力不受威胁或损害下,允许适度经营和更新采伐。

Ⅳ级保护管理措施:严格控制林地非法转用和逆转,限制采石取土。推行集约经营、农林复合经营,在法律允许的范围内合理安排各类生产活动,最大限度地挖掘林地生产力。

四、林地保护分级意义

(一)有效保护了重要生态空间

林地保护利用规划和《建设项目使用林地审核审批管理办法》明确实施林地分级保

护、差别管理，保护生态区位重要、生态脆弱区域的林地。全国林地划分四个保护等级，Ⅰ级保护林地，1573万公顷，要求全面封禁，禁止生产性经营活动，禁止改变林地用途；Ⅱ级保护林地9704万公顷，实行局部封禁管护，除国家级、省级重点工程确需占用的，不得以其他任何方式改变林地用途。有效保护了江河干流、国家公园、自然保护区、自然公园、重要水源涵养地及公益林和天然林等重要生态空间。全国重点公益林比率从42.1%上升到了42.5%，基本形成国家级公益林地、地方公益林地、商品林地各占1/3的格局，公益林地得到有效保护。国家级公益林每公顷蓄积量增加了4.68立方米，达到108.76立方米/公顷。

（二）有效完善了林地使用制度

1998年，林业部与国家土地管理局联合下发《关于加强林地保护和管理的通知》，规定"建设占有国有和征用集体所有林地的，土地管理部门接到建设单位用地申请后，须征得林业主管部门的书面意见，经依法审查后，按法定审批权限报人民政府批准"。《中华人民共和国森林法》（1998年修改）和2000年《森林法实施条例》颁布实施，确立了林业部门负责林地林权管理的行政主体地位和对占用征收林地审核审批的法定职能。2001年，国家林业局令第2号《占用征用林地审核审批管理办法》施行，规范了占用征收林地审核审批。但是对各类建设项目使用林地要求没有做出严格的区分和归类，导致各类经营性项目占用生态敏感区等情况屡有发生。

2015年，国家林业局令第35号《建设项目使用林地审核审批管理办法》施行，严格建设项目使用林地审核审批，并首次提出了占用和临时占用林地的建设项目应当遵守林地分级管理的规定，林地使用从无门槛到有门槛，切实为保护生态区位重要和生态脆弱地区的林地和森林资源发挥重要作用。

（三）有效体现了疏堵结合原则

实施林地分级保护管理，不仅在生态脆弱敏感区严格控制林地转为其他农用地，保护了重要生态区域的生物多样性和生态质量，同时也鼓励和引导在合理的区域，在保障森林健康和生态状况的前提下实行集约经营、定向培育，在法律允许的范围内合理安排各类生产活动，最大限度地挖掘林地生产力。此举构建了合理的林地使用政策机制，形成了对林地资源的有效保护和合理利用，林地资源的保护和利用是相辅相成，缺一不可。我国地域辽阔，林区大省往往也是经济发展相对落后的地区，单纯的讲保护，也无法解决社会发展的客观需求，在林地使用中很难杜绝违法情况的发生，资源无法得到有效保护。而重利用轻保护，更是会得不偿失，造成无法挽回的后果，因此对于林地使用必须要疏堵结合，该保护的区域，必须要严格管理，该利用的区域，要鼓励发展，最终达到林地森林可持续发展的目的。

（四）有效体现了林地生态价值

长久以来，人们对于林地价值的认识主要集中在为经济发展提供生产资料，其价值依托于物质生产资料这一价值形态，缺乏对林地生态价值的认定，导致林地以往大肆的滥用破坏。自从开展林地保护评级以来，以生态服务功能为主的林地价值成为关注的主流。包括固碳释氧、涵养水源、净化空气、土壤保育、游憩和生物多样性等。下一步可以通过对生态服务功能价值的量化，以直观的货币形式展示服务价值，为林地的保护利用提供决策支持。

第二节　背景与关系

一、与国土空间规划体系的关系

国土空间规划是国家空间发展的指南、可持续发展的空间蓝图，是各类开发保护建设活动的基本依据。建立国土空间规划体系并监督实施，将主体功能区规划、土地利用规划、城乡规划等空间规划融合为统一的国土空间规划，实现"多规合一"，强化国土空间规划对各专项规划的指导约束作用，是党中央、国务院作出的重大部署。

目前，各级自然资源部门正全面推进空间规划，新的空间规划的编制是以第三次全国国土调查成果为基础，对林地保护利用规划将产生较大影响。按照国务院机构改革的要求，林地保护利用规划属于国土空间规划中的专项规划，国土空间总体规划对林地保护利用规划将具有指导约束作用，林地保护利用规划应服从总体规划。其次是国土空间规划将主体功能区规划、土地利用规划、城乡规划等空间规划融为一体，划定了生活空间、生产空间和生态空间三类空间，这三类空间所对应的管控要求与林地保护等级划分具有很强的关联性。

（1）生态空间中，主要是生态系统服务功能相对重要、生态敏感或脆弱程度相对较高的地区，包括了饮用水水源一级保护区、国家公园、自然保护区、自然公园、国家级公益林林地、天然林保护重点区域等敏感区，其目的就是维护生物多样性、涵养水源、保持水土等。与高保护等级林地的管理方向基本一致。生态空间为生产空间、生活空间提供生态前提，并规定生产空间、生活空间的发展方向。生态本是空间整合的整体，是保障城市生态安全、提升居民生活质量不可或缺的组成部分。

（2）生产空间中，主要是用于生产经营活动的场所。从林业的角度上说，是木材经营或者经济林发展的重要区域，它的发展要求是在保证生态系统状况和森林健康状况的前提下对商品林地实行集约经营、定向培育，确保能为人类提供充足的物质产品。因此，地尽其利、地尽其用是空间资源优化配置的核心。

（3）生活空间与承载和保障人居有关，是以提供人类居住、消费、休闲和娱乐等为主导功能的场所。从林业的角度上说，生活空间范围的林地主要功能是提高人类生活品质，完善游憩休闲空间。例如城市森林、公园绿地等。

二、与生态红线划定的关系

划定并严守生态保护红线，是党中央、国务院在新时期新形势下作出的一项重大决策，是守住国家生态安全底线的重要措施。2017年2月，中共中央办公厅、国务院办公厅印发了《关于划定并严守生态保护红线的若干意见》（以下简称《若干意见》），这标志着全国生态保护红线划定与制度建设正式全面启动。《若干意见》明确指出生态保护红线是在生态空间范围内具有特殊重要生态功能、必须强制性严格保护的区域，是保障和维护国家生态安全的底线和生命线。特别是《若干意见》提出生态保护红线原则上按禁止开发区域的要求进行管理，这是重大性的思路突破。2017年6月，国家环境保护部和国家发展改革委依照《若干意见》精神，重新修订和发布了《生态保护红线划定指南》（简称《划定指南》）对生态保护红线分类体系、划定内容和方法进行了细化调整。2020年年底前，全国生态保护红线全面划定，形成生态保护红线全国"一张图"。随着生态红线的划定，对于划入生态保护红线的林地，要建立严格的管控体系，实现一条红线管控重要生态空间，确保生态功能不降低、面积不减少、性质不改变。

根据《划定指南》要求，生态红线管控要求原则上按禁止开发区域的要求进行管理，与Ⅰ级保护林地管理要求基本相符。目前，《划定指南》中明确将国家公园、森林公园的生态保育区和核心景观区、风景名胜区的核心景区、地质公园的地质遗迹保护区、世界自然遗产的核心区和缓冲区等纳入生态红线区域，而现行林地保护利用规划中Ⅰ级保护林地范围普遍存在交错情况。具体表现：一是管控对象缺失。国家公园、风景名胜区核心区及地质公园的地质遗迹保护区等均未体现在Ⅰ级保护林地保护范畴内，而流程1000千米以上江河干流及其一级支流的源头汇水区也未明确纳入生态红线管控范围；二是同一类保护地内管控范围不一致，例如林地保护利用规划中，仅要求将省级以上自然保护区的核心区和缓冲区纳入Ⅰ级保护林地范围，而根据《生态保护红线划定指南》要求，须将自然保护区整体纳入生态红线管控；三是管控对象表述不一致。林地保护利用规划中要求将重要水源涵养地划入Ⅰ级保护林地，而根据《划定指南》要求，仅需将饮用水水源地的一级保护区纳入生态红线范围，前后两者含义不同，范围也不尽相同。因此交错的管控范围，将对社会经济发展和林地审批管理带来极大的不便。

以浙江省为例，浙江省于2018年7月依据《划定指南》，初步划定了生态保护红线，其总面积为3.89万平方千米。其中，陆域生态保护红线面积2.48万平方千米，陆域生态保护红线中大部分属于林地管理范畴，生态红线划定后，生态保护红线原则上按禁止开发区域的要求进行管理，与Ⅰ级保护林地管控要求一致。根据《浙江省林地保护利用规划（2010—2020年）》，浙江省划定Ⅰ级保护林地2831平方千米，较生态红线面积相差较大。

2019年11月，中共中央办公厅、国务院办公厅印发了《关于在国土空间规划中统筹划定落实三条控制线的指导意见》（以下简称《指导意见》），对落实生态红线范围，提出了更高的要求。对于生态保护红线要求做到应划尽划，优先将具有重要水源涵养、生物多样性维护、水土保持、防风固沙、海岸防护等功能的生态功能极重要区域，以及生态极敏感脆弱的水土流失、沙漠化、石漠化、海岸侵蚀等区域划入生态保护红线。其他经评估目前虽然不能确定但具有潜在重要生态价值的区域也划入生态保护红线。对自然保护地进行调整优化，评估调整后的自然保护地应划入生态保护红线；自然保护地发生调整的，生态保护红线相应调整。同时，对生态保护红线的管控要求也做了细化。对于生态保护红线内，自然保护地核心保护区原则上禁止人为活动，其他区域严格禁止开发性、生产性建设活动，在符合现行法律法规前提下，除国家重大战略项目外，仅允许对生态功能不造成破坏的7类有限人为活动。《指导意见》对建立科学、可持续、高效的、高品质的国土空间格局提出了顶层要求，对于林地连理科学的分级分类管控机制提出了指导性意见。

三、与自然保护地体系的关系

根据中共中央办公厅、国务院办公厅印发的《关于建立以国家公园为主体的自然保护地体系的指导意见》，自然保护地是由各级政府依法划定或确认，对重要的自然生态系统、自然遗迹、自然景观及其所承载的自然资源、生态功能和文化价值实施长期保护的陆域或海域。按照划定要求，自然保护地分为三类，即国家公园、自然保护区和自然公园。其中，自然公园包括森林公园、地质公园、海洋公园、湿地公园等各类自然公园。同时根据各类自然保护地功能定位，既严格保护又便于基层操作，合理分区，实行差别化管控。国家公园和自然保护区实行分区管控，分为核心区和一般控制区，原则上核心保护区内禁止人为活动，一般控制区内限制人为活动。自然公园原则上按一般控制区管理，限制人为活动。核心保护区与Ⅰ级保护林地管控措施相当；一般控制区内限制人为活动，与Ⅱ级保护林地管控措施相当。从自然保护地管控措施看，核心保护区应划为Ⅰ级保护林地，一般控制区总体上应划为Ⅱ级保护林地。但从目前实践看，一般控制区的管控措施又严于《全国林地保护利用规划（2010—2020年）》中Ⅱ级保护林地，在新一轮林地保护利用规划中需要协调处理。

另外，现行Ⅰ级保护林地划包括世界自然遗产地。世界自然遗产地往往和国家级风景名胜区相关联，其管控措施应符合《风景名胜区条例》规定。根据住房城乡建设部印发的《关于进一步加强国家级风景名胜区和世界遗产保护管理工作的通知》的相关规定，风景名胜区和世界遗产内的各项建设活动应当分别符合经国务院批准的风景名胜区总体规划和上报联合国教科文组织的世界遗产保护管理规划，与目前《建设项目使用林地审核审批管理办法》（国家林业局第35号令）林地分级管理管控要求仍不匹配。

四、与天然林地保护修复制度的关系

《天然林保护制度修复制度方案》中明确提出采取严格科学的保护措施，把所有天然林都保护起来。依据国土空间规划确定的生态保护红线以及生态区位重要性、自然恢复能力、生态脆弱性、物种珍稀性等指标，确定天然林保护重点区域。这是新时期出现的新情况。

根据《确定天然林保护重点区域指南》将以下几种类型纳入天然林重点区域：

一是分布在水源涵养、生物多样性维护、水土保持、防风固沙、海岸生态稳定等生态功能极重要区域,以及水土流失、土地沙化、石漠化、盐渍化等生态环境极敏感区域,划入生态保护红线内的天然林。

二是分布在重要江河干流及其一级支流的源头汇水区、自然保护地、世界自然遗产地、重要水源涵养地、森林分布上限与高山植被上限之间,划为Ⅰ级保护林地上的天然林。

三是分布在青藏高原高寒区、干热(干旱)河谷地带、丹霞地貌区、喀斯特山区等自然植被破坏以后难以恢复区域的天然林。

四是分布在长江上游西南高山峡谷和云贵高原陡坡区、四川盆地丘陵区、黄河中上游黄土高原丘陵沟壑区、热带亚热带石漠化山地等水土流失严重地区,八大沙漠、四大沙地等荒漠化严重地区,以及生态环境脆弱地区的江河干流源头及两岸的天然林。

五是分布在极小种群物种的栖息地、珍稀野生植物集中分布地等区域以珍稀濒危物种为建群种或生境的天然林,以及重要地带性原生植被群落、特殊森林植被类型和尚未开发利用的原始林。

天然林重点区域原则上按禁止开发区域的要求进行管理。严禁任意改变区域界线,保持天然林保护重点区域边界相对固定,确保面积不减少。严禁除天然林保护建设以外的各类开发活动,确保森林群落实现自然演替、森林生态结构保持稳定、生态系统功能不断改善。为维护国土生态安全构筑绿色底线,重点区域面积控制在总面积的25%左右。

随着天然林重点区域的明确,日后势必成为林地保护评级的重要依据。

五、与国家级公益林管理政策的关系

林地保护利用规划和国家级公益林界定办法互为依据,将国家级公益林的林地保护等级和公益林保护等级一一对应,形成了一级国家级公益林地为Ⅰ级保护林地,二级国家级公益林地为Ⅱ级保护林地的隐形划分。因此,一级、二级国家级公益林的保护利用应分别遵循Ⅰ级、Ⅱ级保护林地的管理措施。但实际上,国家级公益林管理办法对一级、二级国家级公益林的管理要求与林地保护利用规划对Ⅰ级、Ⅱ级保护林地的管控要求是不完全匹配的。主要表现:林地保护利用规划Ⅰ级保护管理措施规定"实行全面封禁保护,禁止生产性经营活动"。而《国家级公益林管理办法》明确集体和个人所有的一级国家级公益林,以严格保护为原则。根据其生态状况需要开展抚育和更新采伐等经营活动,或适宜开展非木质资源培育利用的,应当符合《生态公益林建设导则》(GB/T 18337.1—2001)等相关技术规程的规定,并按程序实施。其次,《建设项目使用林地审核审批管理办法》分级管理规定各类建设项目不得使用Ⅰ级保护林地,同时也明确了可以使用国家一级公益林的三大类建设项目,如果国家级公益林的林地保护等级和公益林保护等级一一对应,分级管理规定就相互矛盾。

六、与饮用水源保护地的关系

饮用水水源地一般是指提供城乡居民生活及公共服务用水取水工程的水源地域,包括河流、湖泊、水库、地下水等。广义的水源地还包括河流源头地区。《中华人民共和国水污染防治法》《饮用水水源保护区污染防治管理规定》《饮用水水源保护区划分技术规范》等规定，建立饮用水水源保护区制度，防止水源枯竭和水体污染。饮用水水源保护区是国家为保护水源洁净而划定的加以特殊保护、防止污染和破坏的一定区域。根据水源地环境特征和水源地的重要性，地表水饮用水水源保护区分为一级保护区和二级保护区。按照《饮用水水源保护区污染防治管理规定》要求，饮用水地表水源各级保护区及准保护区内，禁止一切破坏水环境生态平衡的活动以及破坏水源林、护岸林，与水源保护相关植被的活动。其中，一级保护区内禁止新建、扩建与供水设施和保护水源无关的建设项目。一级保护区的管控要求与Ⅰ级保护林地要求基本一致，属于禁止开发建设的区域，其主要目的就是保障水源涵养，保证水源质量。

第三节　展　望

一、科学划定分级管理范围

新一轮林地保护利用规划中林地保护等级的划定，需要林草部门在空间规划系统保护思路的引领下，统筹考虑自然保护地、饮用水源地各类重要生态敏感区域，处理好与生态红线的关系，处理好与公益林、天然林的关系，特别是使高保护等级林地范围与生态红线范围有机联系，明确各类生态禁止开发区域，要着力解决好"准"的问题，使各级保护林地范围划定建立在实事求是、科学准确，能够经得起时间和时间检验的基础上，同时确保高保护等级林地面积不减少，生态功能不降低。

一是明确国家公园和自然保护区核心区以及饮用水源一级保护区的主体功能定位，纳入Ⅰ级保护林地范畴；二是细化公益林、天然林等保护范围内的保护对象，做到与生态红线充分衔接；三是要结合新形势新要求，将天然林保护重点区域等纳入高保护等级林地，以保证天然林2亿公顷的保有量。

林地保护等级的设定综合考虑了相关政策、规划要求以及将来林地主体为森林的实际，将林地保护等级按照以国家公园为主体的自然保护地体系建设、生态红线、国土空间规划、天然林地保护修复制度的梯次，从高等级向低等级，确定Ⅰ级、Ⅱ级、Ⅲ级保护林地划分标准，未划入Ⅰ级、Ⅱ级、Ⅲ级保护林地的，确定为Ⅳ级。其中：

Ⅰ级保护林地是我国重要生态功能区内予以特殊保护和禁止人为活动的区域，以保护生物多样性、特有自然景观为主要目的。包括国家公园和自然保护区的核心保护区、饮用水水源一级保护区内的林地。

Ⅱ级保护林地是我国重要生态调节功能区内予以严格保护和限制经营利用的区域，以生态修复、生态治理、构建生态屏障以及保护重要森林风景资源为主要目的。包括国家公园和自然保护区的一般控制区内的林地，Ⅰ级保护林地范围外的国家级公益林林地、天然林保护重点区域的林地、生态保护红线范围内的林地。

Ⅲ级保护林地是维护区域生态平衡和保障主要林产品生产基地建设的重要区域。包括Ⅰ级、Ⅱ级保护林地范围外的公益林林地、天然林林地、重点商品林林地。

Ⅳ级保护林地是保障主要林产品供给，需予以保护并引导合理、适度利用的区域，包括未纳入上述Ⅰ、Ⅱ、Ⅲ级保护范围的各类林地。见表15-1。

表15-1 新一轮林地保护利用规划林地保护等级划分标准建议

保护等级	涵义	划分标准
Ⅰ级保护林地	我国重要生态功能区内予以特殊保护和禁止人为活动的区域	国家公园和自然保护区的核心保护区、饮用水水源一级保护区内的林地
Ⅱ级保护林地	我国重要生态调节功能区内予以严格保护和限制经营利用的区域	国家公园和自然保护区的一般控制区内的林地，Ⅰ级保护林地范围外的国家级公益林林地、天然林资源保护重点区域的林地、生态保护红线范围内的林地
Ⅲ级保护林地	维护区域生态平衡和保障主要林产品生产基地建设的重要区域	Ⅰ级、Ⅱ级保护林地范围外的公益林林地、天然林林地、重点商品林林地
Ⅳ级保护林地	保障主要林产品供给、需予以保护并引导合理、适度利用的区域	未纳入上述Ⅰ、Ⅱ、Ⅲ级保护范围的各类林地

二、优化分级管理制度

级别越高的林地区域实行更为严格的保护措施，这是对主体功能区实行差异化管理的要求。继续优化对于不同类型和不同级别的林地实行不同的管控措施，设置不同的生态标准和项目准入强度。同时，适时修订《建设项目使用林地审核审批管理办法》以适应新时期林地保护利用的新情况和新要求。

Ⅰ级保护林地的管控要求为"性质不转换，功能不降低，面积不减少，责任不改变"。该范围内的林地土地性质不允许任何形式的转化；生态功能不能下降；自然生态系统、生物群落、生态系统整体状况能够保持持续稳定。实行全面封禁保护，原则上禁止人为活动。

Ⅱ级保护林地管控要求为"严格控制"。开发的项目实施严格的门槛和准入制度，除符合国家生态保护红线政策规定的基础设施、公共事业和民生项目、国防项目外，不得以其他任何方式改变林地用途。实行总量控制和占补平衡原则，对林地实施局部封禁管护，改善林地生态系统状况和森林健康状况。实施局部封禁管护，鼓励和引导抚育性管理，改善林分质量和森林健康状况，禁止商业性采伐。

Ⅲ级保护林地管控要求为"适度控制"。严格控制征占用森林。适度保障能源、交通、水利等基础设施和城乡建设用地，从严控制商业性经营设施建设用地，限制勘查、开采矿藏和其他项目用地。重点商品林地实行集约经营、定向培育。公益林地在确保生态系统健康和活力不受威胁或损害下，允许适度经营和更新采伐。

Ⅳ级保护林地管控要求是"合理利用"，具体表现：严格控制林地非法转用和逆转，限制采石取土等。推行集约经营，在法律允许的范围内合理安排各类林业生产活动，最大限度地挖掘林地生产力。

三、严格控制高保护等级林地转为低保护等级林地

在林地保护等级划定以后，原则上不能随意调整保护等级，特别是将高保护等级林地转为低保护等级林地。一是要规范森林资源"一张图"年度更新工作的培训和审查，严防林地保护等级、国家公益林保护等级等重要管理因子的填写不符合林地保护利用规划技术规程要求的情况出现；二是严格控制省级以上重点公益林变更调出；三是严格控制天然林面积的变化。由于森林资源"一张图"中起源因子的填写比较随意，未严格认定，容易出现树种起源与实际情况不符的现象，目前各地在起源调整的过程中把控尺度也不一致，因此必须在年度更新中严格把控起源因子，制定因子变更的权限和流程，确保天然林面积不流失，高保护等级范围不减少。四是对于确须占用高保护等级林地的项目，建议在林地占补平衡的基础上，对高保护等级林地实行总量控制和占补平衡原则。确保区域生态功能不降低。

四、建立定期评估与完善保护等级调整制度

新一轮林地保护利用规划实施后，应建立并规范规划定期评估和适时修改制度，把静态的林地规划与动态的实施管理相结合，保持规划的现实性与合理性。新一轮林地保护规划的规划期一般为15年。15年规划期包含国民经济和社会发展3个五年规划时间。根据经济形式的发展，各地都会对经济发展供求提出新的要求，而林地分级管理又是林地用途管制的重要内容，因此必须对林地保护规划特别是县级规划做适时定期评估与适时修改，调整规划目标及保护等级。应建立林地保护利用规划定期评估与调整完善制度，每个国民经济和社会发展五年规划前一年，就要对林地保护规划进行评估，根据评估报告，在每个国民经济社会发展五年规划的第一年完成林地保护利用规划的修改完善。同时，对因重大项目建设、公益林调整等原因急需保护等级调整的县（市、区），应编制林地保护利用规划局部调整报告，由政府组织论证，明确调整原因及生态影响，报省级林草部门审查，当地政府批复，并将调整数据体现在修编报告中。

第十六章　林地落界

第一节　概　述

林地落界是编制林地保护利用规划的一项十分重要的基础性工作。"先落界，再规划"，是编制县级林地保护利用规划的基本要求，其目的是将林地及其保护利用状况和规划期可用于发展林业的土地，落实到山头地块（小班），建立县级林地档案数据库，并按省、国家逐级汇总提交，最后形成全国"'一张图'、一个库"，为各级林地保护利用规划提供基础数据。

林地落界主要依据现有森林资源规划设计调查、公益林区划界定等成果，以 DOM 为基础，通过遥感判读核实，辅以适当的现地调查，按照林地落界基本条件和精度要求，落实现有林地和依法可用于林业发展的其他土地的边界和图斑。林地落界工作的全面完成及开展的"林地年度变更"工作[*]，为摸清林地资源家底并及时掌握林地及森林资源管理情况发挥了重要作用。

第二节　背景和演变

2010年7月，国务院正式批复《全国林地保护利用规划纲要（2010—2020年）》（以下简称《纲要》），要求完善林地调查和定期监测。加强林地档案管理，在国家（省）级宏观指导或控制下，以县级行政区域（国有林区化林业局）为单位划定林地范围，逐块登记造册，建立林地地籍档案。林地保护利用规划需要可靠的数据基础，由于在编制上一轮林地保护规划时落地上图的不充分，全国没有林地"一张图"。因此，为贯彻落实好《纲要》，从2010年起，我国林业主管部门布置开展林地落界工作，着手建设全国林地"一张图"，这也是"以图管地"的来源。同时，为了解决"死图"变"活图"的问题，

---

[*] 全国森林资源管理"一张图"年度更新工作的前身。

在林地落界建设全国林地"一张图"的同时，我国林业主管部门便开始谋划林地"一张图"如何更新的问题，并于 2012 年和 2013 年分别开展了林地变更调查试点工作，其中 2012 年完成了 4 个省级单位和 33 个县级单位的林地变更调查，2013 年完成 10 个省级单位和 52 个县级单位的林地变更调查。通过林地变更调查，将各年度的林地和森林转入转出的变化地块更新到林地"一张图"上，让"一张图""活"了起来。

第三节　主要任务

在国土空间规划框架背景下，新一轮林地保护利用规划林地落界工作有了新的要求与任务。

一是按照《林地保护利用规划林地落界技术规程》中林地落界基本条件和精度要求，实现林地数据与国土调查及规划成果数据无缝衔接，将林地及其利用状况和规划期内依法可用于林业发展的其他土地的边界和图斑，落实到山头地块（小班），为各级林地保护利用规划提供基础数据。

二是建立林地属性数据库。首先按照上述工作的阶段性成果，初步融合数据库和补充调查成果，建立林地落界初步数据库；其次进行数据质检，纠正初步数据库中的错漏和不妥之处，形成林地落界成果数据库。

三是开展林地资源分析。分析省域及各县林地和森林资源现状及对接融合变化情况，汇总编制林地和森林资源分析报告。

第四节　技术流程

按照《林地保护利用规划林地落界技术规程》，依据国土空间规划确定的林地现状基数、林草资源图、森林资源规划设计调查，以 DOM 为基础，通过遥感判读核实，辅以现地调查，按照林地落界基本条件和精度要求，落实林地和依法可用于发展林业的土地的边界和图斑，建立林地落界成果数据库。林地落界具体技术流程（图 16-1）如下：

（1）数据融合。包括森林资源管理"一张图"成果与国土空间规划、国土"三调"的对接融合。通过对三套数据的叠加处理，确定林地的空间范围，落实国土"三调"确定的林地现状范围界线，并结合森林资源管理"一张图"成果，细化林地小班界线；转录森林资源管理"一张图"的属性信息，确定林地的林分因子；衔接国土空间规划分区及空间管制类型，确定林地的功能及分区。

（2）一致性分析。结合国家级和省级公益林、退耕还林、天然林资源保护和其他重点林业工程成果，对林地地类和林分因子开展一致性分析，进而找出差异图斑。

（3）档案资料及影像比对。通过结合历年的森林资源管理档案资料、最新的遥感影像图等的对比分析，确定差异图斑是否需要开展现地核实和补充调查。

（4）补充调查。通过现地补充调查，明确林地的空间范围及林分因子。

（5）构建初步成果。在结合专题研究的基础上，将上述工作的产出成果汇总为林地落界初步成果。

（6）质量检查。通过对初步落界成果的空间拓扑检查、属性逻辑检查等，进一步完善落界数据库。

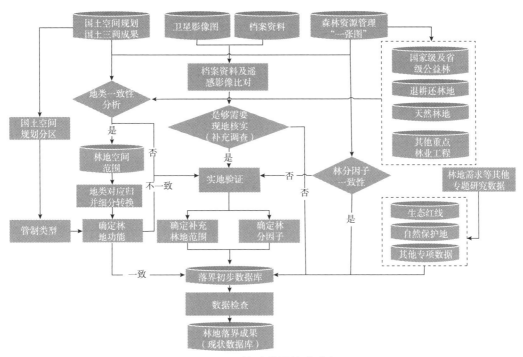

图16-1　林地落界技术流程

第五节　要点与质量检查

一、区划体系与落界条件

林地落界以县级行政区为基本落界单位。不同行政单位区划系统的区划体系如下：

1. 县级行政单位区划系统

县→乡→村。

2. 森林经营单位区划系统

（1）林业局（场）区划系统。

林业（管理）局→林场（管理站）→林班。

林业（管理）局→林场（管理站）→营林区（作业区、工区、功能区）→林班。

林场（管理站）→林班。

（2）自然保护地区划系统。管理局（处）→管理站（所）→功能区（景区）→林班。

图斑（小班）是林地落界的基本单位，图斑划分以明显地形地物界线（如山脊线、山沟线、道路等）为界，反映林地特征。当林地的地类、林地保护等级、土地权属、森林类别、公益林事权等级、国家公益林保护等级、林种、起源、优势树种等因子存在不同时，需要区划为不同图斑。

二、林地落界业务流程与工作流程

从业务流程上看，林地落界包括前期准备、内业处理、外业调查、检查验收、成果产出五个部分的工作（图16-2）。

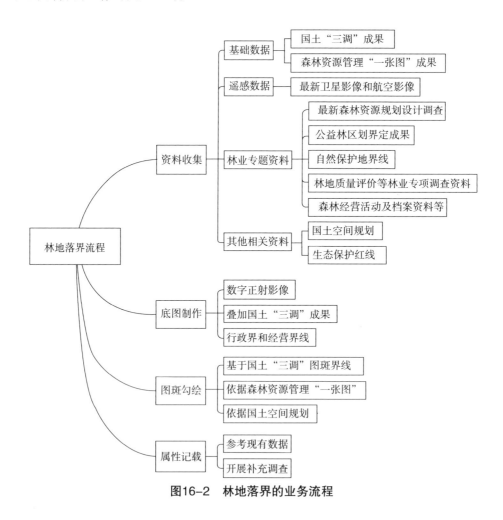

图16-2 林地落界的业务流程

从落界的具体工作流程来看，落界的主要工作分为资料搜集、底图制作、图斑勾绘和属性记载。

（一）资料收集

资料收集包括基础数据、遥感数据和专题资料的搜集。基础数据包括国土空间规划数据、最新年度国土变更调查数据、最新林草资源图成果等；遥感数据则应以最新的卫星影像和航空影像为主，宜采用当地植被生长季节的遥感数据。北方地区一般为6~10月，南方地区一般为5~12月；专题资料包括生态保护红线、最新森林资源规划设计调查、自然保护地整合优化界线，林地质量评价（立地类型和立地质量评价）、森林土壤调查等专题调查资料，森林采伐和造林设计及其检查验收等森林经营活动资料，征占用林地及其检查资料，集体林权制度改革勘界确权成果，以及其他专项调查资料（图16-3）。

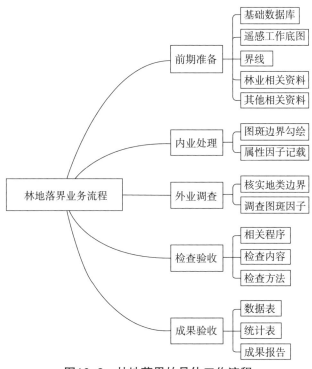

图16-3 林地落界的具体工作流程

（二）底图制作

底图制作主要包括数字正射影像、叠加国土空间规划成果和最新成果界线。

通过接收最新的卫星影像和航空影像，经正射校正、融合增强、镶嵌分幅等处理，制作形成数字正射影像（DOM）。在DOM基础上，叠加国土空间规划成果数据，依据林草生态综合监测评价成果数据、全国国土变更调查成果数据，国界、省界、县界、乡界等行政界线以及村界、林业经营单位、自然保护地界线等，制作林地落界的工作底图。

(三)林地图斑调绘

在工作底图上,基于林草资源图,参考遥感影像特征,依据林地落界条件进行林地小班调绘。依据国土空间规划,参照第三次全国国土调查的图斑界线,对林地范围外可用于发展林业的图斑,参考以往森林资源管理"一张图"、公益林区划界定等成果以及遥感影像特征,辅以必要的补充调查,调绘规划林地图斑界线。

(四)属性记载

林地范围内调绘的林地图斑,参照林草资源图、森林资源规划设计调查、公益林区划界定、森林经营档案等资料,辅以补充调查,记载林地图斑的空间位置、土地利用与覆盖、立地与土壤、森林特征、经营管理等属性。林地范围外调绘的规划林地小班,参照第三次全国国土调查图斑的属性信息,辅以外业调查,记载规划林地小班的空间位置、土地利用与覆盖、立地与土壤等属性。

(五)典型落界图斑

根据国土"三调"地类情况、森林资源管理"一张图"地类情况,按照影像现状如影像纹理特征等,拟定典型落界图斑及具体处理方式。见表16-1。

表16-1 典型落界图斑及处理

影像现状	国土"三调"地类	森林管理"一张图"地类	处理方式
	乔木林地	特殊灌木林	根据影像纹理特征,应为乔木林地。属于"一张图"地类区划精度不高,相关因子错误导致
	乔木林地	非林地	根据影像纹理特征,应为乔木林地。属于"一张图"地类区划精度不高,相关因子错误导致

（续）

影像现状	国土"三调"地类	森林管理"一张图"地类	处理方式
	竹林地	乔木林地	根据影像纹理特征，应为竹林地。属于"一张图"地类区划精度不高，相关因子错误导致
	乔木林地	非林地	根据影像纹理特征，应为乔木林地。属于"一张图"地类区划精度不高，相关因子错误导致
	乔木林地	乔木林地与非林地	根据影像纹理特征，应为乔木林地。属于"一张图"地类区划精度不高，相关因子错误导致
	耕地	乔木林地	根据管理情况，以非林地处理。属于地类划分标准不一致

三、林地落界成果产出

林地落界的成果产出包括以落界基本单位而建立的成果数据库、由数据库统计并逐级汇总而成的统计表格，以及林地落界工作成果报告等成果资料。

（一）数据库

林地落界成果数据库是以落界基本单位建立的最终成果数据库，并能够逐级汇总形成省级成果数据库、国家级成果数据库。主要包括：

（1）落界数据库（SHP 或 GDB 格式）。以"县级单位名称_行政代码_落界数据库"、"省级单位名称_行政代码_落界数据库"进行命名；

（2）政区界线数据库（SHP 或 GDB 格式）。以"省级单位名称_行政代码_政区界线数据库"命名；

（3）数据字典（xls/xlsx 格式）。是用于解释成果数据库中代码及其相应的名称含义的文件。

（二）统计表

林地落界成果中的统计表是以落界基本单位进行统计并逐级汇总而来，以"县级单位名称_行政代码_林地落界成果统计表""省级单位名称_行政代码_林地落界成果统计表"命名。

林地落界统计表应体现出落界单位各类林地面积及保护等级、森林类别、事权等级、质量等级等方面的内容。

（三）成果报告

林地落界成果报告是由组织实施林地落界的单位编制，包含本次落界工作的工作组织、落界方法、专题图件、成果批复函等内容。

四、林地落界质量检查

（一）质量检查内容

对于初步落界成果需要开展成果质量检查后，方能为新一轮林地保护利用规划所使用。林地落界成果质量检查应包括落界成果的齐备性检查、数据及相关成果的规范性检查、林地范围和功能与国土空间规划林地空间的关系检查、重点区域和专题检查，以及对落界成果数据库的数据拓扑检查和属性质检。

（二）质量检查流程

对林地落界成果质量检查的流程如图 16-4。

1. 齐备性检查

林地落界成果的齐备性检查，是指对林地落界成果及相关资料数据完备性的检查，包括林地落界成果、行政界线、数据字典等数据库，以及相关统计表、成果报告等是否齐备，相关文件的组织与命名方式是否与相关规程和要求相符合。

2. 规范性检查

林地落界成果的规范性检查包括对林地落界成果的数据格式和数据基础、统计表格及矢量数据的字段名称与结构、数据字典与属性域的检查。

3. 林地范围和功能检查

由于新一轮林地保护利用规划是在国土空间规划框架下的专项规划，因此对于林地落界成果与国土空间规划与林地空间的关系检查也是十分必要的，包括对落界成果中林地的空间范围与国土空间规划中的林地范围是否一致；林地功能分区与国土空间规划中功能区的划分是否一致。

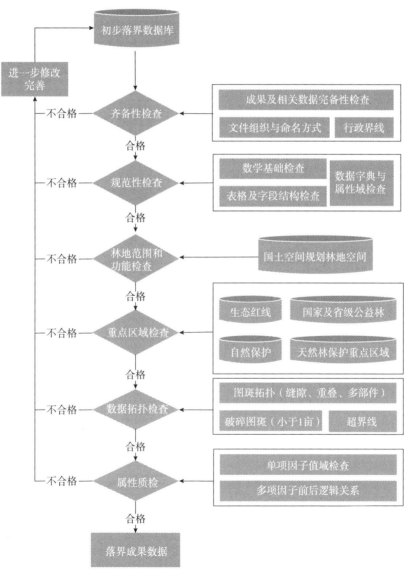

图16-4　林地落界成果质量检查流程

4. 重点区域检查

重点区域检查是对林地落界数据中需要重点关注的部分所开展的检查。主要有林地落界数据所体现的专题成果与生态红线、自然保护地、国家及省级公益林、天然林保护重点区域等重点、重要专项成果是否一致。

5. 数据拓扑检查

林地落界的数据拓扑检查主要是核实林地落界成果在空间结构上是否有错误或异常，主要包括：林地落界图斑间的拓扑情况，即图斑间是否存在缝隙、重叠，图斑是否为多部件要素等；林地落界成果的破碎情况，是否存在小于最小上图面积的细小图斑；是否存在图形异常的图斑，即狭长面、尖锐角、"双眼皮"等；与行政界线的关系，是否存在超行政界线情况等。

6. 属性因子的逻辑关系检查

主要是对于林地落界成果数据库中，各属性因子的值域检查，是否存在超出属性字段或数据字典范围的异常值；多项因子间，相互的逻辑关系，是否存在前后矛盾的情况。

第十七章 林地定额管理

第一节 概 述

一、林地定额的由来

林地是森林资源的重要组成部分，是林业发展的根基，是社会经济可持续发展的重要物质基础和保障。保护林地是维护国家生态安全、建设生态文明的长远大计。为加强林地保护管理，严格控制林地过快流失，确保实现使用林地总量控制、合理有序供地，自2006年起，国家林业局决定实行林地定额管理，并于2008年起每年下达各省（自治区、直辖市）年度使用林地定额。《全国林地保护利用规划纲要（2010—2020年）》中明确把林地定额作为约束性指标，作为各级人民政府的考核指标，进一步强化国家对林地保护利用的调控。

二、林地定额的目的

林地定额管理是对各省（自治区、直辖市）使用林地总量，按照确定的年度定额进行供给和管理。在国家统一审批建设项目用地的前提下，将林地定额作为年度农用地转用计划指标的重要组成部分，对各类使用林地的建设项目进行宏观调控，做好前置审核，实现林地管理的科学化、法制化和效率化。

第二节 林地定额测算

林地定额每5年编制一次，由省级林业主管部门提出建议指标，经省级人民政府审查后，报国家林业主管部门审定。经国家林业主管部门审定的省级定额，按年度下达到省级林业主管部门。

一、林地定额测算

林地定额测算是在测算林地供给能力和林地需求水平的基础上，参考林地定额与新增建设用地计划，确保基本满足社会经济发展客观需要，同时满足实现森林覆盖率目标，综合平衡确定林地定额。目前，测算林地定额的方法主要有林地保有量目标测算法、社会客观需求测算法、农用地转为建设用地计划指标测算法、数学模型测算法等。

（一）林地保有量目标测算

严格控制林地转为非林地，实行占用林地总量控制，确保林地保有量不减少，是《中华人民共和国森林法》的具体要求。因此应将因使用林地而造成的林地和森林面积的减少控制在一定范围内，确保林地保有量不减少、森林覆盖率目标如期实现。

依据林地保护利用规划确定的规划期内的林地保有量，以本轮林地保护利用规划确定的林地保有量基数作为"十四五"期初的林地保有量面积。按照林地保有量不减少的原则，调研补充林地的来源，测算"十四五"期末最大可供给的林地面积。具体公式如下：

$$S = S_{初} + \Delta S_{补} - S_{末}$$

式中：S 为"十四五"期间可供使用的最大林地面积；$S_{初}$ 为期初林地保有量基数，ΔS 为预期林地变化面积；$S_{末}$ 为规划的"十四五"期末林地保有量。

ΔS 为增加和减少的林地面积之差，可通过分析森林资源管理"一张图"及相关专项调（督）查成果中林地面积的变化进行测算。需综合考虑人工造林更新、退耕还林等生态工程实施在"十四五"期间的成林面积，以及采伐、毁林开垦、土地整理、自然灾害、产业结构调整、林地退化等因素造成的林地面积减少，合理推算林地变化面积。

（二）建设项目使用林地需求量预测

可采用社会客观需求测算法、农用地转为建设用地计划指标测算法、数学模型测算法等方法对建设项目使用林地需求量进行测算。

1. 社会客观需求测算法

社会客观需求测算主要分为直接投资法、投资折现法和建设项目需求法等，利用使用林地面积与建设项目用地规模存在的相关性，以"十三五"期间使用林地面积与建设项目用地规模之比为基础，测算"十四五"期间建设项目使用林地的需求量。公式如下：

$$S_{新} = T_{新} / T_{前} \times S_{前}$$

式中：$S_{新}$ 为"十四五"期间林地需求水平；$T_{新}$ 为"十四五"期间规划工程建设项目用地总面积（或全社会固定资产投资额）；$T_{前}$ 为"十三五"期间工程建设项目用地总面积（或全社会固定资产投资额）；$S_{前}$ 为"十三五"期间使用林地总面积。

2. 农用地转为建设用地计划指标测算法

利用"十三五"期间使用林地面积与农用地转为建设用地计划指标中非耕地面积的

关系，测算"十四五"期间使用林地定额数据。鉴于林地面积占国土面积的比值越大，农用地转为建设用地计划指标中使用林地面积的比重相应越大，故用林地面积占国土面积的比值对测算的定额数据进行调整。公式如下：

$$S'_{新} = (S_0/S_n \times S_N), \quad S_{新} = K \times S'_{新}$$

式中：$S'_{新}$ 为"十四五"使用林地定额初值；S_0 为"十三五"期间使用林地总面积；S_n 为"十三五"期间农用地转用计划中非耕地面积；S_N 为"十四五"期间农用地转用计划中非耕地面积；K 为初值调整系数；$K=P_1/P_2$（当 $P_1>P_2$ 时），或 $K=1$（当 $P_1 \leq P_2$ 时）。其中，P_1 为林地面积占国土面积的百分比；P_2 为"十三五"期间使用林地总面积占农用地转用计划中非耕地面积。

3. 数学模型测算法

根据使用林地面积在时间序列上的趋势，对各年使用林地数据序列进行处理，采用典型曲线拟合或建立数学模型，预测"十四五"期间使用林地定额。使用数学模型法进行测算时，需要结合已知数据对部分或整体预测情况进行精度检验（表17-1）。

（1）曲线拟合法。通过对时间序列的分析和计算，找到一条比较合适的函数曲线来近似反映使用林地定额 y 关于年份 t 的变化和趋势，那么当有理由相信这种规律和趋势能够延伸到未来时，便可用此模型对改变量的未来进行预测。

分别建立林地定额使用情况 y 与年份 t 的线性、指数、一元二次多项式、对数的关系，通过选用拟合优度 R^2 最接近于1的数学模型，来预测未来林地定额使用情况。

表 17-1　不同类型的趋势线函数

类型	趋势线函数
线性	$y = a_1t+a_2$
指数	$y = b_1e^{b_2t}$
一元二次多项式	$y = c_1t^2+c_2t+c_3$
对数	$y = d_1\ln t+d_2$

注：a_i、b_i、c_i、d_i 为拟合曲线的相关参数。

曲线拟合的拟合优度 R^2 公式如下：

$$R^2 = 1 - \frac{\sum_{i=1}^{n}(y_i - Y_i)^2}{\sum_{i=1}^{n}(Y_i - \bar{Y})^2}$$

式中：Y_i 为各年度林地定额使用情况；y_i 为利用拟合曲线对各年度定额的拟合值；$\bar{Y}$ 为各年度使用林地定额的平均值。R^2 越接近于1，表明曲线的拟合度越好，预测精度越高。

（2）回归预测法。对使用林地需求量相关的因素（如国民生产总值、固定资产投入、总人口、国民总收入等）进行相关性分析，选择相关性较好的解释变量 X_i（$i = 1,2,3,\ldots$），并通过建立一元线性回归、多元线性回归方程，构建预测模型。并根据解释变量 X_i 的变化趋势，预测未来林地需求量。其中：

（1）一元线性回归方程如下：

$$Y = a_i X_i + b_i \quad (i = 1, 2, 3, ..., n)$$

式中：a_i、b_i 为以解释变量 X_i 建立的一元线性回归方程的参数。

（2）多元线性回归方程如下：

$$Y = a_1 X_1 + a_2 X_2 + ... + a_k X_k + b_0$$

式中：a_1、a_2, ..., a_k、b_0 为以解释变量 $X_1, ..., X_k$ 建立的多元线性回归方程的参数。

回归预测的精度可通过 r^2 来评价。r^2 计算公式如下：

$$r^2 = 1 - \frac{\sum_{i=1}^{n}(y_i - Y_i)^2}{\sum_{i=1}^{n}(y_i - \bar{y})^2}$$

式中：$\bar{y}$ 为几年来定额使用的平均值；y_i 为各年定额使用情况；Y_i 为经回归预测得到的预测值。r^2 越接近于 1，表明回归的拟合程度就越好，所测算的结果精度越高。

（3）灰色预测模型。灰色模型可以选用只含 1 个变量的 GM（1，1）模型，也可以选用含有 N 个变量的 GM（1，N）模型。

GM（1，1）模型只考虑各年度使用林地数量构成的时间序列，用累加的方式生成一组趋势明显的新数据序列，按照新的数据序列的增长趋势建立模型进行预测，然后再用累减的方法进行逆向计算，恢复原始数据序列，进而得到预测结果。

GM（1，N）模型则是先通过对各年度使用林地的数量与其他因素（如国民生产总值、固定资产投入、总人口、国民总收入等）的灰色关联度分析，选取与林地使用量关联性较高的（N–1）个变量，与各年度林地使用量一起作为 N 个特征数据序列，建立预测模型，进而得到预测结果。

由于灰色模型建模过程较为复杂，相关建模过程参照相关专业软件。灰色模型的精度可以通过残差检验、关联度检验和后差检验等方法进行评价。

（4）其他预测方法。根据各地各年度林地使用情况和社会经济发展趋势的不同，可选用其他成熟的数学预测方法进行预测，如趋势外推法、移动平均法、指数平滑法等。通过运用多种不同的数学预测方法进行预测，并进行精度评价，探寻适合本地的预测模型。

二、林地定额测算实例

某地区 2011—2019 年实际使用林地情况见表 17-2。

表17-2 某地区2011—2019年实际使用林地情况

年份	林地使用情况（公顷）
2011	999
2012	1090
2013	1174
2014	1132
2015	1208
2016	1257
2017	1307
2018	1480
2019	1511

（一）曲线拟合法

分别建立2011—2019年林地定额使用情况与时间的线性、二次多项式、指数、对数的关系，其拟合曲线函数及 R^2 见表17-3、图17-1。

表17-3 拟合曲线函数

类型	趋势线函数	R^2
线性	$y = 0.6015x + 9.3903$	0.9299
指数	$y = 9.6623e^{0.0482x}$	0.9419
一元二次多项式	$y = 0.0395x^2 + 0.2066x + 10.114$	0.9505
对数	$y = 2.1275\ln x + 9.3716$	0.8024

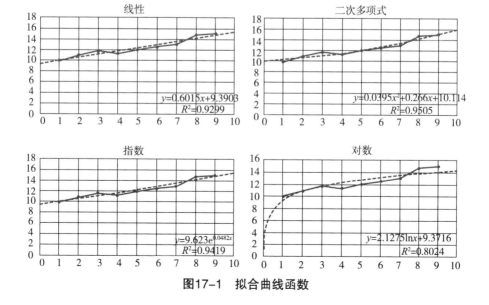

图17-1 拟合曲线函数

（二）回归分析法

1. 相关性分析

对使用林地需求量相关的因素进行相关性分析，选择相关性较好的国内生产总值、人口、国民总收入、全社会固定资产投资等作为解释变量，各解释变量的相关系数见表17-4。

表17-4　解释变量相关系数

解释变量	相关系数
国内生产总值	0.9570
人口	0.9589
国民总收入	0.9545
全社会固定资产投资	0.9529
城镇固定资产投资	0.9530
新增固定资产	0.8808
交通运输、仓储和邮政业全社会固定资产投资	0.9416
居民服务和其他服务业全社会固定资产投资	0.9349
房地产业全社会固定资产投资	0.9377

（1）一元线性回归。以年度林地使用林地总量为因变量，分别以国民生产总值（X_1）、人口（X_2）、国民总收入（X_3）、全社会固定资产投资（X_4）、城镇固定资产投资（X_5）、新增固定资产（X_6）、交通运输仓储和邮政业全社会固定资产投资（X_7）、居民服务和其他服务业全社会固定资产投资（X_8）、房地产业全社会固定资产投资（X_9）作为自变量，见表17-5、图17-2。

表17-5　一元线性回归预测模型

解释变量	预测模型	R^2
国内生产总值	$Y = 0.0975X_1 + 5.4212$	0.9604
人口	$Y = 8.7275X_2 - 107.59$	0.9082
国民总收入	$Y = 0.0973X_3 + 5.4596$	0.9571
全社会固定资产投资	$Y = 0.1142X_4 + 6.4841$	0.6225
城镇固定资产投资	$Y = 0.1145X_5 + 6.5840$	0.6243
新增固定资产	$Y = 0.1145X_6 + 8.1787$	0.7759
交通运输、仓储和邮政业全社会固定资产投资	$Y = 0.8064X_7 + 8.1627$	0.8865
居民服务和其他服务业全社会固定资产投资	$Y = 18.363X_8 + 7.4436$	0.8741
房地产业全社会固定资产投资	$Y = 0.4098X_9 + 6.6686$	0.8793

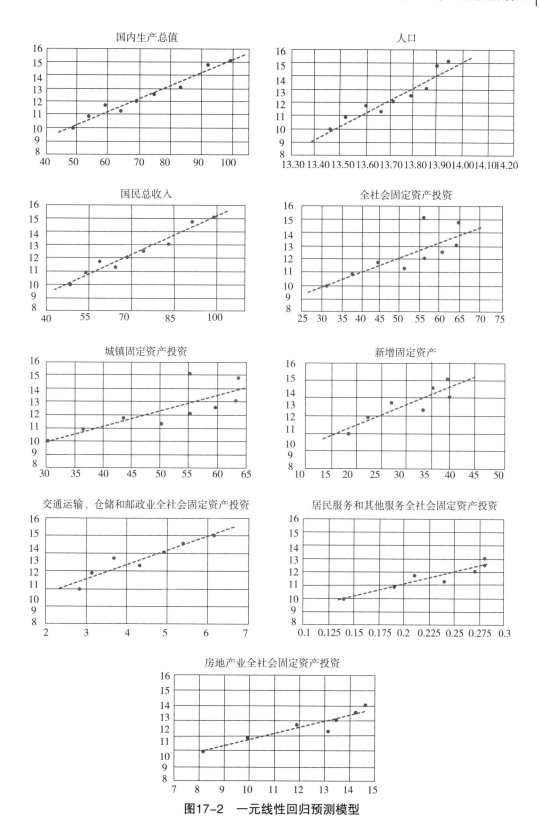

图17-2 一元线性回归预测模型

（2）多元线性回归。以一元线性回归中 R^2 接近 1 的国民生产总值（X_1）、人口（X_2）、国民总收入（X_3）3 个解释变量，进行三元线性回归，得到的回归模型见表 17-6。

表 17-6 三元线性回归预测模型

解释变量	预测模型	R^2
X1、X2、X3	$Y=33.9126-2.2167X_1-1.0559X_2+1.1773X_3$	0.9804

（三）灰色模型法

1. GM（1，1）模型

利用 2011—2019 年使用定额情况建立林地需求量的原始时间序列（表 17-7），$x^{(0)}$=（9.99，10.90，11.74，11.32，12.08，12.57，13.07，14.80，15.11），累加生成一次累加数据序列 $x^{(1)}$=（9.99，20.89，32.63，43.95，56.03，68.60，81.67，96.47，111.58）。按均值 GM（1，1）模型，需生成 $x^{(1)}$ 的紧邻均值生成序列 $z^{(1)}$=（15.440，26.760，38.290，49.990，62.315，75.135，89.070，104.025），构成 GM（1，1）的灰微分方程模型如下：

$$x^{(0)}(k)+az^{(1)}(k)=b$$

对于该灰微分方程，如果将 $x^{(0)}(k)$ 的时刻 $k=2, 3, \cdots, n$ 视为连续的变量 t，则可以得到 GM（1，1）的灰微分方程对应的白微分方程：

$$\frac{dx^{(1)}}{dt}+ax^{(1)}=b$$

通过求算，得到灰色模型发展系数 $a=-0.05$，$b=9.91$，得到预测方程如下：

$$\hat{x}^{(0)}(m+1)=10.1534\,e^{0.05m}$$

表 17-7 GM（1，1）模型预测

年份	实际数据	模拟数据	残差	相对模拟误差（%）
2011	9.99	–	–	–
2012	10.90	10.65	0.25	2.28
2013	11.74	11.18	0.56	4.78
2014	11.32	11.73	−0.41	3.64
2015	12.08	12.31	−0.23	1.93
2016	12.57	12.92	−0.35	2.81
2017	13.07	13.56	−0.49	3.78
2018	14.80	14.24	0.56	3.82
2019	15.11	14.94	0.17	1.12%

(续)

年份	实际数据	模拟数据	残差	相对模拟误差（%）
2020		15.68		
2021		16.46		
2022		17.27		
2023		18.13		
2024		19.02		

其中，2012—2019 年的平均模拟相对误差为 3.02%，R^2 为 0.9442；2016—2019 年平均模拟相对误差为 2.88%，R^2 为 0.9481。

2. GM（1，N）模型

对使用定额与人口、全社会固定资产投资、城镇固定资产投资、固定资产投资、国民总收入、国内生产总值进行灰色关联度分析，分辨序数取 0.6，得到各序列与林地定额使用的关联度分别为 0.71，0.58，0.57，0.57，0.71，0.72。故选用关联度较高的人口、国民总收入、国内生产总值进行 GM（1，N）模型分析。

通过将 2011—2019 年林地定额使用情况、人口数量、国民总收入、国内生产总值分别作为特征数据序列与相关因素序列。经过处理分析，解得系统发展系数 a 为 1.91，驱动项 b 分别为 0.77，-3.87，4.04。通过构建白化方程，得到 2011—2019 年 GM（1，N）模型的模拟数据。2012—2019 年，平均模拟相对误差为 3.89%，R^2 为 0.8559，2016—2019 年平均模拟相对误差为 0.94%，R^2 为 0.9920（表 17-8）。

表 17-8 GM（1，N）模型预测

年份	实际数据	模拟数据	残差	相对模拟误差（%）
2011	9.99	-	-	-
2012	10.90	9.55	-1.35	14.14
2013	11.74	12.91	1.17	9.06
2014	11.32	11.47	0.15	1.31
2015	12.08	12.28	0.2	1.63
2016	12.57	12.83	0.26	2.03
2017	13.07	13.11	0.04	0.31
2018	14.80	14.79	-0.01	0.07
2019	15.11	14.91	-0.2	1.34

(四)移动平均法

1. 简单移动平均法

取 $n=3$,以 2011—2015 年林地定额使用情况,通过简单移动平均法得到 2016—2019 年定额预测值,并与实际使用值进行比较得到相关误差指标 R^2,相关结果见表 17-9。

表 17-9 简单移动平均法预测

年份	实际使用	预测值	差值
2011	9.99	9.99	0.00
2012	10.9	10.9	0.00
2013	11.74	10.88	−0.86
2014	11.32	11.32	0.00
2015	12.08	11.71	−0.37
2016	12.57	11.99	−0.58
2017	13.07	12.57	−0.50
2018	14.8	13.48	−1.32
2019	15.11	14.33	−0.78
	$R^2 = 0.8364$		

2. 加权移动平均法

取 $i=3$,a_1、a_2、a_3 分别取 1,2,3,以 2011—2015 年林地定额使用情况,通过加权移动平均法得到 2016—2019 年定额预测值,并与实际使用值进行比较得到相关误差指标 R^2,相关结果见表 17-10。

表 17-10 加权移动平均法预测

年份	实际使用	预测值	差值
2011	9.99	9.99	0.00
2012	10.90	10.9	0.00
2013	11.74	11.74	0.00
2014	11.32	11.16833	−0.15
2015	12.08	11.39	−0.69
2016	12.57	11.77	−0.80
2017	13.07	12.19833	−0.87
2018	14.8	12.73833	−2.06
2019	15.11	13.85167	−1.26
	$R^2 = 0.6688$		

（五）指数平滑法

取平滑系数 $\alpha=0.8$，$F_0=(F_1+F_2+F_3)/3$，）以 2011—2019 年林地定额使用情况的预测结果见表 17-11。

表 17-11 指数平滑法预测

年份	使用定额	序列	F_t	预测值	差值
–	–	0	10.88	–	–
2011	9.99	1	10.17	10.88	0.89
2012	10.9	2	10.75	10.17	−0.73
2013	11.74	3	11.54	10.75	−0.99
2014	11.32	4	11.36	11.54	0.22
2015	12.08	5	11.94	11.36	−0.72
2016	12.57	6	12.44	11.94	−0.63
2017	13.07	7	12.94	12.44	−0.63
2018	14.8	8	14.43	12.94	−1.86
2019	5.11	9	14.97	14.43	−0.68

$R^2=0.6763$

（六）模型预测结果比较

从时间序列的延伸预测看，移动平均法与指数平滑法进行预测的结果并不理想，主要是由于近几年定额使用呈逐年增长，移动平均与指数平滑法适合水平数据的预测。几个曲线拟合方程中，一元二次多项式曲线拟合相关性较好，其次为指数曲线。

从回归分析来看：以国内生产总值为解释变量的一元线性回归分析精度较高，综合考虑国民生产总值、人口和国民总收入的多元线性回归要优于单项的一元线性回归。

从灰色预测模型看，GM（1，1）和 GM（1，N）模型能够揭示事物动态关联的特征与程度，用其模型预测的精度皆优于其他方法。GM（1，N）关于近 4 年的预测优于 GM（1，1），但是 GM（1，N）需要涉及较多的指标与大量的数据计算。

综合来看，在一定条件下，以上各种数学模型能够较为准确地测算出林地定额。在精度、支撑指标、计算繁琐程度等方面，各有优劣，因此在进行定额测算时，应对多种方法进行综合分析平衡。

第三节 林地定额管理

一、林地定额审定

林地定额的审定以坚持生态优先、统筹兼顾、适度从紧、保障重点为主要原则，采取定性与定量相结合的方法。最终审定的林地定额，既不能影响该地区森林覆盖率目标实现，又须在农用地转为建设用地计划指标范围内，故最终审定的建议定额会小于按照林地保有量（或森林覆盖率）目标法和农用地转为建设用地计划指标测算法测算的最大可供使用林地面积。同时，林地定额应能够保障区域经济快速发展和社会客观的基本需求，建议定额能够基本满足由社会客观需求测算法测算的结果。按照《占用征收林地定额管理办法》，定额每5年编制一次，省级林业主管部门编制的定额建议指标和编制报告，经省级人民政府审查后，报国务院林业主管部门审定。

二、林地定额下达

经审定的林地定额实行5年总额控制，年度下达，允许年度间调剂使用。年度定额有结余的，经核定后可结转使用；年度定额不足的，允许提前使用下年度定额。这就使林地定额管理在总量控制的基础上，兼具年度间的弹性。此外，现行林地定额管理制度在省级定额下达时，可以预留不超过全国总量一定比例的定额，用于解决和调控国家重大工程项目使用林地；各省（自治区、直辖市）定额的使用和分解由其自定。

三、林地定额管理制度的实施成效

经过十余年的实践探索，林地定额管理的指导思想日趋成熟，管理目标逐渐清晰，管理程序逐步规范，逐步形成"总量控制、定额管理、合理供地、节约用地"的使用林地机制，并取得了较好的成效。

（一）完备保障体系，林地定额管控有序有效

为切实加强林地管理，落实使用林地定额管理制度，国务院林业主管部门印发了《占用征收林地定额管理办法》，各省（自治区、直辖市）以其为实施林地定额管理的主要依据。一些地方也出台本省（自治区、直辖市）的林地定额管理办法，开展实施林地定额管理制度。规范使用林地定额管理，严格保护和合理利用林地资源。

（二）严格总量控制，实现有效控制用地规模

自实施林地定额管理制度以来，全国各省（自治区、直辖市）均能严格执行建设项

目使用林地定额制度，严格依法依规审核审批建设项目使用林地，促进使用林地审核更加规范，进一步完善林地管理体系。通过对使用林地总量控制与定额管理，确保了林地利用有序开发、有偿使用，使林地保护利用逐渐走上规范化和科学化。

（三）分类实施，保障重点，实现合理供地、节约用地

实施林地定额管控的基本原则之一是分类指导、保障重点。根据实施定额以来使用林地建设项目按不同类型统计情况，全国各省（自治区、直辖市）能够在依据各类建设项目用地标准测算用地规模的基础上，优先保障省级以上重点建设项目、基础设施项目，从严控制经营性项目，禁止国家法律法规明令禁止供地的建设项目。

从2012—2018年经审核同意的建设项目使用林地情况看，可以看出我国2012—2018年公路、铁路、水利水电等基础设施项目与科教文卫、市政公用等公共事业和民生项目等使用林地项目数占总审核林地项目数的比例均在50%以上，面积占使用林地面积的比例均在70%左右，这说明林地定额制度起到了控制林地合理使用的作用，各级林业部门在林地定额的使用上，基本能够做到优先保障基础设施、公共事业和民生项目需要，从而实现了合理供地、节约集约使用林地。如图17-3。

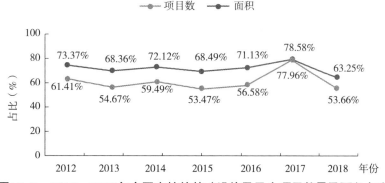

图17-3 2012—2018年全国审核的基础设施及民生项目数量及面积占比

（四）林地备用定额起到良好的调剂作用

在林地定额管理中，由于不同区域间存在经济发展不平衡、同一省份不同年份林地定额需求差异较大等问题，导致定额需求不均衡。为解决该问题，国家通过设置备用定额，灵活调配不同的林地需求。

第十八章　林地保护利用规划专题图

第一节　专题图概述

林地保护利用规划图集是林地保护利用规划成果之一。林地保护利用规划图集主要内容：一是林地的数量、质量、结构与分布特点；二是林地保护及利用的现状、目标与林地生产力布局情况；三是林地保护与利用相关的任务、措施情况。

一、分类

林地保护利用规划图按照林地保护利用规划指标的时间节点，可划分为现状图、评价图、规划图三大类。如图18-1。

（一）现状图

现状图主要按照林地落界数据库中某一因子反映基准年林地的分布情况，如地类、森林类别、林地保护等级、林地质量等。现状图主要包括林地与三条控制线的位置关系图、林地现状图、林地结构现状图、林地保护分级现状图等。

（二）评价图

评价图主要服务于林地的分区、分类、分级、分等、分源、分构等相关属性的专项分析与评价，如林地生产力评价图、森林资源质量评价图、树种结构分析图等。

（三）规划图

规划图主要以保护利用为中心，对林地的保护和利用做统筹安排和长远规划。目的在于加强林地保护利用的宏观控制和计划管理，合理利用林地资源，促进国民经济协调发展所绘制的专题图。主要包括林地功能分区布局图、林地结构规划图、林地保护分级规划图、林业重点工程用地规划图（图18-1）。

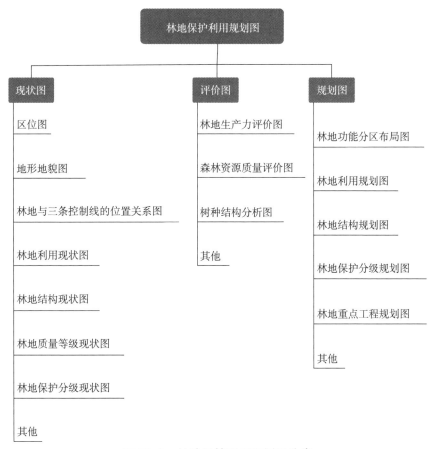

图18-1 林地保护利用规划图分类

二、编制准则

林地保护利用规划图的编制准则：①资料可靠。资料及数据来源可靠，林地资源的相关资料，能真实反映确切地点、数量、种类与分布范围，无虚构或假定事实；为了使图上各要素具有对比性，一定要对各有关规划要素作针对性的定量分析后才能进行综合分析，然后再用图的形式来表达，做到定量、定位。②分析客观。全面反映林地保护利用的现状。要运用系统工程理论，采用系列成图的方法，把整个林地保护利用规划图看成一个整体，将与之相关的林地属性与要素都表示出来。不片面强调某一种情况，客观分析与评价可能存在的问题、取得的成效。③内容新颖。反映林地保护利用规划的具体目标与指标，内容策划巧妙，绘制形式新颖，符合区域林地与生态建设实际，且规划内容具体，不是一般资料汇编。④信息丰富。林地保护利用规划图是空间信息载体。除了图像符号信息外，还要载录许多数据，其中包括现状与近期、远期对比数据，远景规划数据和关联规划的相关对比数据，还有运算中的数据、系数、参数，这些数据丰富了林地保护利用规划的信息且实用性很大。

第二节　制图要素与规定

一、数学基础

林地保护利用规划成果地图的平面坐标系统采用 2000 国家大地坐标系，高程基准面采用 1985 国家高程基准，投影系统采用高斯—克吕格投影，分带采用国家标准分带。

二、成图比例尺

林地保护利用规划成果地图的成图比例尺分为三种：一是分幅林地利用现状图；二是挂图；三是规划文本附图。具体比例尺要求如下：

1. 分幅林地利用现状图

标准分幅图比例尺宜为 1∶10000 或 1∶25000，最小比例尺为 1∶50000。

2. 挂图

县域成果地图挂图的比例尺一般为 1∶50000，挂图以不超过两张 A0 图纸为宜。如辖区面积过大或过小，可适当调整。

3. 规划文本附图

规划文本附图可根据 A3 或 A4 幅面大小确定比例尺。

三、基础地理要素

1. 行政界线

制图区域内表达到区（县）或乡（镇）行政界线，制图区域外表达到省、市或区（县）行政界线。边境城市应注明国境线。

2. 政府驻地

制图区域内表达到区（县）或乡（镇）级政府驻地，制图区域外表达到省、市或区（县）级政府驻地。

3. 高程特征点

包括制图区域内重要的山脉、山峰、山隘等，宜标注名称和高程值。

4. 等高线和等深线

高程、高差对国土空间有较大影响的地区可添加等高线，水底地势对国土空间有影响的地区可添加等深线。

5. 其他地物

根据区域情况可选择表达水系、海岸线等其他重要地物，图式可参考地形图相关规范予以表达。

四、注记内容与要点

1. 主要注记内容
(1) 市（地）、县（区）、乡（镇）政府驻地名称。
(2) 铁路站场、民用机场、港口码头、公路与铁路（及其不同方向的通达地名）名称。
(3) 重大水利设施名称。
(4) 河流、湖泊、水库、干渠、海域的名称。
(5) 国家公园、自然保护区、自然公园的名称。
(6) 其他重要地物名称。

2. 同一图形文件内注记文字种类
同一图形文件内注记文字种类以不超过4种为宜：
(1) 汉字：优先采用宋体，可选用黑体、楷体、仿宋、隶书。
(2) 英文和数字：优先采用 Times New Roman，可选用 Arial Black。

3. 注记文字的字体与大小
不同图形文件内同类型注记的字体、大小应保持一致。

4. 注记文字的颜色
底图要素中的注记文字宜以灰色、白色为主，并应与必选要素、可选要素的注记文字在颜色、大小等方面有明显区别。

五、图幅配置

1. 图幅配置内容
县级林地保护利用规划专题图的图幅配置内容包括图名、图廓、指北针与风玫瑰图、比例尺、图例、署名和制图日期。

2. 图名
图名宜位于图廓外上方，包括规划名称、主题名称，汉字采用黑体，英文和数字采用 Times New Roman。

3. 图廓
图廓由外图廓和内图廓构成，外图廓用粗实线绘制，内图廓用细实线绘制。

4. 指北针与风玫瑰图
指北针与风玫瑰图可绘制在图幅内右上角或左上角，有风向资料的地区采用16方向或8方向风向玫瑰图，其他地区采用指北针式样。

5. 比例尺样式
比例尺可选用直线比例尺，比例尺总长度宜为图廓宽度的1/10。

6. 图例
图例由图形（线条、色块或符号）和文字构成，宜绘制在图廓下方。

7. 署名和制图日期
图件应署规划编制单位的正式名称和规划编制日期，注于图廓外左下角或右下角。

六、图式说明

图式说明参照《县级林地保护利用规划制图规范》（LY/T 2009—2012），各地根据实际情况，可适当调整符号大小。

第三节 编制要求与应用实例

一、林地利用现状图

林地利用现状图主要反映所在区域范围各种林地地类的数量、结构和分布情况。主要制图要求如下：

（一）地理底图

地理底图包括：①境界，表达到村界。②居民地及其注记，表达到国有林场及自然村。③水系。④交通及其附属物，表达到乡村公路和林区公路。⑤地貌特征，独立山峰、重要高程点等。

（二）专题要素

专题要求包括：①林业局（管理局、自然保护地）界线，林场（管理站、功能区）界线，林班界线、图斑（小班）界线。②各林地地类区域分布。③林业（管理）局、林场名称，自然保护地名称等。按地形图标准分幅制作的林地利用现状图应注图斑号及图斑面积。

（三）图层组织

制图要素采用分层方式绘制，图层压盖从上至下的顺序依次是注记、行政界线、其他基础地理要素、林地利用现状类型区域分布。

二、林地结构现状图

林地结构现状图主要反映林地上的森林分类经营情况和起源情况。主要制图要求如下：

（一）地理底图

地理底图包括：①境界，表达乡镇界。②居民地及其注记，表达到乡镇。③水系。④交通及其附属物，表达到乡级公路。

（二）专题要素

专题要素包括：①林业局（管理局、自然保护地）界线，林场（管理站、功能区）界线。②公益林地：重点公益林地和一般公益林地。③商品林地：重点商品林地和一般商品林地。④林业（管理）局、林场名称，自然保护地名称等。

（三）图式

林地结构现状图的注记图式（注记名称、注记式样、符号色值）、图面整式配置、基础地理要素表达图式等图式要求，参照《县级林地保护利用规划制图规范》（LY/T 2009—2012）制作。

（四）图层控制

制图要素采用分层的方式组织和绘制，图层压盖从上至下的顺序依次是注记、行政界线、其他基础地理要素、公益林地和商品林地的区域分布。

三、林地质量等级现状图

林地质量等级现状图反映的是各林地质量等级的林地面积、结构和分布情况。主要制图要求如下：

（一）地理底图

地理底图包括：①境界，表达到乡镇界。②居民地及其注记，表达到乡镇。③水系及其附属物。④交通及其附属物，表达到乡级公路。

（二）专题要素

专题要素包括：①林业局（管理局、自然保护地）界线，林场（管理站、功能区）界线。②质量等级为Ⅰ级、Ⅱ级、Ⅲ级、Ⅳ级、Ⅴ级的林地区域界线。③林业（管理）局、林场名称，自然保护地名称等。

（三）图式

林地质量等级现状图的注记图式（注记名称、注记式样、符号色值）、图面整式配置、基础地理要素表达图式等图式要求，参照《县级林地保护利用规划制图规范》（LY/T 2009—2012）。

四、林地保护分级现状图

林地保护分级现状图主要反映的是不同林地保护等级的林地数量、结构和分布情况。主要制图要求如下：

(一)地理底图

地理底图包括：①境界，表达到乡镇界。②居民地及其注记，表达到乡镇。③水系及其附属物。④交通及其附属物，表达到乡级公路。

(二)专题要素

专题要素包括：①林业局（管理局、自然保护地）界线，林场（管理站、功能区）界线。②Ⅰ级保护林地、Ⅱ级保护林地、Ⅲ级保护林地和Ⅳ级保护林地的区域分布。③林业（管理）局、林场名称，自然保护地名称等。

(三)图式

林地保护等级分布图的注记图式（注记名称、注记式样、符号色值）、图面整式配置、基础地理要素表达图式等图式要求，参照《县级林地保护利用规划制图规范》（LY/T 2009—2012）。

(四)图层组织

制图要素采用分层的方式组织和绘制，图层压盖从上至下的顺序依次是注记、行政界线、其他基础地理要素，林地保护等级区域。

五、林地功能分区布局图

林地功能分区布局图主要反映的是不同林地功能分区的林地数量、结构和分布情况。主要制图要求如下：

(一)地理底图

地理底图包括：①境界，表达到乡镇界。②居民地及其注记，表达到乡镇。③水系及其附属物。④交通及其附属物，表达到乡级公路。

(二)专题要素

专题要素包括：①林业局（管理局、自然保护地）界线，保场（管理站、功能区）界线。②林地功能分区布局。③林地功能分区名称。④林业（管理）局、林场名称，自然保护地名称等。

(三)图式

林地功能分区图的注记图式（注记名称、注记式样、符号色值）、图面整式配置、基础地理要素表达图式等图式要求，参照《县级林地保护利用规划制图规范》（LY/T 2009—2012）。

（四）图层控制

制图要素采用分层的方式组织和绘制，图层压盖从上至下的顺序依次是：注记、行政界线、其他基础地理要素，林地功能分区区域。

六、林地利用规划图

林地利用规划图主要反映所在区域范围各种林地地类及补充林地的数量、结构和分布情况。在该现状图的地理底图、专题要素、图层组织的基础上，增加规划内容（主要是补充林地）的专题要素。

七、林地结构规划图

林地结构规划图主要反映规划期内不同规划时间节点林地上的森林分类经营和起源的规划情况。在该现状图的地理底图、专题要素、图层组织的基础上，增加规划内容（主要是新增规划内容）的专题要素。

八、林地保护分级规划图

林地保护分级规划图主要反映的是规划期内不同规划时间节点不同林地保护等级的林地数量、结构和分布情况。在该现状图的地理底图、专题要素、图层组织的基础上，增加规划内容（主要是新增规划内容）的专题要素（彩图1至彩图16）。

第十九章 林地保护利用规划中的公众参与

第一节 概 述

一、公众参与的概念

林地保护利用规划是我国林地管理事业的指导性规划,虽然林地保护利用规划是由政府组织编制并实施,但林地保护利用规划更应是一种公众行为,公众始终都应是林地保护利用规划服务的主体。公众一直都应该是林地保护利用规划中不可或缺的重要角色,林地保护利用规划的科学、合理、公平离不开公众的高度参与。

公众参与中的公众是一个广泛的概念,是指相互关联的团体,他们在地理上接近、具有特别的利益或在福利受到影响方面面临相似的情况。公众主要包括:一是直接受林地保护利用规划影响的团体和个人。包括直接受影响的单位和居民、林地保护利用规划的预期受益人、承担风险的集体和个人,他们一般生活在受规划影响的区域里。如林地使用权直接受影响或直接受到威胁的团体和个人。二是受影响的团体的代表。如受影响区域的各级主管机构、各级有关政府管理人员、地方组织等。三是其他感兴趣的团体。如生态学家以及林地保护利用方面的专家等。

从狭义上讲,公众参与即公民在代议制政治中参与投票选举活动,即由公众参与选出代议制机构及人员的过程,这是现代民主政治的一项重要指标,也是现代社会公民的一项重要责任。从广义上讲,公众参与除了公民的政治参与外,还必须包括所有关心公共利益、公共事务管理的人的参与,要有推动决策过程的行动。在实际的活动中,泛指普通民众为主体参与,推动社会决策和活动实施等。

公众参与的定义也可以从三个方面表达:①它是一个连续的双向地交换意见过程,以增进公众了解政府机构、集体单位和私人公司所负责调查和拟解决的环境问题的做法与过程;②将项目、计划、规划或政策制定和评估活动中的有关情况及其含义随时完整地通报给公众;③积极地征求全体有关公民对以下方面的意见和感觉:设计项目决策和资源利用、比选方案及管理对策的酝酿和形成、信息的交换和推进公众参与的各种手段与目标。

二、世界公众参与的发展

公众参与分为规划制定时的公众参与和规划实施时的公众参与。它起源于美国、加拿大，最初是为了稳定民心，保持社会安定，而后上升到规划制定、管理民主化的高度。美国公众参与机制的特点主要体现在信息公开程度高、公众参与意识高涨以及健全的公众参与保障机制。首先，信息公开制度在美国发展距今已有较长历史，政府工作信息的公开变得更加高效透明。其次，美国居民从小便接受良好的公众参与教育，有着较强的责任意识。最后，美国采用了多层次的法律保障体系，分别从宪法、联邦法律和州法律三个层次对公民参与的程序进行了明确的要求，从而确保了公众能以直接或间接的形式参与到公共决策中。

英国公众参与机制的特点主要体现在社区委员会、非政府组织对公众参与的重大影响和多层次的公众参与体系。总体来说，英国社区委员会主要有两大职责：对社区事务进行公众咨询和信息公开以及参与到社区事务的决策和实施过程中。其次，英国的非政府组织独立于通常的行政系统，经过长期的发展已深入到公众领域的方方面面，并承担着诸如科普宣传、咨询和监督等职能。最后，英国有着多层次的公众参与体系。在国家层面，公众主要以民主代议制，即通过民主选票，来体现自身意愿。在区域层面，政府在进行整个区域的城市规划需主动联系可能参与到的公众群体。在地方层面，公众通过参与社区委员会的相关事务来表达自身意愿。

法国公众参与机制的特点主要体现在开放的公众协商制度以及明确而有序的公共咨询流程。首先，法国的公众协商制度是法国公众参与机制中最重要的公众参与方式之一。公众协商制度能够对项目进行多方面的，跨领域的细致考察，也能最大程度地体现公众的意愿。但这种公众参与方式成本高、耗时长，通常仅适用于规模较大，对社会有较大影响的公共项目。其次，法国公众参与机制有着明确而有序的公众咨询流程。公众咨询的主导机构为政府相关职能部门，其开展的形式按参与程度由浅入深可分为信息公开、意见征询和共同决策三种方式。信息公开保障了公众对公共项目的知情权，但未赋予公众决策权。意见征询在一定程度上征求了公众的意见，但是否采纳这些意见仍取决于政府。而共同决策则是邀请公众与政府共同制定决策方案，是参与程度最深的一种公众参与方式。

三、我国公众参与的发展

人们在很久以前就认识到了参与的重要性，亚里士多德说："参与对人格发展与人格实现非常重要。"参与式发展的理论和实践是在 20 世纪 80 年代末被引入中国的，目前公益项目如自然保护、生态恢复等较多。虽然参与式发展理论、方法和实践是伴随国际合作项目被"引进"中国的，但在中国的古代和现代的一些理论中，都存在有参与的要素。

孔子说"三人行必有我师";毛泽东在20世纪20年代进行的农村社会调查中就提出过"从群众中来,到群众中去""理论联系实际",以及后来的"群众路线"的思想;这些都是我国公众参与的雏形。在我国20世纪20~30年代轰轰烈烈的"乡村建设运动"及后来的相关实践中,乡村建设运动的实验者创造和运用了大量的参与式发展的理论、方法,尤其是乡村建设运动的两大流派"邹平实验"和"定县实验"更是如此。在当代中国,随着"三个代表"重要思想的实践和当下我们正在落实的和谐社会的发展思路,都与参与式发展不谋而合。公众参与社会决策和公共事务是社会民主发展的必然趋势,是决策科学的最重要因素之一,也是其顺利实施的重要保证。近年来,中国公众参与在环境影响评价、城市规划等方面取得了较大进展,如国家环境保护总局颁布实施了《环境影响评价公众参与暂行办法》。

公众参与的这种形式是除了法规政策、先进的技术手段和专家参与、政府主导外的一种新的途径和方法。目前,我国公众参与的项目涉及范围也逐步扩大,从农业、林业发展到农村能源、卫生保健、妇女、供水、教育等领域,从纯粹的自然保护拓展到生产与保护相结合,从单目标扩展到综合发展,从农村项目向小城镇发展项目扩展。

第二节 公众参与方式与制度

一、参与原则

(一)公众主体原则

林地保护利用规划与规划区的林地资源保护与利用息息相关,而且规划的科学与否直接影响到森林资源、生态平衡的可持续发展。政府应该放权,为公众参与提供可能性,政府把某些原来由政府包办的社会功能"交还"社会,让公众真正成为规划决策和规划实施的主体,政府部门主要发挥引导和协调功能。

可以利用电视、报纸等多种途径,向公众说明规划及其制定目的、依据,发放有关资料及参考材料,公布各种有关法规及信息,让公众积极参与。设立专门的研究小组和指导委员会,进行有针对性的民意调查,以及通过广泛协商达成共识。

(二)互动性与持续性原则

互动性与持续性原则是指通过公众的持续参与,形成公众参与过程中信息的提出 - 反馈 - 再提出的循环互动机制。首先,公众参与的形式与方式要具有多向性,保证公众参与的各种形式都是多向的过程,形成互动,否则就使公众参与变成了变相的"收集资料",而这些"资料"或"信息"在实际决策中占的分量又微乎其微。其次,公众参与必须是持续多次进行,林地保护利用规划的编制是一个复杂的系统工程,从资料收集、分析、提出方案、评审、意见反馈,如此反复直至得到最终方案。如果在每个阶段中,公众的参与仅仅只是进行一次或很少的次数，不能起到真正让公众参与决策的作用。公众参与应该持续地进行，才能真正产生规划编制与公众之间的互动与交流。

（三）代表性原则

代表性主要表现在公众主体的代表性和参与内容的代表性两个方面。公众可以是社会各个层面的，应当根据规划的具体性质来选择最具有代表性的公众参与规划的编制。并决定公众参与的内容是否为全程的、多方位的参与。这样不仅可以了解规划涉及的一些细节问题，更有利于对规划实施后的评价产生积极的影响。

（四）针对相关性原则

由于规划对区域的林地资源基础数据研究，保护与利用规划布局、规划管理等方面都会产生正面或负面的影响，因此，把相关的内容向公众做详略适当的公告或介绍，使公众能很快了解区域规划的整个情况，以便做出正确的决策意见。

（五）可操作性原则

第一，方法上的可操作性。即公众参与的方式选择要根据规划范围的实际情况确定访谈、网络征求意见还是召开实地会议等。第二，形式上的可操作性。即情况介绍要清楚；调查表要简洁明了、操作便捷。

二、参与方式

编制林地保护利用规划，离不开基础数据和信息平台的基本研究与保障，更离不开公众的广泛参与。林地保护利用规划中的公众参与涉及规划编制阶段的公众参与、规划实施阶段的公众参与和规划实施后评价阶段的公众参与。

三、参与制度

我国的林地保护利用规划实行的是公开式的公众参与方式，各级林草主管部门在规划编制的过程中起到沟通协调的作用，经过相关公众多次讨论上报，多次根据管理部门意见修改确定规划的目标，并对林地保护利用规划涉及的林地资源基础数据、林地保护与利用的布局具体确定问题所在，明确目标和解决方法，并对提出的问题、目标、方法进行公开讨论，在此基础上形成林地保护林地规划的征求意见稿。通过再一轮的公众咨询，形成最后的规划方案。

为体现规划编制的公众参与的制度要求，林地保护利用规划采取上下联动、区域协调、统筹兼顾的方式，从以下方面体现公众参与：

（一）顶层设计的参与

林地保护利用规划的顶层设计是国务院林业主管部门对总控规划全局的价值观和理

念的主导，以及由此产生的针对新一轮规划改革攻坚的系统性和科学性的自上而下的总体设计。那么林地保护利用规划中的顶层设计如何实现？经过多年的科学实践，顶层设计的实施路径中建立公众参与机制是其中重要的一环。推进民主，实现"上下衔接"。顶层设计的理念和原则是为所有改革的主体（各级林业主管部门）所接纳，从而达成共识，形成合力。按照国家林业和草原局的统一安排，为搞好新一轮林地保护利用规划，必须做好该项工作的顶层设计，并起草《新一轮林地保护利用规划编制工作方案》和《新一轮林地保护利用规划编制技术方案》，此文件在向各直属院征求意见并修改完善的基础上，国家林业和草原局向各省级林业和草原主管部门、各专员办和社会各界相关部门征求意见。公众参与顶层设计的理念，是顶层与基层的相互融合，形成一整套"上下呼应"的社会参与机制，以确保决策的科学性、民主性。

（二）关键指标的参与

在《新一轮林地保护利用规划编制技术方案》中确立了六大规划指标。指标体系从单个指标的选取，到指标体系整体框架结构，都应当经过广泛调研、充分论证和深入研究。尤其是林地保护利用规划指标体系已历经10年的实践检验，应对指标体系在林政资源管理工作的成效和存在的问题进行深入的剖析，结合当前新背景、新形势和新要求，处理好继承和改进的关系，确保指标体系的科学性。同时，指标应当尽量选用具有标准规范、严谨流程、完善体系的成果数据，或者通过严谨的数据分析和充分的研究论证，防止主观臆断，保证指标体系的客观性。编制技术组在确定六大规划指标之前，深入了解不同区域林地保护利用实际情况，为公众参与指标的研究方向，交流林地保护利用工作在典型区域面临的主要问题，在全国各地开展专项调研，最终确定"约束性"和"预期性"两大类指标计六个具体指标。

（三）编制结果的参与

从上一轮林地保护利用规划情况看，各级林地保护利用规划编制成果形成后，要通过座谈会、专题研讨会、公众论坛等各类公众参与的渠道和平台对编制的结果进行交流，献言献策，并提出意见和建议。在各级林地保护利用规划编制后期的草案公示阶段，也是规划成果审批前的公众意见征询阶段。通过现场展示、户外公示活动、报纸、网络、电视媒体等途径向社会公示，征求公众对规划的针对性意见和建议，最大程度地达成社会共识，为规划地实施创造良好地社会环境。

（四）建立公众参与的制度

林地保护利用规划是具有战略指导意义的林地资源发展规划，对于林地空间的划分，林地保护利用及空间布局等相关具体内容，必须依靠各级林业主管部门进一步编制规划加以确定。林地保护利用规划是实现区域规划目标的重要手段，要改变传统规划编制模式，建立公众参与制度。林地保护利用规划直接影响到各地林业空间的发展战略与布局。其从行为主体上看是一种政府行为，但其根本的立足点则是公众因而林地保护利用规划的本身应该尊重和体现公众的意愿。公众是林业生态空间的主体，也是被服务的主体。

林地保护利用规划的公众参与制度的建立、发展和完善，是一个渐进的过程，这个过程与整个国家政治体制改革的进程密不可分，它需要整个社会民主发展的大环境条件的提升。因此推进林地保护利用规划公众参与主要包括：

1. 注重公众参与规划的宣传机制

公众参与活动要注重多层次、多形式的规划宣传。规划部门可采取咨询或召开情况通报会及通过多媒体、网络定期向公众通报规划管理的内容、指标、保护利用布局要求等，给公众提供一个了解规划的机会。同时，还可邀请林业技术人员参加规划的展示会、论证座谈会或听证会；聘请大众为规划监督员，有条件的县（市、区）要尽快建设专门的规划展览馆。

2. 成立公众参与规划的组织机构

建议成立由林地保护利用规划领导小组牵头，人员包括分管县长、林业局局长以及有代表性的群众等人员组成的"公众参与规划委员会"，来负责组织公众参与规划工作，同时也作为政府评议林地保护利用规划工作的重要依据。

3. 强化公众参与规划的监督管理

延伸公众参与活动，通过公众参与，强化规划监督管理工作职能。在与公众沟通的过程中，对全面而宏观的规划最感兴趣的是专家；而各级林业主管部门更关注的则是规划的实施与管理；对于广大林业工作者来说，最关切的却是规划的监督与检查。因此，后两者也成为公示与公开的重要方面。有关规划审批的程序与周期，各项规划管理的法规、规定、规范的调整，规划方案的评审等。这些涉及广大林业工作者切身利益的内容，要逐步地向社会公开并引入公众参与机制，保证社会相对公正、公平，实现社会共同长远的利益保障。

4. 建立公众参与规划制度保障

将公众参与深入到林地保护利用规划决策机制，建立公众参与规划制度保障。西方发达国家的国土空间规划以及林地专题规划，公众参与是法定的规划程序，是林地保护利用规划决策的重要依据。中国可借鉴其先进的规划经验，将公众参与规划进入立法内容，要求规划的审批应有规划对公众意见的处理目录，从全民意识和法制角度上保证规划的科学性和有效性。

第三节 公众参与途径

一、加强规划宣传

公众参与的前提是做到规划内容公开，规划宣传的目的就是确保公众充分享有知情权。因此，规划内容的宣传是公众参与的关键步骤。宣传可以普及林地保护利用规划的相关知识，可以提高公众对宏观规划层面的认识，拓宽公众参与的广度。由于初期的规划制定是由专家、领导和相关部门的小范围内，宣传和普及工作欠缺。加强宣传，使更多的公众了解林地保护利用规划与自身的密切关系，对自然社会、经济将会产生重要的影响。宣传可以产生多层次的互动，可以拓宽公众参与的渠道。同时，宣传有其持续性和长期性，可以使规划的公众长期对规划投入较大的关注。宣传可以增加规划草案制定的透明度，提高公众参与的信心。因此，要加强公众参与的宣传，形成多渠道的传播与推广，以便让更多的人能够参与到具体层面的林地保护利用规划中去。宣传的内容主要包括规划编制的背景、规划区基本情况、规划实施将给规划区的林地保有量和森林生态质量带来什么影响。宣传内容尽量通俗易懂，让公众能够理解。规划宣传的形式要多样化，通过网络平台、广播电视、报刊、路标横幅等，加大宣传力度，争取得到社会各界和相关部门的理解、支持和参与。

二、拓展公众参与面

公众参与的途径和方法根据对象不同，分为四种途径和方法。其中，与个人、社区或组织领导、具有代表性的非政府组织等的咨询式交流是公众参与的主要途径。

一是与地方个人的交流。通过电台、网络、报纸等新闻媒体，采用半结构访谈的形式让公众参与规划信息交流。

二是与地方行政领导交流。通过直接交流和非正式访谈的形式与地方部门领导交谈，既可以减少政府部门与广大群众交流的频率和时间，又可以促进与他们在项目决策和实施中的合作。地方行政领导的需求具有广泛的代表性。有时，所选择的领导代表只代表该地区部分意见。地方领导意见是否具有代表性可以通过观察领导与社区交流和对当地林农的访谈情况进行评估。

三是与组织交流。组织会议讨论的形式探讨林地保护利用规划的可行性以及组织对规划的意见和建议。组织会议讨论生态区域发展问题和林地利用决策问题并获得关于当地需求的反馈信息是一种应用广泛的公众参与方法。

四是与具有代表性的组织和私人机构进行交流。在机构健全、文明程度较高的地方，与已建立起的、具有代表性的地方组织或其他协会进行交流是另一种切实可行的办法。这些组织和协会除了履行它们本身的职责外，还可以代表公众参与政府的项目决策活动。这种方法适合面积大、人口多的区域，因为在这些地方，举行群众大会不容易，需要在地方政府与这些组织的代表和成员之间建立长期的工作关系或定期开展咨询活动。

三、丰富公众参与内容

从国外公众参与的经验以及国内研究来看，公众参与的形式多种多样，可以是书面问卷调查，也可以召开公众代表的会议。公众参与的发展有三个阶段：聆听、参与编制和参与决策。在我国的公众参与实践中，聆听性质的参与形式占主导地位。它主要包括公示制度、各有关利益群体参加的公开会议等。公众听证会制度、法定图则等也逐步在我国的部分省份开展起来。但是在这些过程中却存在着两个方面的缺陷，参与形式与方式单向和参与的民众群体不稳定。同时，应注意多种方法的综合运用，如以访谈为主确定项目初始方案，以全面问卷调查为主，结合访谈参与形成项目最终方案。

（一）公众参与调查

1. 调查范围

公众参与的主要调查范围一般指受规划直接影响的相关单位部门及个人。根据实际情况，可适当扩大范围。对于生态区位重要，林地保护价值高的地区应作为重点调查地区。

2. 调查对象

根据调查范围内人员结构状况，确定调查对象。确定调查对象采用抽样的方法进行，也可有目的地调查当地人民代表，或熟悉当地林地资源方面情况的人员。根据人员的结构分布和数量分布，以及所在村庄、单位的地理位置等，一般可按比例适当确定调查对象的结构和数量。要特别注意选择保护区及生态红线内的公众，高保护等级的林地范围，直接影响当地民众的生产和生活。

3. 调查容量

一般来说，样本容量的选取依赖于总体的性质以及研究的目的，总体越大，所需的样本一般也越大，较精确地表示总体。在林地保护利用规划的公众参与工作中，应重点对有关地区人口群体的有代表性的样本进行采访，该样本应达到决策者认为是有意义的容量。但样本的选择也要考虑到调查的实际可操作性以及调查成本问题。

4. 调查方式

调查方式可分三类：一是定式调查，它以一种标准的方式和顺序向公众提出一组问题，可获得精确度较高的统计数据；二是半定式调查，它没有特定的顺序，调查不拘泥于深度，一个问题的答案可引出另一个问题，这种调查方式技巧性要求很高；三是无定式调查，是一种随意的无特定主题的讨论。

根据综合评定，林地保护利用规划的公众参与适宜采用这样的调查方式：第一，访问调查。访问调查的方法主要是个别交谈，也可根据情况，召开各种类型的座谈会。访问调查的主要优点：一是灵活性强，通过访问调查可以探究更广、更进一步的问题；二是调查对象的回复率高；三是语言、文字并用，调查者易于掌握，被调查者容易理解；四是可采用较复杂的问卷。访问调查方式的主要不足：不可能给调查对象足够的时间了解情况，回答问题；调查对象随意性回答问题的现象较多；所需费用较高。访问调查是公众参与调查的主要方式。第二，信函调查。信函调查方法的主要优点：一是调查结果比较可靠；二是节省时间和经费；三是调查对象在地理位置上广为分布或样本总体很大，在需要的样本容量较多的情况下，信函调查的可靠性更为突出。信函调查的主要不足是回复率低，而且缺乏灵活性。

5. 调查表的制定

调查表（问卷）应能使被调查者较全面反映出其对拟开展规划的意见和建议。调查表所列问题应以封闭型问题和开放型问题相结合设置，以封闭型问题为主。所谓封闭型问题，是确定了问题的内容，并提供了备选答案的类型问题。它的优点：一是问题是统一的，答案是固定的、可选择的，被调查者对问题及选择答案的意义比较清楚，容易回答；二是进行统计分析比较容易。封闭型问题一般是自足的，需要的指导很少。它在广大的农村地区进行访问调查以及信函调查中，较为合适。

（二）加强公众参与分析

1. 调查结果统计整理

统计整理是统计分析的前提。根据研究的目的，将调查所得到的原始资料进行分类、汇总，为统计分析准备条理化、系统化的综合资料。第一，整理被调查人员的基本情况。主要内容有被调查人员姓名、性别、年龄、民族、职业、文化程度等。第二，统计被调查人员基本情况。主要内容有被调查人数以及各类人员人数和所占总人数的比例等。被调查人员类别指性别、民族、职业、受教育程度、被调查者分布区域等。第三，调查结果统计。对公众选择调查表中各种问题不同答案的人数和所占比例进行统计。

2. 调查结果分析

第一，从被调查人员基本情况统计结果可反映出调查对象的结构情况，以及一定区域人员的代表性，为分析调查结果提供基础数据。第二，从统计结果可知在被调查人员中对各类问题持某种意见的人数比例，从而推断一定区域内公众对拟实施规划的态度。在分析中，要坚持真实、客观的原则，同时还需要注意几方面问题。一是有些被调查者的意见带有随意性，特别是一些被调查者文化程度低，或只注重对自己切身利益影响大小等问题，在分析时要注意这类人员的意见。二是一些被调查人员可能受到拟实施规划的直接影响，这类人员的反应往往比较过激、强硬，在分析时也应注意这类人员的意见。三是要注意有代表性的被调查者的意见，如人民代表，了解国家政策和国家形势和对当地各方面情况较为熟悉的人员。

3. 公众意见和整理部分

被调查者会对拟实施规划提出一些具体的意见和建议，这些意见和建议经过整理、归类后，在报告中认真阐述。一般情况下，比较典型的意见和建议类别：第一，对拟实施规划的总体态度；第二，要求解决林地保护、利用和重要生态区域问题等方面的意见；第三，对拟实施规划技术方面的意见；第四，关于补偿以及宣传有关政策的意见；第五，其他关心的问题。对于公众提出的各种意见和建议在整理分析后，应根据实际情况在报告书中提出结论性意见和具体措施。公众意见和建议的反馈以及其有效性问题，应与林地保护利用规划的其他相关内容一样，由评审专家和职能部门进行整理总结。

参考文献

邱尧荣，郑云峰，2006．林地分等评级的背景分析与技术构架［J］．林业资源管理（04）：1-5．

张凯，张林，2021．基于国土空间规划的森林覆盖率计算方法探讨［J］．林业建设（06）：54-57．

张林，田波，周云轩，等，2015．遥感和GIS支持下的上海浦东新区城市生态网络格局现状分析［J］．华东师范大学学报（自然科学版）（01）：240-251．

张林，2014．上海浦东基本生态网络空间格局分析及其演变研究［D］．上海：华东师范大学．

王万茂，2008．土地利用规划学［M］．北京：中国大地出版社．

张占录，张正峰，2006．土地利用规划学［M］．北京：中国人民大学出版社．

董祚继，吴运娟，2008．中国现代土地利用规划［M］．北京：中国大地出版社．

程鹏，束庆龙，2007．现代林业理论与应用［M］．合肥：中国科学技术大学出版社．

张会儒，2018．森林经理学研究方法与实践［M］．北京：中国林业出版社．

吴次芳，叶艳妹，等，2019．国土空间规划［M］．北京：地质出版社．

象伟宁，2019．景观与区域生态规划方法［M］．北京：中国建筑工业出版社．

伍光和，王乃昂，等，2007．自然地理学［M］．北京：高等教育出版社．

崔功豪，魏清泉，刘科伟，2006．区域分析与区域规划［M］．北京：高等教育出版社．

王然，2016．中国省域生态文明评价指标体系构建与实证研究［D］．北京：中国地质大学．

刁尚东，2013．我国特大城市生态文明评价指标体系研究——以广州市为例［D］．北京：中国地质大学．

曹蕾，2014．区域生态文明建设评价指标体系及建模研究［D］．上海：华东师范大学．

张欢，成金华，冯银，等，2015，特大型城市生态文明建设评价指标体系及应用——以武汉市为例［J］．生态学报，35（2）：547-556．

严耕，林震，吴明红，2013．中国省域生态文明建设的进展与评价［J］．中国行政管理（10）：7-12．

刘伦，尤喆，冯银，等，2015．中部地区生态文明建设综合评价——基于动态因子分析法［J］．中国国土资源经济（10）：56-60．

邱尧荣, 2020. 新一轮林地保护利用规划的背景、问题与技术要点 [J]. 华东森林经理, 34（S1）: 1-6.

邱尧荣, 陆亚刚, 2014. 林地年度变更的基本原理、常见问题与对策研究 [J]. 华东森林经理, 28（02）: 1-4.

赵好战, 2014. 县域生态文明建设评价指标体系构建技术研巧 [D]. 北京: 北京林业大学.

李龙熙, 2005. 对可持续发展理论的诠释与解析 [J]. 行政与法（吉林省行政学院学报）（01）: 3-7.

孟伟, 等, 2008. 区域景观生态质量评价研究 [M]. 北京: 科学出版社.

牛翠娟, 娄安如, 孙儒泳, 等, 2015. 基础生态学 [M]. 北京: 高等教育出版社.

钱阔, 陈绍志, 1996. 自然资源资产化管理 [M]. 北京: 经济管理出版社.

（美）彼得·德鲁克, 2006. 管理的实践 [M]. 北京: 机械工业出版社.

周明全, 2014. 如何加强林地管理与维护生态安全探讨 [J]. 科技风（10）: 240.

杨锐, 等, 2016. 国家公园与自然保护地研究 [M]. 北京: 中国工业建筑出版社.

黄涛, 张琼锐, 林晓泓, 等, 2020. 广东省林业生态文化体系建设 [J]. 林业与环境科学, 36（04）: 116-121.

房耀昌, 赵志明, 房贤昌, 等, 2020. 梅州市大埔县林业产业结构灰色关联分析 [J]. 林业与环境科学, 36（04）: 111-115.

郭晋平, 肖扬, 张剑英, 等, 1994. 聚类分析法在森林立地分类中的应用 [J]. 林业科学（06）: 513-518.

董建林, 雅洁, 邓芳, 1998. 聚类分析在林业区划中的应用 [J]. 内蒙古林业科技（03）: 27-33.

高智慧, 等, 1993-10-31. 浙江省马尾松产区区划及其生产力评价 [P/OL]. http://www.110.net/portal.php mool=view08alol=5114887.

邱尧荣, 1992. 浙西北马尾松人工林生长与林地土壤条件关系的研究 [J]. 华东森林经理（04）: 24-28.

高智慧, 柴锡周, 周琪, 等, 1991. 浙江省马尾松数量化地位指数表的编制 [J]. 林业科技通讯（11）: 14-17.

张晓红, 雷渊才, 张会儒, 等, 2014. 南水北调中线工程南阳渠首水源地林业建设功能区划研究 [J]. 林业资源管理（06）: 39-43.

邱尧荣, 1989. 森林立地评价的发展趋势及有关概念 [J]. 中南林业调查规划（03）: 19-23.

邱尧荣, 1988. 论森林立地分类的基本原则问题 [J]. 中南林业调查规划（03）: 52-56.

张茂震, 邱尧荣, 1993. TM图像辅助森林立地分类和评价的研究 [J]. 华东森林经理（02）: 46-51.

詹昭宁, 邱尧荣, 1996. 中国森林立地"分类"和"类型" [J]. 林业资源管理（01）: 29-31.

国家林业局, 全国林业发展区划办公室, 2011. 中国林业发展区划 [M]. 北京: 中国林业出版社.

张彦雄, 1996. 数量化理论Ⅰ在马尾松天然林分等级划分中的应用［J］. 贵州林业科技（01）: 45-48.

李真珍, 王宏斌, 2009. 数量化理论Ⅰ在日本落叶松立地质量评价中的应用［J］. 黑龙江农业科学（04）: 119-120.

段高辉, 赵鹏祥, 周远博, 等, 2019. 黄龙山林区油松人工林立地质量评价研究［J］. 西北林学院学报, 34（05）: 161-166+194.

陶靖轩, 1990. 马尾松人工林立地指数表与数量化质量得分表的编制［J］. 系统工程理论与实践（02）: 74-78.

王斌会, 2016. 多元统计分析及R语言建模［M］. 广州: 暨南大学出版社.

张会儒, 雷相东, 张春雨, 等, 2019. 森林质量评价及精准提升理论与技术研究［J］. 北京林业大学学报, 41（05）: 1-18.

《中国森林立地类型》编写组, 1995. 中国森林立地类型［M］. 北京: 中国林业出版社.

雷相东, 唐守正, 符利勇, 等, 2020. 森林立地质量定量评价［M］. 北京: 中国林业出版社.

陶吉兴, 季碧勇, 2020. 浙江森林资源一体化监测理论与实践［M］. 北京: 中国林业出版社.

吴昌田, 李明华, 2019. 上海市森林资源一体化监测探索与实践［M］. 上海: 上海科学技术出版社.

王兵, 丁访军, 等, 2012. 森林生态系统长期定位研究标准体系［M］. 北京: 中国林业出版社.

张会儒, 唐守正, 王彦辉, 2002. 德国森林资源和环境监测技术体系及其借鉴［J］. 世界林业研究（02）: 63-70.

张会儒, 何鹏, 靳爱仙, 2011. 基于ArcGIS和二类调查数据的森林资源动态分析系统［J］. 林业资源管理（04）: 102-108.

张会儒, 何鹏, 李春明, 2010. 延庆县森林资源时空动态分析与评价［J］. 森林工程, 26（06）: 4-8.

张会儒, 赵鹏祥, 2008. 基于GIS和二类调查数据的森林资源时空动态分析与评价［J］. 东北林业大学学报（07）: 14-15+19.

李建军, 张会儒, 熊志祥, 等, 2014. 水源涵养林健康评价指标系统的结构解析［J］. 中南林业科技大学学报, 34（07）: 19-26.

李世东, 2015. 中国智慧林业顶层设计与地方实践［M］. 北京: 中国林业出版社.

于皎, 张丽, 2020. "互联网+"智慧林业发展存在的问题及对策［J］. 现代农业科技（06）: 150+154.

任杰, 2020. 林业生态保护管理信息系统的构建与应用［J］. 科学与财富（23）: 347.

陈圣国, 王葆红, 2016. 信息系统分析与设计［M］. 西安: 西安电子科技大学出版社.

张会儒, 1998. 计算机技术在国外林业中应用的现状及发展趋向［J］. 世界林业研究（05）: 45-52.

张会儒，1995. 森林资源数据库的建立及其应用 [J]. 林业科技通讯（11）：23-24.

张会儒，1992. 数据库随机统计程序的编制 [J]. 林业科技通讯（12）：21-23.

张会儒，李春明，2006. 森林资源信息共享中信息的分类与编码研究 [J]. 西北林学院学报（04）：189-192.

张会儒，何鹏，郎璞玫，2011. 基于 AHP 和 Fuzzy 的延庆县森林资源综合评价 [J]. 西北林学院学报，26（05）：179-184.

张汪寿，李晓秀，黄文江，等，2010. 不同土地利用条件下土壤质量综合评价方法 [J]. 农业工程学报，26（12）：311-318.

闫志平，李昕，张俊杰，2006. 郑州森林生态城林地适宜性评价 [J]. 河南农业大学学报（03）：246-249.

郑勇平，曾建福，汪和木，等，1993. 浙江省杉木实生林多形地位指数曲线模型 [J]. 浙江林学院学报（01）：59-66.

殷有，王萌，刘明国，等，2007. 森林立地分类与评价研究 [J]. 安徽农业科学，2007（19）：5765-5767.

陈永富，杨彦臣，张怀清，等，2000. 海南岛热带天然山地雨林立地质量评价研究 [J]. 林业科学研究（02）：134-140.

刘利，2011. 北京典型山地森林生态脆弱性的研究 [D]. 北京：北京林业大学.

赵曦琳，2012. 基于 GIS 的森林生态环境脆弱性评价研究 [D]. 成都：四川师范大学.

孙道玮，陈田，姜野，2005. 山岳型旅游风景区生态脆弱性评价方法研究 [J]. 东北师大学报（自然科学版）（04）：131-135.

王晓军，李新平，2007. 参与式土地利用规划 [M]. 北京：中国林业出版社.

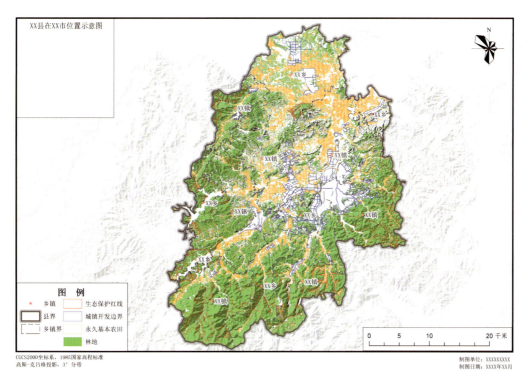

彩图1 ××省××县林地与三条控制线位置关系图

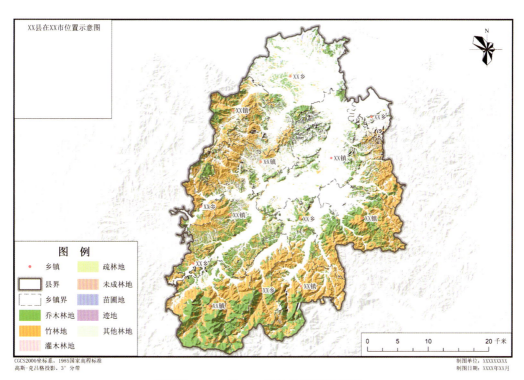

彩图2 ××省××县林地利用现状图

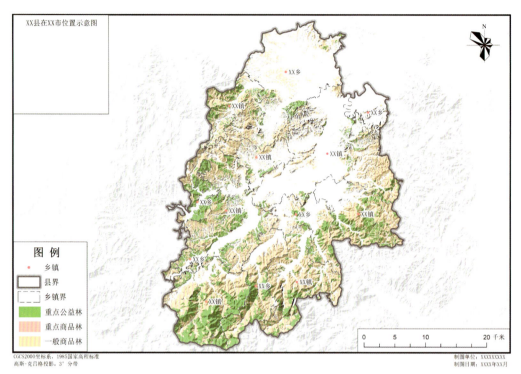

彩图3　××省××县林地结构现状图（按森林类别）

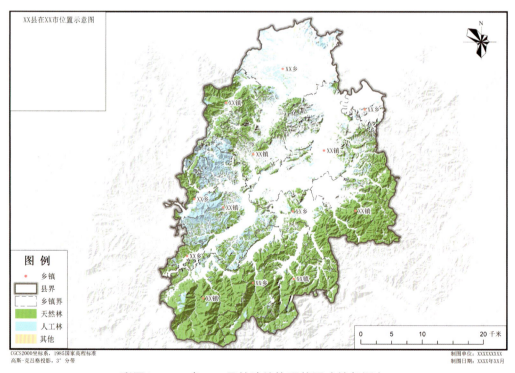

彩图4　××省××县林地结构现状图（按起源）

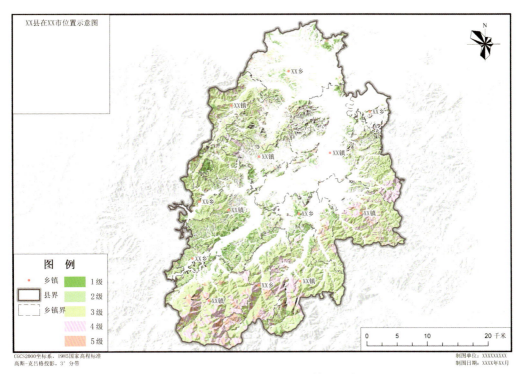

彩图5 ××省××县林地质量等级现状图

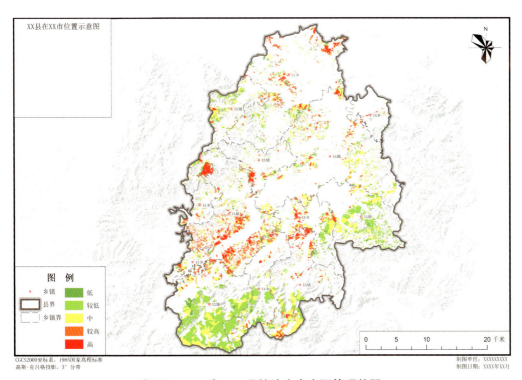

彩图6 ××省××县林地生产力评等现状图

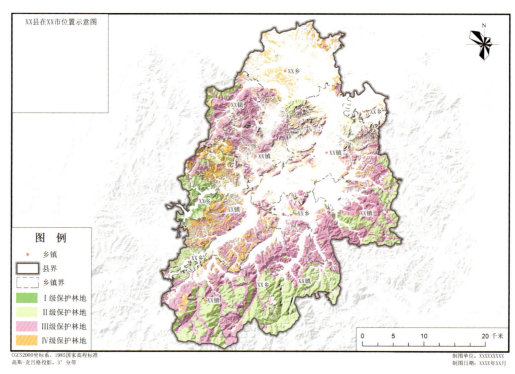

彩图7　××省××县林地保护分级现状图

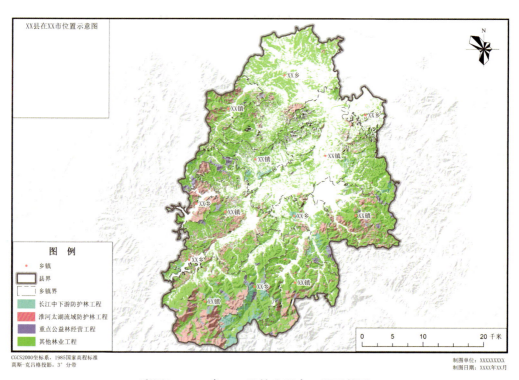

彩图8　××省××县林业重点工程现状图

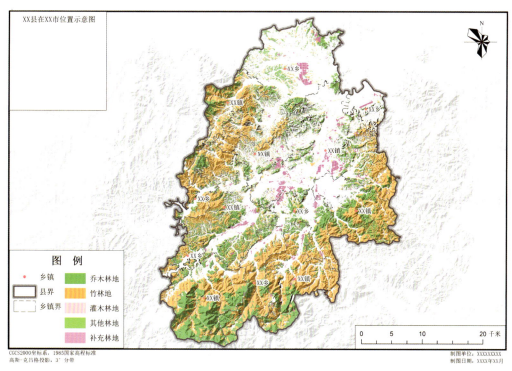

彩图9　××省××县林地利用规划图

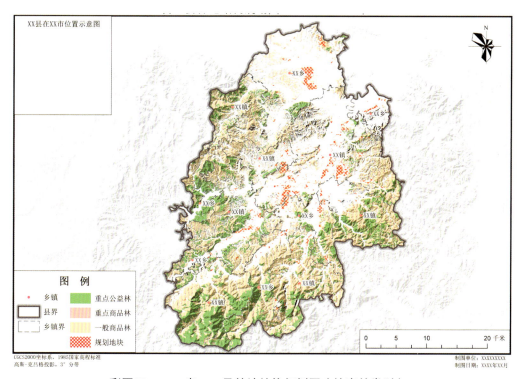

彩图10　××省××县林地结构规划图（按森林类别）

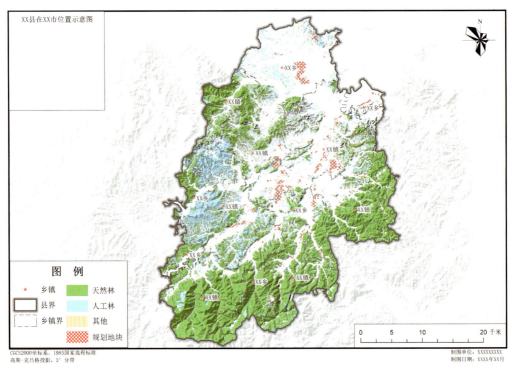

彩图11　××省××县林地结构规划图（按起源）

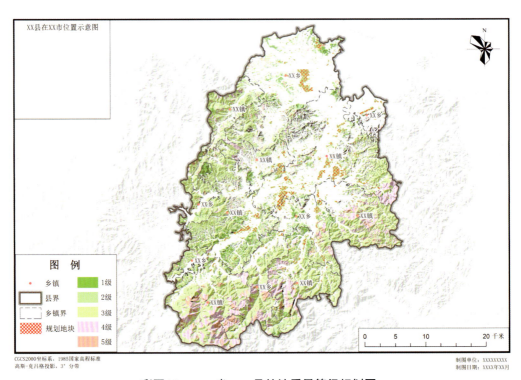

彩图12　××省××县林地质量等级规划图

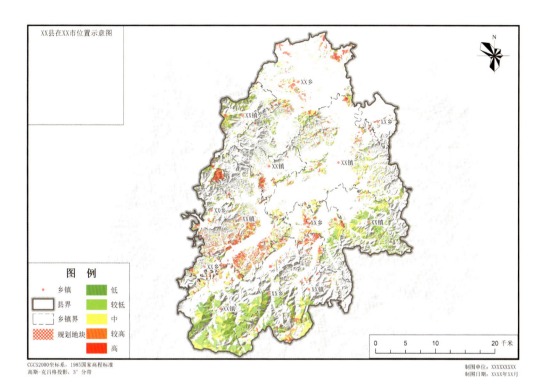

彩图13 ××省××县林地生产力评等规划图

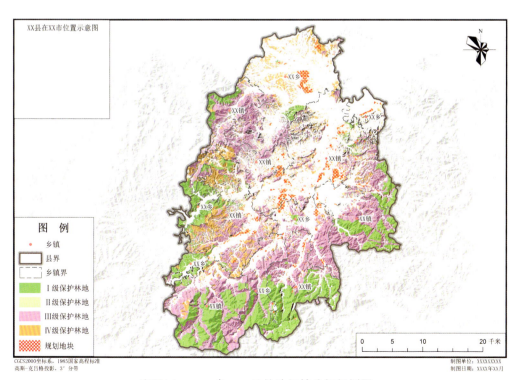

彩图14 ××省××县林地保护分级规划图

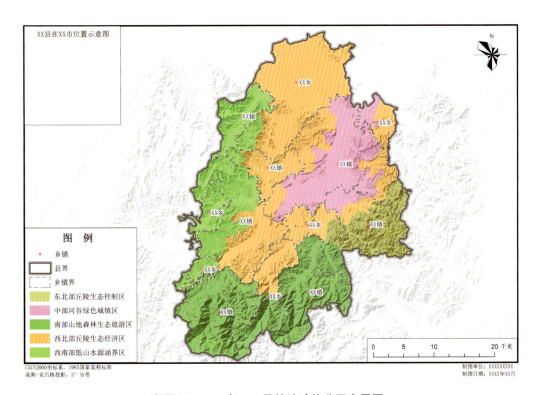

彩图15 ××省××县林地功能分区布局图

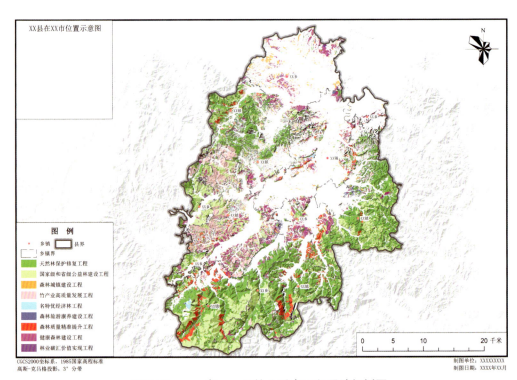

彩图16 ××省××县林业重点工程用地规划图